Python 开发从入门到精通系列

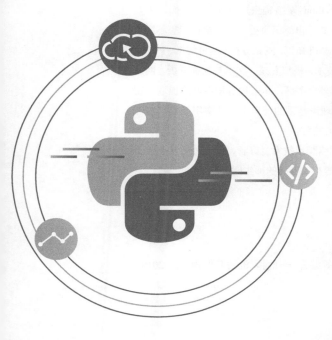

Python
web crawler from entry to proficiency

吕云翔　张扬　韩延刚　等／编著

本书采用Python 3.6版本编写

Python
网络爬虫
从入门到精通

机械工业出版社
CHINA MACHINE PRESS

本书的主旨是介绍如何结合 Python 进行网络爬虫程序的开发，从 Python 语言的基本特性入手，详细介绍了 Python 网络爬虫开发的各个方面，涉及 HTTP、HTML、JavaScript、正则表达式、自然语言处理、数据科学等不同领域的内容。全书共 15 章，包括 Python 基础知识、网站分析、网页解析、Python 文件读写、Python 与数据库、AJAX 技术、模拟登录、文本与数据分析、网站测试、Scrapy 爬虫框架、爬虫性能等多个主题。本书内容覆盖网络抓取与爬虫编程中的主要知识和技术，在重视理论基础的前提下，从实用性和丰富性出发，结合实例演示了爬虫编写的核心流程。

本书适合 Python 语言初学者、网络爬虫技术爱好者、数据分析从业人士以及高等院校计算机科学、软件工程等相关专业的师生阅读。

图书在版编目（CIP）数据

Python 网络爬虫从入门到精通 / 吕云翔等编著. —北京：机械工业出版社，2019.6
（2024.11 重印）
（Python 开发从入门到精通系列）
ISBN 978-7-111-62593-3

Ⅰ. ①P… Ⅱ. ①吕… Ⅲ. ①软件工具—程序设计 Ⅳ. ①TP311.561

中国版本图书馆 CIP 数据核字（2019）第 079060 号

机械工业出版社（北京市百万庄大街 22 号　邮政编码　100037）
策划编辑：张淑谦　　　责任编辑：张淑谦　赵小花
责任校对：张艳霞　　　责任印制：邓　博

北京盛通数码印刷有限公司印刷

2024 年 11 月第 1 版·第 7 次印刷
184mm×260mm · 21.5 印张 · 505 千字
标准书号：ISBN 978-7-111-62593-3
定价：79.00 元

凡购本书，如有缺页、倒页、脱页，由本社发行部调换

电话服务	网络服务
服务咨询热线：（010）88361066	机 工 官 网：www.cmpbook.com
读者购书热线：（010）68326294	机 工 官 博：weibo.com/cmp1952
	金 书 网：www.golden-book.com
封面无防伪标均为盗版	教育服务网：www.cmpedu.com

前言

　　网络爬虫又叫网络蜘蛛，是指按照某种规则在网络上爬取所需内容的脚本程序。它们被广泛应用于互联网搜索引擎及各种网站的开发中，同时也是大数据和数据分析领域中的重要角色。众所周知，每个网页通常包含其他网页的入口，网络爬虫则通过一个网址依次进入其他网址获取所需内容。爬虫可以按一定逻辑大批量采集目标页面内容，并对数据进行进一步处理，人们借此能够更好、更快地获取并使用他们感兴趣的信息，从而方便地完成很多有价值的工作。

　　Python 是一种解释型、面向对象、动态数据类型的高级程序设计语言，其语法简洁、功能强大，在众多高级语言中拥有十分出色的编写效率，同时还拥有活跃的开源社区和海量程序库，十分适合用于网络内容的抓取和处理。本书以 Python 语言为基础，由浅入深地探讨网络爬虫技术，同时，通过具体的程序编写和实践来帮助读者了解和学习 Python 网络爬虫。

　　本书共 15 章，分 4 部分讲解，其中第 1~3 章为基础部分，第 4~6 章为进阶部分，第 7~9 章为高级部分，第 10~15 章为实践部分。第 1、2 章介绍了 Python 语言和爬虫编写的基础知识；第 3 章讨论了 Python 中文件和数据的存储，涉及数据库的相关知识；第 4、5 章的内容针对相对复杂一些的爬虫抓取任务，主要着眼于动态内容和表单登录等方面；第 6 章探讨对抓取到的原始数据的深入处理和分析；第 7~9 章旨在从不同视角讨论爬虫程序，基于爬虫介绍了多个不同主题的内容；第 10~15 章通过一些实际的例子深入讨论了爬虫编程的理论知识。

　　本书的主要特点有：
- 内容全面，结构清晰。本书详细介绍了网络爬虫技术的方方面面，讨论了数据抓取、数据处理和数据分析的整个流程。全书结构清晰，坚持理论知识与实践操作相结合。
- 循序渐进，生动简洁。本书从最简单的 Python 程序示例开始，围绕网络爬虫这个主题一步步深入讲解，兼顾内容的广度与深度。本书行文使用生动简洁的阐述方式，力争详略得当。
- 示例丰富，实战性强。网络爬虫是实践性、操作性非常强的技术，本书提供丰富的代码供读者参考，同时对必要的术语和代码进行解释。从实际应用出发，选取实用性、趣味性兼具的主题进行网络爬虫实践。
- 内容新颖，不落窠臼。本书的程序代码均基于最新的 Python 3 版本编写，并使用了目前主流的各种 Python 框架和库，注重内容的时效性。网络爬虫需要动手实践才能真正理解，本书最大程度地保证了代码与程序示例的易用性和易读性。

本书主要由吕云翔、张扬、韩延刚编写，另外，曾洪立参与了部分内容的编写及资料整理工作。

由于作者水平有限，不足之处在所难免，欢迎广大读者联系交流（邮箱：yunxianglu@hotmail.com）。

编　者

目录

前言
第 1 章 **Python 与网络爬虫** ·· 1
  1.1 Python 语言 ·· 1
    1.1.1 什么是 Python ·· 1
    1.1.2 Python 的应用现状 ··· 2
  1.2 Python 的安装与开发环境配置 ·· 3
    1.2.1 在 Windows 上安装 ·· 3
    1.2.2 在 Ubuntu 和 Mac OS 上安装 ·· 4
    1.2.3 PyCharm 的使用 ··· 5
    1.2.4 Jupyter Notebook ·· 9
  1.3 Python 基本语法 ·· 12
    1.3.1 HelloWorld 与数据类型 ··· 12
    1.3.2 逻辑语句 ·· 19
    1.3.3 Python 中的函数与类 ·· 22
    1.3.4 Python 从 0 到 1 ·· 25
  1.4 互联网、HTTP 与 HTML ·· 25
    1.4.1 互联网与 HTTP ·· 25
    1.4.2 HTML ·· 27
  1.5 Hello, Spider! ·· 29
    1.5.1 第一个爬虫程序 ·· 29
    1.5.2 对爬虫的思考 ··· 31
  1.6 调研网站 ·· 33
    1.6.1 网站的 robots.txt 与 Sitemap ·· 33
    1.6.2 查看网站所用技术 ·· 36
    1.6.3 查看网站所有者信息 ··· 37
    1.6.4 使用开发者工具检查网页 ·· 39
  1.7 本章小结 ·· 42
第 2 章 **数据采集** ·· 43
  2.1 从抓取开始 ·· 43
  2.2 正则表达式 ·· 44
    2.2.1 初见正则表达式 ·· 44

2.2.2　正则表达式的简单使用 ·················46
　2.3　BeautifulSoup ··································49
　　　2.3.1　安装与上手 ·····························49
　　　2.3.2　BeautifulSoup 的基本使用 ···············52
　2.4　XPath 与 lxml ·································55
　　　2.4.1　XPath ··································55
　　　2.4.2　lxml 与 XPath 的使用 ···················57
　2.5　遍历页面 ·······································59
　　　2.5.1　抓取下一个页面 ·························59
　　　2.5.2　完成爬虫 ·······························60
　2.6　使用 API ······································63
　　　2.6.1　API 简介 ································63
　　　2.6.2　API 使用示例 ···························65
　2.7　本章小结 ·······································68
第 3 章　文件与数据存储 ·································69
　3.1　Python 中的文件 ·······························69
　　　3.1.1　基本的文件读写 ·························69
　　　3.1.2　序列化 ·································72
　3.2　字符串 ···72
　3.3　Python 与图片 ·································74
　　　3.3.1　PIL 与 Pillow ···························74
　　　3.3.2　Python 与 OpenCV 简介 ··················76
　3.4　CSV 文件 ······································77
　　　3.4.1　CSV 简介 ································77
　　　3.4.2　CSV 的读写 ·····························77
　3.5　使用数据库 ·····································79
　　　3.5.1　使用 MySQL ······························80
　　　3.5.2　使用 SQLite3 ····························81
　　　3.5.3　使用 SQLAlchemy ·························83
　　　3.5.4　使用 Redis ······························85
　3.6　其他类型的文档 ·································86
　3.7　本章小结 ·······································90
第 4 章　JavaScript 与动态内容 ··························91
　4.1　JavaScript 与 AJAX 技术 ·······················91
　　　4.1.1　JavaScript 语言 ··························91
　　　4.1.2　AJAX ····································95
　4.2　抓取 AJAX 数据 ·································96

	4.2.1 分析数据	96
	4.2.2 数据提取	100
4.3	抓取动态内容	107
	4.3.1 动态渲染页面	107
	4.3.2 使用 Selenium	107
	4.3.3 PyV8 与 Splash	114
4.4	本章小结	118

第 5 章 表单与模拟登录 … 119

- 5.1 表单 … 119
  - 5.1.1 表单与 POST … 119
  - 5.1.2 POST 发送表单数据 … 121
- 5.2 Cookie … 124
  - 5.2.1 什么是 Cookie … 124
  - 5.2.2 在 Python 中使用 Cookie … 125
- 5.3 模拟登录网站 … 128
  - 5.3.1 分析网站 … 128
  - 5.3.2 通过 Cookie 模拟登录 … 129
- 5.4 验证码 … 133
  - 5.4.1 图片验证码 … 133
  - 5.4.2 滑动验证 … 134
- 5.5 本章小结 … 139

第 6 章 数据的进一步处理 … 140

- 6.1 Python 与文本分析 … 140
  - 6.1.1 什么是文本分析 … 140
  - 6.1.2 jieba 与 SnowNLP … 141
  - 6.1.3 NLTK … 145
  - 6.1.4 文本分类与聚类 … 149
- 6.2 数据处理与科学计算 … 150
  - 6.2.1 从 MATLAB 到 Python … 150
  - 6.2.2 NumPy … 151
  - 6.2.3 Pandas … 156
  - 6.2.4 Matplotlib … 163
  - 6.2.5 SciPy 与 SymPy … 167
- 6.3 本章小结 … 167

第 7 章 更灵活的爬虫 … 168

- 7.1 更灵活的爬虫——以微信数据抓取为例 … 168
  - 7.1.1 用 Selenium 抓取 Web 微信信息 … 168

VII

7.1.2 基于 Python 的微信 API 工具 ································ 172
7.2 更多样的爬虫 ································ 175
7.2.1 在 BeautifulSoup 和 XPath 之外 ································ 175
7.2.2 在线爬虫应用平台 ································ 179
7.2.3 使用 urllib ································ 181
7.3 爬虫的部署和管理 ································ 190
7.3.1 配置远程主机 ································ 190
7.3.2 编写本地爬虫 ································ 192
7.3.3 部署爬虫 ································ 198
7.3.4 查看运行结果 ································ 199
7.3.5 使用爬虫管理框架 ································ 200
7.4 本章小结 ································ 203
第 8 章 浏览器模拟与网站测试 ································ 204
8.1 关于测试 ································ 204
8.1.1 什么是测试 ································ 204
8.1.2 什么是 TDD ································ 205
8.2 Python 的单元测试 ································ 205
8.2.1 使用 unittest ································ 205
8.2.2 其他方法 ································ 208
8.3 使用 Python 爬虫测试网站 ································ 209
8.4 使用 Selenium 测试 ································ 212
8.4.1 Selenium 测试常用的网站交互 ································ 212
8.4.2 结合 Selenium 进行单元测试 ································ 214
8.5 本章小结 ································ 215
第 9 章 更强大的爬虫 ································ 216
9.1 爬虫框架 ································ 216
9.1.1 Scrapy 是什么 ································ 216
9.1.2 Scrapy 安装与入门 ································ 218
9.1.3 编写 Scrapy 爬虫 ································ 221
9.1.4 其他爬虫框架 ································ 223
9.2 网站反爬虫 ································ 224
9.2.1 反爬虫的策略 ································ 224
9.2.2 伪装 headers ································ 225
9.2.3 使用代理 ································ 228
9.2.4 访问频率 ································ 232
9.3 多进程与分布式 ································ 233
9.3.1 多进程编程与爬虫抓取 ································ 233

	9.3.2	分布式爬虫	235
9.4		本章小结	235
第 10 章		爬虫实践：火车票余票实时提醒	236
10.1		程序设计	236
	10.1.1	分析网页	236
	10.1.2	理解返回的 JSON 格式数据的意义	238
	10.1.3	微信消息推送	238
	10.1.4	运行并查看微信消息	243
10.2		本章小结	244
第 11 章		爬虫实践：爬取二手房数据并绘制热力图	245
11.1		数据抓取	245
	11.1.1	分析网页	245
	11.1.2	地址转换成经纬度	247
	11.1.3	编写代码	248
	11.1.4	数据下载结果	252
11.2		绘制热力图	252
11.3		本章小结	259
第 12 章		爬虫实践：免费 IP 代理爬虫	260
12.1		程序设计	260
	12.1.1	代理分类	260
	12.1.2	网站分析	261
	12.1.3	编写爬虫	264
	12.1.4	运行并查看结果	272
12.2		本章小结	273
第 13 章		爬虫实践：百度文库爬虫	274
13.1		程序设计	274
	13.1.1	分析网页	274
	13.1.2	编写爬虫	280
	13.1.3	运行并查看爬取的百度文库文件	284
13.2		本章小结	284
第 14 章		爬虫实践：拼多多用户评论数据爬虫	285
14.1		程序设计	285
	14.1.1	分析网页	285
	14.1.2	编写爬虫	288
	14.1.3	运行并查看数据库	307
14.2		本章小结	312
第 15 章		爬虫实践：Selenium+PyQuery+ MongoDB 爬取网易跟帖	313

15.1	程序设计	313
	15.1.1 Selenium 介绍	314
	15.1.2 分析网页	320
	15.1.3 编写爬虫	322
	15.1.4 运行并查看 MongoDB 文件	331
15.2	本章小结	333

第 1 章
Python 与网络爬虫

网络爬虫（web crawler）有时候也叫网络蜘蛛（web spider），它是指这样一类程序——它们可以自动连接到互联网站点，并读取网页中的内容或者存放在网络上的各种信息，并按照某种策略对目标信息进行采集（如对某个网站的全部页面进行读取）。实际上，像 Google、百度这样的搜索引擎就会通过爬虫程序来不断更新自身的网站内容和对其他网站的网络索引。某种意义上说，用户每次通过搜索引擎查询一个关键词，就是在搜索引擎提供者的爬虫程序所"爬"到的信息中进行查询。当然，搜索引擎背后所使用的技术十分复杂，其爬虫技术通常也不是一般个人所开发的小型程序所能比拟的。不过，爬虫程序本身其实并不复杂，只要懂一些编程知识，了解一些 HTTP 和 HTML，就可以写出属于自己的爬虫程序，实现很多有意思的功能。

在众多编程语言中，本书选择 Python 来编写爬虫程序。Python 不仅语法简洁、便于上手，而且拥有庞大的开发者社区和浩如烟海的模块库，对于普通的程序编写而言非常便利。虽然 Python 与 C/C++等语言相比可能在性能上有所欠缺，但毕竟瑕不掩瑜，开发人员普遍认为它是目前编写网络爬虫程序的最好选择。

1.1 Python 语言

Python 是目前最为流行的编程语言之一，本章首先对它的历史和发展做一些简单介绍，然后再介绍 Python 的基本语法，对于没有 Python 编程经验的读者而言，可以借此对 Python 有一个初步的了解。

1.1.1 什么是 Python

Guido van Rossum 在 1989 年开发了 Python 语言，而 Python 的第一个公开发行版发行于 1991 年。因为 Guido 是一部电视剧《Monty Python's Flying Circus》的爱好者，因此将这种新的脚本语言命名为 Python。

从最根本的角度来说，Python 是一种解释型、面向对象、动态数据类型的高级程序设计语言。值得注意的是，Python 是开源的，源代码遵循 GPL（GNU General Public License）协议，这就意味着它对所有个人开发者是完全开放的，这也使得 Python 在开发者中迅速流行开来，来自全球各地的 Python 使用者为这门语言的发展贡献了很多力量。Python 的哲学是优雅、明确和简单。著名的"Zen of Python"（Python 之禅）⊖这样说道：

优美胜于丑陋，
明了胜于晦涩，
简洁胜于复杂，
复杂胜于凌乱，
扁平胜于嵌套，
间隔胜于紧凑，
可读性很重要，
即便假借特例的实用性之名，也不可违背这些规则，
不要包容所有错误，除非你确定需要这样做，
当存在多种可能，不要尝试去猜测，
而是尽量找一种，最好是唯一一种明显的解决方案，
虽然这并不容易，因为你不是 Python 之父。
做也许好过不做，但不假思索就动手还不如不做。
如果你无法向人描述你的方案，那肯定不是一个好方案；反之亦然。
命名空间是一种绝妙的理念，我们应当多加利用。

2000 年 Python 2.0 版本发布，Python 3.0 版本则于 2008 年发布，这一新版本不完全兼容之前的 Python 源代码。目前开发者主要接触到的是 Python 2.7 与 Python 3.5，以及更新一点的 Python 3.6。Python 3 在 Python 2 的基础上做出了不少很有价值的改进，3.5 和 3.6 也已逐步成为 Python 的主流版本，本书将完全使用 Python 3 作为开发语言。

1.1.2　Python 的应用现状

Python 的应用范围十分广泛，著名的应用案例有以下几个。
- Reddit：社交分享网站，美国最热门的网站之一。
- Dropbox：文件分享服务。
- Pylons：Web 应用框架。
- TurboGears：另一个 Web 应用快速开发框架。
- Fabric：用于管理Linux主机的程序库。
- Mailman：使用 Python 编写的邮件列表软件。
- Blender：以 C 与 Python 开发的开源 3D 绘图软件。

⊖ 作者为 Tim Peters，英文原文可见 https://www.python.org/dev/peps/pep-0020/。

国内的例子也很多，著名的豆瓣网（国内一家很受欢迎的社区网站）和知乎（国内一家很受欢迎的网络问答社区）都大量使用了 Python 进行开发。可见，Python 在业界的应用可谓五花八门，总结起来，在系统编程、图形处理、科学计算、数据库、网络编程、Web 应用、多媒体应用等各个方面都有它的身影。在 2017 年的 IEEE Spectrum Ranking 中[一]，Python 力压群雄，成为最流行的编程语言。众所周知，学习一门程序语言最有效的方法就是边学边用、边用边学。通过对 Python 网络爬虫的逐步学习，相信能够很好地提高读者对整个 Python 语言的理解和应用。

【提示】 为什么要使用 Python 来编写爬虫程序？Python 的简明语法和各式各样的开源库使得 Python 在网络爬虫方向得天独厚，尤其对于个人开发爬虫程序而言，一般对于性能的要求不会太高，因此，虽然人们一般认为 Python 在性能上难以与 C/C++和 Java 相比，但总的来说，使用 Python 有助于更好、更快地实现开发者所需要的功能。另外，考虑到 Python 社区贡献了很多各有特色的库，很多都能直接用来编写爬虫程序，因此，Python 的确是目前更好的选择。

1.2 Python 的安装与开发环境配置

在开始探索 Python 之前，读者首先需要在自己的机器上安装 Python。值得高兴的是，Python 不仅免费、开源，而且坚持轻量级，安装过程并不复杂。如果使用 Linux 系统，其中可能已经内置了 Python（虽然版本有可能是较旧的）；使用苹果电脑（Mac OS 系统）的话，一般也已经安装了命令行版本的 Python 2.x。在 Linux 或 Mac OS X 系统上检测 Python 3 是否安装的最简单办法是使用终端命令，即在 terminal 应用中输入"Python3"命令并按〈Enter〉键执行，观察是否有对应的提示出现。至于 Windows 系统，在目前最新的 Windows 10 版本上并没有内置 Python，因此必须手动安装。

1.2.1 在 Windows 上安装

访问 python.org/download/并下载与计算机架构对应的 Python 3 安装程序，一般而言只要有新版本，就应该选择最新的版本。这里需要注意的是选择对应架构的版本前，读者需要首先搞清楚自己的系统是 32 位还是 64 位的，如图 1-1 所示。

根据安装程序的导引一步步执行，就能完成整个安装。如果最终看到类似图 1-2 所示的提示，就说明安装成功了。

这时检查"开始"菜单，就能看到 Python 3.x 的应用程序。如图 1-3 所示，其中有一个"IDLE"（Integrated Development Environment"）程序，单击此项目后就可以开始在交互式窗口中使用 Python Shell 了，如图 1-4 所示。

[一] 可见 http://adtmag.com/articles/2017/07/24/ieee-spectrum-ranking.aspx。

Windows x86-64 embeddable zip file	Windows	for AMD64/EM64T/x64	04cc4f6f6a14ba74f6ae1a8b685ec471	7190516	SIG
Windows x86-64 executable installer	Windows	for AMD64/EM64T/x64	9e96c934f5d16399f860812b4ac7002b	31776112	SIG
Windows x86-64 web-based installer	Windows	for AMD64/EM64T/x64	640736a3894022d30f7babff77391d6b	1320112	SIG
Windows x86 embeddable zip file	Windows		b0b099a4fa479fb37880c15f2b2f4f34	6429369	SIG
Windows x86 executable installer	Windows		2bb6ad2ecca6088171ef923bca483f02	30735232	SIG
Windows x86 web-based installer	Windows		596667cb91a9fb20e6f4f153f3a213a5	1294096	SIG

图 1-1　Python.org/download 页面（部分）

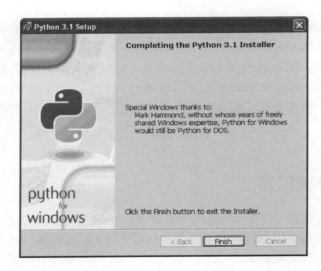

图 1-2　Python 安装成功的提示　　　　　图 1-3　安装完成后的"开始"菜单

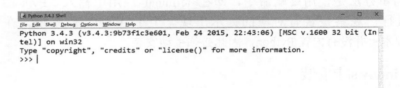

图 1-4　IDLE 的界面

1.2.2　在 Ubuntu 和 Mac OS 上安装

Ubuntu 是诸多 Linux 发行版中受众较多的一个系列。通过"Applicatons"（应用程序）中的添加应用程序进行安装，在其中搜索 Python 3，并在结果中找到对应的包进行下载。如果安装成功，大家将在"Applications"中找到 Python IDLE，单击后进入 Python Shell 中。

访问 python.org/download/并下载对应的 Mac OS 平台安装程序，根据安装包的指示进行操作，最后将看到类似图 1-5 所示的成功提示。

图 1-5　Mac OS 上的安装成功提示

关闭该窗口，并进入"Applications"（或者是从 LaunchPad 页面打开）中，就能找到 Python Shell，启动该程序，看到的结果应该和 Windows 平台上的结果类似。

1.2.3　PyCharm 的使用

虽然 Python 自带的 IDLE Shell 是绝大多数人对 Python 的第一印象，但如果通过 Python 语言编写程序、开发软件，它并不是唯一的工具，很多人更愿意使用一些特定的编辑器或者由第三方提供的集成开发环境（IDE）。借助 IDE 可以提高开发效率，但对开发者而言，只有最适合自己的，没有"最好的"，习惯一种工具后再接受另外一种总是不容易的。这里再简单介绍一下 PyCharm——一个由 JetBrain 公司出品的 Python 开发工具，并谈谈它的安装和配置。

在官网中可以下载到该软件：

https://www.jetbrains.com/pycharm/download/#section=windows

PyCharm 支持 Windows、Mac OS、Linux 三大平台，并提供 Professional 和 Community Edition 两种版本（见图 1-6）。其中前者需要购买正版（提供免费试用），后者可以直接下载使用。前者功能更为丰富，但后者也足以满足一些普通的开发需求。

选择对应的平台并下载后，安装程序（见图 1-7）将会引导用户完成安装。安装完成后，从"开始"菜单中（对于 Mac OS 和 Linux 系统是从"Applications"中）打开 PyCharm，就可以创建自己的第一个 Python 项目了（见图 1-8）。

创建项目后，还需要进行一些基本的配置。可以在菜单栏中使用"File"→"Settings"打开 PyCharm 设置窗口。

图 1-6　PyCharm 的下载页面

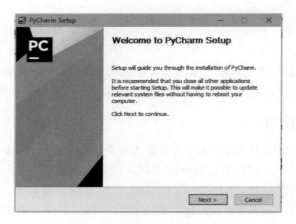

图 1-7　PyCharm 安装程序（Windows 平台）

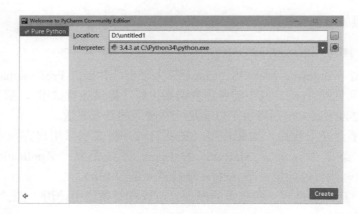

图 1-8　在 PyCharm 中创建新项目

首先是修改一些 UI 上的设置，比如更改界面主题，如图 1-9 所示。

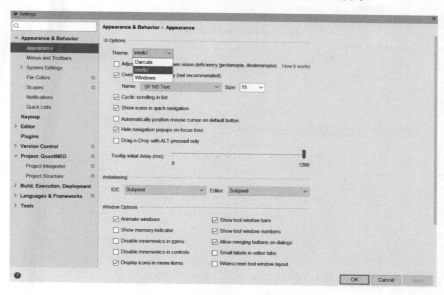

图 1-9　更改 PyCharm 界面主题

在编辑界面中显示代码行号，如图 1-10 所示。

图 1-10　设置为显示代码行号

修改编辑区域中代码的字体和大小，如图 1-11 所示。

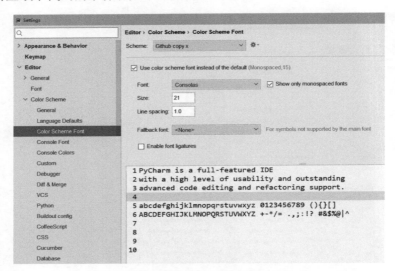

图 1-11　设置 PyCharm 中的代码字体大小

如果想要设置软件界面中的字体大小，可在"Appearance&Behavior"中修改，如图 1-12 所示。

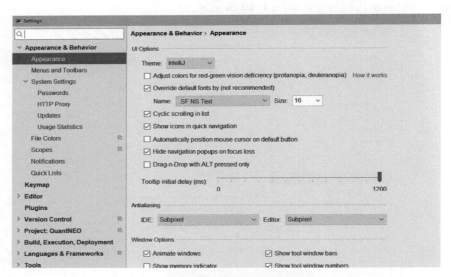

图 1-12　调整 PyCharm 界面的字体

在运行编写的脚本前，需要添加一个 Run/Debug 配置，主要是选择一个 Python 解释器，如图 1-13 所示。

另外，用户也可以更改代码高亮规则，如图 1-14 所示。

最后，PyCharm 提供了一种便捷的包（Package）安装界面，使得用户不必使用 pip 或者 easyinstall 命令（两个常见的包管理命令）。在设置中找到当前的 Python Interpreter（解释器),单击右侧的"+"按钮(见图 1-15),找到想要安装的包名,单击安装即可。

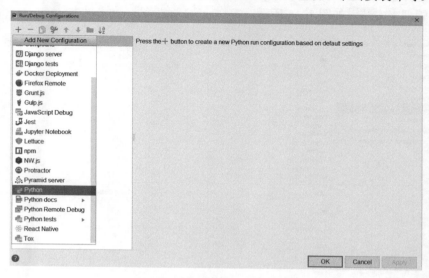

图 1-13 在 PyCharm 中添加 Python Run/Debug 配置

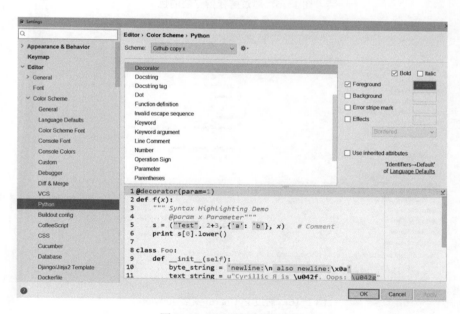

图 1-14 更改代码高亮规则

1.2.4 Jupyter Notebook

Jupyter Notebook 并不是一个 IDE 工具,正如它的名字,这是一个类似于"笔记本"的辅助工具。Jupyter 是面向编程过程的,而且由于其独特的"笔记"功能,代码和注释在这里会显得非常整齐直观。它可以使用"pip install jupyter"命令来安装。在 PyCharm 中也可以通过解释器管理来安装，如图 1-16 所示。

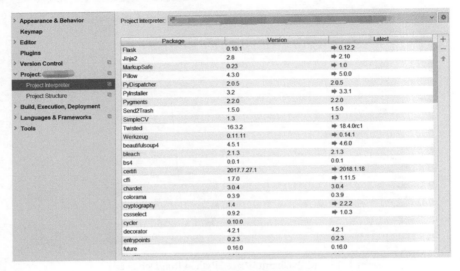

图 1-15　通过解释器安装的包

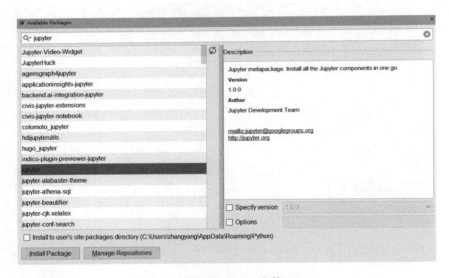

图 1-16　通过 PyCharm 安装 Jupyter

如果在安装过程中碰到了问题，可访问 Jupyter 安装官网获取更多信息（https://jupyter.readthedocs.io/en/latest/install.html）。

在 PyCharm 中新建一个 Jupyter Notebook 文件，如图 1-17 所示。

单击"运行"按钮后，会要求输入"token"，这里可以不输入，而是直接单击"Run Jupyter Notebook"，按照提示进入笔记本页面（见图 1-18）。

第 1 章　Python 与网络爬虫

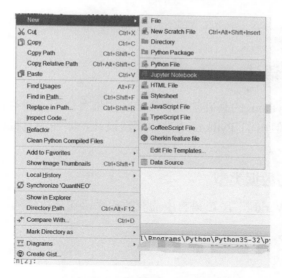

图 1-17　新建一个 Jupyter Notebook 文件

```
[I 19:43:17.704 NotebookApp] Use Control-C to stop this server and shut down all kernels (twice to skip confirmation).
[C 19:43:17.711 NotebookApp]
    Copy/paste this URL into your browser when you connect for the first time,
    to login with a token:
```

图 1-18　运行 Jupyter Notebook 后的提示

Notebook 文档被设计为由一系列单元（Cell）构成，主要有两种形式的单元：代码单元用于编写代码，运行代码的结果显示在本单元下方；Markdown 单元用于文本编辑，采用 Markdown 的语法规范，可以设置文本格式，插入链接、图片甚至数学公式，如图 1-19 所示。

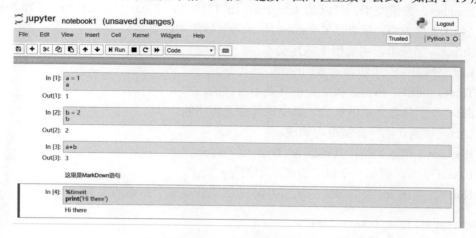

图 1-19　Notebook 的编辑页面

Jupyter Notebook 还支持插入数学公式、制作演示文稿、插入特殊关键字等。也正因如此，Jupyter 在创建代码演示、数据分析等方面非常受欢迎，掌握这个工具将会使读者的学习

11

和开发更为轻松快捷。

1.3 Python 基本语法

本节来讲解一下 Python 的基础知识和语法，如果有使用其他语言编程的基础，理解这些内容将会非常容易，但由于 Python 本身的简洁设计，即使没有编程基础，这些内容也十分容易掌握。

1.3.1 HelloWorld 与数据类型

输出一行"Hello, World"，在 C 语言中需要的程序语句是这样的：

```
#include <stdio.h>
int main()
{
    printf("Hello, World!");
    return 0;
}
```

而在 Python 里，可以用一行完成：

```
print('Hello, world!')
```

在 Python 中，每个值都有一种数据类型，但和一些强类型语言不同，开发者并不需要直接声明变量的数据类型。Python 会根据每个变量的初始赋值情况分析其类型，并在内部对其进行跟踪。在 Python 中内置的主要数据类型包括以下几项。

- Number，数值类型。可以是 Integers（如 1 和 2）、Float（如 1.1 和 1.2）、Fractions（如 1/2 和 2/3），或者是 Complex Number（数学中的复数）。
- String，字符串，主要用于描述文本。
- List，列表，一个包含元素的序列。
- Tuple，元组，和列表类似，但其是不可变的。
- Set，一个包含元素的集合，其中的元素是无序的。
- Dict，字典，由一些键值对构成。
- Boolean，布尔类型，其值或为 True 或 False。
- Byte，字节，例如一个以字节流表示的 jpg 文件。

以 Number 中的 int 类型为例，使用 type 关键字获取某个数据的类型：

```
print(type(1)) # <class 'int'>
a = 1 + 2//3 # "//"表示整除
print(a) # 1
print(type(a)) # <class 'int'>
```

【提示】 不同于 C 语言使用 "/*..*/" 或者 C++使用 "//" 的形式进行注释，Python 中的注释通过 "#" 开头的字符串体现。注释内容不会被 Python 解释器作为程序语句。

int 和 float 之间，Python 一般会通过是否有小数点来进行区分：

```
a = 9**9 # "**"表示幂次
print(a) # 387420489
print(type(a)) #<class 'int'>

b = 1.0
print(b) # 1.0
print(type(b))  # <class 'float'>
```

这里需要注意的是，将一个 int 与一个 int 相加将得到一个 int。但将一个 int 与一个 float 相加将得到一个 float。这是因为 Python 会把 int 强制转换为 float 后再进行加法运算。

```
c = a + b
print(c)
print(type(c))
# 输出：
# <class 'float'>
# 387420490.0
# <class 'float'>
```

使用内置的关键字进行 int 与 float 之间的强制转换是经常用到的：

```
int_num = 100
float_num = 100.1
print(float(int_num))
print(int(float_num))
# 输出：
# 100.0
# 100
```

Python 2 中曾有 int 和 long（长整数类型）的区分，但在 Python 3 中，int 吸收了 2.x 版本中的 int 和 long，不再对较大的整数和较小的整数做区分。有了数值，就可以进行数值运算了：

```
a, b, c = 1, 2, 3.0
# 一种赋值方法，此时 a 为 1，b 为 2，c 为 3.0

print(a+b) # 加法
print(a-b) # 减法
print(a*c) # 乘法
print(a/c) # 除法
```

```
print(a//b) # 整除
print(b**b) # 求幂次
print(b%a) # 求余
# 输出为：
# 3
# -1
# 3.0
# 0.3333333333333333
# 0
# 4
# 0
```

Python 中还有相对比较特殊的分数和复数，分数可以通过 fractions 模块中的 Fraction 对象构造：

```
import fractions # 导入分数模块
a = fractions.Fraction(1,2)
b = fractions.Fraction(3,4)
print(a+b) # 输出：5/4
```

复数可以使用函数 complex(real, imag)或者带有后缀"j"的浮点数来创建：

```
a = complex(1,2)
b = 2 + 3j
print(type(a),type(b)) # <class 'complex'> <class 'complex'>
print(a+b) # (3+5j)
print(a*b) # (-4+7j)
```

布尔（boolean）类型本身非常简单，Python 中的布尔类型以 True 和 False 两个常量为值：

```
print(1<2) # True
print(1>2) # False
```

不过 Python 中对布尔类型和 if else 判断的结合比较灵活，这些可以等到后面的实际编程再详细探讨。

在介绍字符串之前，读者先对列表（list）和元组（tuple）做一个简单的了解，因为列表涉及一个 Python 中非常重要的概念：可迭代对象。对于列表而言，序列中的每一个元素都在一个固定的位置（称之为索引）上，索引从"0"开始。列表中的元素可以是任何数据类型，Python 中列表对应的表示形式是"[]"。

```
l1 = [1,2,3,4]
print(l1[0]) # 通过索引访问元素，输出：1
print(l1[1]) # 输出：2
print(l1[-1]) # 输出：4
# 使用负索引值可从列表的尾部向前计数访问元素。
# 任何非空列表的最后一个元素总是 list[-1]
```

第 1 章　Python 与网络爬虫

列表切片（slice）可以简单地描述为从列表中提取一部分元素的操作，即通过指定两个索引值，可以从列表中获取称作"切片"的某个部分。返回值是一个新列表，从第一个索引开始，直到第二个索引结束（不包含第二个索引的元素），列表切片的使用非常灵活：

```
l1 = [ i for i in range(20)] # 列表解析语句
# l1 中的元素为从 0 到 20（不含 20）的所有整数
print(l1)
print(l1[0:5]) # 取 l1 中的前五个元素
# 输出：[0, 1, 2, 3, 4]
print(l1[15:-1]) # 取索引为 15 的元素到最后一个元素（不含最后一个）
# 输出：　[15, 16, 17, 18]
print(l1[:5]) #取前五个，"0"可省略
# 如果左切片索引为零，可以将其留空而将零隐去。如果右切片索引为列表的长度，也可以将其留空
# [0, 1, 2, 3, 4]
print(l1[1:]) # 取除了索引为 0（第一个）的元素之外的所有元素
# [1, 2, 3, 4, 5, 6, 7, 8, 9, 10, 11, 12, 13, 14, 15, 16, 17, 18, 19]
l2 = l1[:] # 取所有元素，其实就是复制列表
print(l1[::2]) # 指定步数，取所有偶数索引
# 输出：[0, 2, 4, 6, 8, 10, 12, 14, 16, 18]
print(l1[::-1]) # 倒着取所有元素
# 输出：[19, 18, 17, 16, 15, 14, 13, 12, 11, 10, 9, 8, 7, 6, 5, 4, 3, 2, 1, 0]
```

向一个列表中添加新元素的方法也很多样，常见的方法如下：

```
l1 = ['a']
l1  = l1 + ['b']
print(l1)
# ['a', 'b']
l1.append('c')
l1.insert(0,'x')
l1.insert(len(l1),'y')
print(l1)
# ['x', 'a', 'b', 'c', 'y']
l1.extend(['d','e'])
print(l1)
#['x', 'a', 'b', 'c', 'y', 'd', 'e']
l1.append(['f','g'])
print(l1)
# ['x', 'a', 'b', 'c', 'y', 'd', 'e', ['f', 'g']]
```

这里要注意的是 extend()接收一个列表，并把其元素分别添加到原有的列表中，类似于"扩展"。而 append()是把参数（参数有可能也是一个列表）作为一个元素整体添加到原有的列表中。insert()方法会将单个元素插入到列表中，其第一个参数是列表中将插入的位置（索引）。

从列表中删除元素，可使用的方法也不少：

```
# 从列表中删除
del l1[0]
print(l1)
# ['a', 'b', 'c', 'y', 'd', 'e', ['f', 'g']]
l1.remove('a') # remove()方法接受一个 value 参数，并删除列表中第一次出现的该值
print(l1)
# ['b', 'c', 'y', 'd', 'e', ['f', 'g']]
l1.pop() # 如果不带参数调用，pop() 列表方法将删除列表中最后一个元素，并返回所删除的值
print(l1)
# ['b', 'c', 'y', 'd', 'e']
l1.pop(0) # 可以给 pop()一个特定的索引值
print(l1)
# ['c', 'y', 'd', 'e']
```

元组（tuple）与列表非常相似，最大的区别在于：①元组是不可修改的，定义之后就"固定"了；②元组在形式上是用"()"这样的圆括号括起来的。由于元组是"冻结"的，所以不能插入或删除元素。其他的一些元组操作与列表类似：

```
t1 = (1,2,3,4,5)
print(t1[0]) # 1
print(t1[::-1]) # (5, 4, 3, 2, 1)
print(1 in t1) # 检查"1"是否在 t1 中，输出：True
print(t1.index(5)) # 返回某个值对应的元素索引，输出：4
```

【提示】 元素可修改与不可修改是列表与元组最大（或者说唯一）的区别，基本上除了修改内部元素的操作，其他列表适用的操作都可以用于元组。

在创建一个字符串（string）时，需要将其用引号括起来，引号可以是单引号（'）或者双引号（"），两者没有区别。字符串也是一个可迭代对象，因此，与取得列表中的元素一样，也可以通过下标记号取得字符串中的某个字符，一些适用于列表的操作同样适用于字符串：

```
str1 = 'abcd'
print(str1[0]) # 索引访问
# a

print(str1[:2]) # 切片
# ab
str1 = str1 + 'efg'
print(str1)
# abcdefg
str1 = str1 + 'xyz'*2
print(str1) # abcdefgxyzxyz
# 格式化字符串
```

```python
print('{} is a kind of {}.'.format('cat','mammal'))
# cat is a kind of mammal.

# 显式指定字段
print('{3} is in {2}, but {1} is in {0}'.format('china','shanghai','us','new york'))
# new york is in us, but shanghai is in china

# 以三个引号标记多行字符串
long_str = '''I love this girl,
but I don't know if she likes me,
what I can do is to keep calm and stay alive.
'''
print(long_str)
```

集合（set）的特点是无序且值唯一，创建集合和操作集合的常见方式包括：

```python
set1 = {1,2,3}
l1 = [4,5,6]
set2 = set(l1)
print(set1) # {1,2,3}
print(set2) # {4,5,6}

# 添加元素
set1.add(10)
print(set1)
# {10, 1, 2, 3}
set1.add(2) # 无效语句，因为"2"在集合中已经存在
print(set1)
# {10, 1, 2, 3}
set1.update(set2) # 类似于 list 的 extend()操作
print(set1)
# {1, 2, 3, 4, 5, 6, 10}

# 删除元素
set1.discard(4)
print(set1)
# {1, 2, 3, 5, 6, 10}
set1.remove(5)
print(set1)
# {1, 2, 3, 6, 10}
set1.discard(20) # 无效语句，不会报错
# set1.remove(20)：使用 remove()去除一个并不存在的值时会报错
set1.clear()
print(set1) # 清空集合
```

```python
set1 = {1,2,3,4}
# 并集、交集与差集
print(set1.union(set2)) # 在 set1 或者 set2 中的元素
# {1, 2, 3, 4, 5, 6}
print(set1.intersection(set2)) # 同时在 set1 和 set2 中的元素
# {4}
print(set1.difference(set2)) # 在 set1 中但不在 set2 中的元素
# {1, 2, 3}
print(set1.symmetric_difference(set2)) # 只在 set1 或只在 set2 中的元素
# {1, 2, 3, 5, 6}
```

字典（dict）相对于列表、元组和集合，会显得稍微复杂一点。Python 中的字典是键值对（key-value）的无序集合。字典在形式上和集合类似，创建字典和操作字典的基本方式如下：

```python
d1 = {'a':1,'b':2} # 使用"{}"创建
d2 = dict([['apple','fruit'],['lion','animal']]) # 使用 dict 关键字创建
d3 = dict(name = 'Paris', status='alive', location='Ohio')
print(d1) # {'a': 1, 'b': 2}
print(d2) # {'apple': 'fruit', 'lion': 'animal'}
print(d3) # {'status': 'alive', 'location': 'Ohio', 'name': 'Paris'}

#访问元素
print(d1['a']) # 1
print(d3.get('name')) # Paris
# 使用 get 方法获取不存在的键值时不会触发异常

# 修改字典-添加或更新键值对
d1['c'] = 3
print(d1) # {'a': 1, 'b': 2, 'c': 3}
d1['c'] = -3
print(d1) # {'c': -3, 'a': 1, 'b': 2}
d3.update(name='Jarvis',location='Virginia')
print(d3) # {'location': 'Virginia', 'name': 'Jarvis', 'status': 'alive'}

# 修改字典-删除键值对
del d1['b']
print(d1) # {'c': -3, 'a': 1}
d1.pop('c')
print(d1) # {'a': 1}

# 获取 keys 或 values
print(d3.keys()) # dict_keys(['status', 'name', 'location'])
```

```python
print(d3.values()) # dict_values(['alive', 'Jarvis', 'Virginia'])
for k,v in d3.items():
    print('{}:\t{}'.format(k,v))
# name:     Jarvis
# location: Virginia
# status:   alive
```

Python 中的列表、元组、集合和字典是最基本的几种数据结构，使用起来非常灵活，与 Python 的一些语法配合使用时简洁又高效。这些基本知识和操作是 Python 开发工作的基础。

1.3.2 逻辑语句

与很多其他语言一样，Python 也有自己的条件语句和循环语句。但是，Python 中的这些表示程序结构的语句并不需要用括号（比如"{}"）括起来，而是以一个冒号作为结尾，以缩进作为语句块。if, else, elif 关键词是条件选择语句的关键：

```python
a = 1
if a > 0:
    print('Positive')
else:
    print('Negative')
# 输出: Positive

b = 2
if b < 0:
    print('b is less than zero')
elif b < 3:
    print('b is not less than zero but less than three')
elif b < 5:
    print('b is not less than three but less than five')
else:
    print('b is equal to or greater than five')
# 输出: b is not less than zero but less than three
```

熟悉 C/C++语言的人们可能很希望 Python 提供 switch 语句，但 Python 中并没有这个关键词，也没有这个语句结构，但是可以通过 if-elif-elif-…这样的结构代替，或者使用字典实现。比如：

```python
d = {
    '+': lambda x, y: x + y,
    '-': lambda x, y: x - y,
    '*': lambda x, y: x * y,
    '/': lambda x, y: x / y
```

```
}
op = input()
x = input()
y = input()
print(d[op](int(x), int(y)))
```

这段代码实现的功能是,输入一个运算符,再输入两个数字,返回其计算的结果。比如输入"+12",输出"3"。这里需要说明的是,input()是读取屏幕输入的方法(在 Python 2 中常用的 raw_input()不是一个好选择),lambda 关键字代表了 Python 中的匿名函数。关于匿名函数的具体说明,可以参照书后对 Python 补充的内容。

Python 中的循环语句主要是两种:一种的标识是关键词 for;一种的标识是关键词 while。

Python 中的 for 接受可迭代对象(例如列表或迭代器)作为其参数,每次迭代其中一个元素:

```
for item in ['apple','banana','pineapple','watermelon']:
    print(item,end='\t')
# 输出: apple banana pineapple  watermelon
```

for 还经常与 range()和 len()一起使用。

```
l1 = ['a','b','c','d']
for i in range(len(l1)):
    print(i,l1[i])
# 输出:
# 0 a
# 1 b
# 2 c
# 3 d
```

【提示】 如果想要输出列表中的索引和对应的元素,除了上面这样的方法之外,还有更符合 Python 风格的用法,如 enumerate 方法等,有兴趣的读者可自行了解。

while 循环的形式如下。

```
while expression:
    while_suit_codes...
```

语句 while_suit_codes 会被连续不断地循环执行,直到表达式的值为 False,接着 Python 会执行下一句代码。在 for 循环和 while 循环中也会用到 break 和 continue 关键字,分别代表终止循环和跳过当下循环开始下一次循环:

```
i = 0
while True:
    i += 1
```

```
    if i % 2 == 0:
        continue  # 当i为偶数时,跳过当次循环并开始下一个循环
    print(i, end='\t')
    if i > 10:
        break
# 输出: 1 3 5 7 9 11
```

说到循环,就不能不提列表解析(或者称之为"列表推导"),在形式上,它是将循环和条件判断放在了列表的"[]"初始化中。举个例子,构造一个包含 10 以内所有奇数的列表,使用 for 循环添加元素:

```
l1 = []
for i in range(11):
    # range()函数省略 start 参数时,自动认为从 0 开始
    if i % 2 == 1:
        l1.append(i)
print(l1)  # [1, 3, 5, 7, 9]
```

使用列表解析:

```
l1 = [i for i in range(11) if i % 2 == 1]
print(l1)  # [1, 3, 5, 7, 9]
```

这种"推导"(解析)也适用于字典和集合。这里没有提到"元组",是因为元组的括号(圆括号)表示推导时会被 Python 识别为生成器。一般如果需要快速构建一个元组,可以选择先进行列表推导,再使用 tuple()函数将列表冻结函数为元组:

```
# 使用推导快速反转一个字典的键值对
d1 = {'a': 1, 'b': 2, 'c': 3}

d2 = {v: k for k, v in d1.items()}
print(d2)  # {1: 'a', 2: 'b', 3: 'c'}

# 下面的语句并不是"元组"推导
t1 = (i ** 2 for i in range(5))
print(type(t1))  # <class 'generator'>
print(tuple(t1))  # (0, 1, 4, 9, 16)
```

Python 中的异常处理也比较简单,核心语句是 try…except…结构,可能触发异常的代码会放到 try 语句块里,而处理异常的代码会放在 except 语句块里执行:

```
try:
    dosomething...
except Error as e:
    dosomething...
```

异常处理语句也可以写得非常灵活,比如同时处理多个异常:

```
# 处理多个异常
try:
    file = open('test.txt', 'rb')
except (IOError, EOFError) as e:  # 同时处理这两个异常
    print("An error occurred. {}".format(e.args[-1]))


# 另一种处理这两个异常的方式
try:
    file = open('test.txt', 'rb')
except EOFError as e:
    print("An EOF error occurred.")
    raise e
except IOError as e:
    print("An IO error occurred.")
    raise e


# 处理所有异常的方式
try:
    file = open('test.txt', 'rb')
except Exception:  # 捕获所有异常
    print("Exception here.")
```

有时候,在异常处理中会使用 finally 语句,而在 finally 语句下的代码块不论异常是否被触发都将会被执行:

```
try:
    file = open('test.txt', 'rb')
except IOError as e:
    print('An IOError occurred. {}'.format(e.args[-1]))
finally:
    print("This would be printed whether or not an exception occurred!")
```

1.3.3 Python 中的函数与类

在 Python 中,声明和定义函数使用 def(代表"define")语句,在缩进块中编写函数体,函数的返回值用 return 语句返回:

```
def func(a, b):
    print('a is {},b is {}'.format(a, b))
    return a + b
```

```
print(func(1, 2))
# a is 1,b is 2
# 3
```

如果没有显式的 return 语句，函数会自动执行 return None。另外，也可以使函数一次返回多个值，实质上是一个元组：

```
def func(a, b):
    print('a is {},b is {}'.format(a, b))
    return a + b, a - b

c = func(1,2)
# a is 1,b is 2
print(type(c)) # <class 'tuple'>
print(c) # (3, -1)
```

对于暂时不想实现的函数，可以使用"pass"作为占位符，否则 Python 会对缩进的代码块报错：

```
def func(a, b):
    pass
```

pass 也可以用于其他地方，比如 if 语句和 for 循环：

```
if 2 < 3:
    pass
else:
    print('2 > 3')

for i in range(0,10):
    pass
```

在函数中可以设置默认参数：

```
def power(x,n=2):
    return x**n

print(power(3)) # 9
print(power(3,3)) # 27
```

当有多个默认参数时会自动按照顺序逐个传入，也可以在调用时指定参数名：

```
def powanddivide(x,n=2,m=1):
    return x**n/m

print(powanddivide(3,2,5)) # 1.8
print(powanddivide(3,m=1,n=2)) # 9.0
```

在 Python 中类使用 class 关键字来定义：

```
class Player:
    name = ''
    def __init__(self,name):
        self.name = name

pl1 = Player('PlayerX')
print(pl1.name) # PlayerX
```

定义好类后，就可以根据类创建一个实例。在类中的函数一般称为方法，简单地说，方法就是与实例绑定的函数。和普通函数不同，方法可以直接访问或操作实例中的数据。

【提示】 Python 中的方法有实例方法、类方法、静态方法之分，这部分是 Python 面向对象编程中的一个重点概念。但是这里为了简化说明，统一称之为"方法"或者"函数"。

类是 Python 编程的核心概念之一，这主要是因为"Python 中的一切都是对象"。一个类可以写得非常复杂，下面的代码就是 Requests 模块中的 Request 类及其 __init__() 方法（部分代码）：

```
class Request(RequestHooksMixin):
    """A user-created :class:`Request <Request>` object.

    Used to prepare a :class:`PreparedRequest <PreparedRequest>`, which is sent
to the server.

    :param method: HTTP method to use.
    :param url: URL to send.
    :param headers: dictionary of headers to send.
    :param files: dictionary of {filename: fileobject} files to multipart upload.
    :param data: the body to attach to the request. If a dictionary is provided,
form-encoding will take place.
    :param json: json for the body to attach to the request (if files or data is
not specified).
    :param params: dictionary of URL parameters to append to the URL.
    :param auth: Auth handler or (user, pass) tuple.
    :param cookies: dictionary or CookieJar of cookies to attach to this request.
    :param hooks: dictionary of callback hooks, for internal usage.

    Usage::

      >>> import requests
      >>> req = requests.Request('GET', 'http://httpbin.org/get')
      >>> req.prepare()
```

```
    <PreparedRequest [GET]>
"""

def __init__(self,
     method=None, url=None, headers=None, files=None, data=None,
     params=None, auth=None, cookies=None, hooks=None, json=None):

    # Default empty dicts for dict params.
    ......
```

1.3.4　Python 从 0 到 1

Python 语言简洁而明快，涵盖广泛却又不显烦琐，随着其受到越来越多开发者的欢迎，关于 Python 的入门学习和基础知识资料也越来越多，如果想系统性地学习 Python，打好 Python 基础，可以阅读《Dive into Python》《Learn Python the Hard Way》等书籍，如果已经有了较好的基础，想要获得一些相对"高深复杂"的内容介绍，可以参考《Python the Cookbook》和《Fluent Python》等资料。但无论选择哪些资料作为参考，不要忘了"learn by doing"。一切都要从代码出发、从实践出发，多加练习，这样往往能取得更快的进步。

1.4　互联网、HTTP 与 HTML

1.4.1　互联网与 HTTP

互联网或者叫因特网（Internet），是指网络与网络所串联成的庞大网络，这些网络以一组标准的网络协议族相连，连接全世界几十亿个设备，形成逻辑上的单一巨大国际网络。它由从地方到全球范围内几百万个私人的、学术界的、企业的和政府的网络所构成，通过电子、无线和光纤等一系列广泛的技术来实现（见图 1-20）。这种将计算机网络互相联接在一起的方法可称作"网络互联"，在此基础上发展出来的覆盖全世界的全球性互联网络称为"互联网"，即互相连接在一起的网络。

【提示】 互联网并不等于万维网（WWW），万维网只是一个超文本相互链接而成的全球性系统，而且是互联网所能提供的服务之一。互联网包含广泛的信息资源和服务，例如相互关联的超文本文件，还有万维网的应用，支持电子邮件的基础设施、点对点网络、文件共享，以及 IP 电话服务。

HTTP 是一个客户端（用户）和服务器端（网站）之间进行请求和应答的标准。通过使用网页浏览器、网络爬虫或者其他工具，客户端可以向服务器上的指定端口（默认端口为 80）发起一个 HTTP 请求。这个客户端称为用户代理（user agent）。应答服务器上存储着一些资源，比如 HTML 文件和图像。这个应答服务器称为源服务器（origin server）。在用户代理和源服务器中间可能存在多个"中间层",比如代理服务器、网关或者隧道(tunnel)。尽管 TCP/IP 是互联网上最流行的协议,但 HTTP 中并没有规定必须使用它或它支持的层。

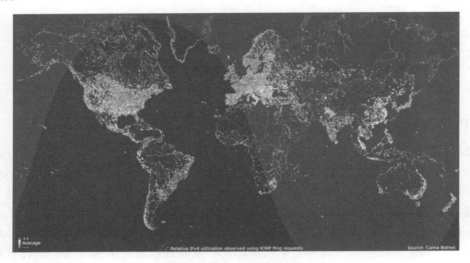

图 1-20　全球互联网使用情况

事实上,HTTP 可以在互联网协议或其他网络上实现。HTTP 假定其下层协议能够提供可靠的传输,因此,任何能够提供这种保证的协议都可以使用。使用 TCP/IP 协议族时 TCP 作为传输层。通常由 HTTP 客户端发起一个请求,创建一个到服务器指定端口(默认是 80 端口)的 TCP 连接。HTTP 服务器则在该端口监听客户端的请求。一旦收到请求,服务器会向客户端返回一个状态(比如"HTTP/1.1 200 OK"),以及请求的文件、错误消息等响应内容。

HTTP 的请求方法有很多种,主要包括以下几个。

- GET:向指定的资源发出"显示"请求。GET 方法应该只用于读取数据,而不应当被用于产生"副作用"的操作中(例如在 Web Application 中)。其中一个原因是 GET 可能会被网络蜘蛛等随意访问。
- HEAD:与 GET 方法一样,都是向服务器发出指定资源的请求,只不过服务器将不会传回资源的内容部分。它的好处在于,使用这个方法可以在不必传输全部内容的情况下,就获取到其中"关于该资源的信息"(元信息或元数据)。
- POST:向指定资源提交数据,请求服务器进行处理(例如提交表单或者上传文件)。数据被包含在请求文本中。这个请求可能会创建新的资源或修改现有资源,或二者皆有。
- PUT:向指定资源位置上传输最新内容。
- DELETE:请求服务器删除 Request-URI 所标识的资源。
- TRACE:回显服务器收到的请求,主要用于测试或诊断。

- OPTIONS：这个方法可使服务器传回该资源所支持的所有 HTTP 请求方法。用"*"来代替资源名称向 Web 服务器发送 OPTIONS 请求，可以测试服务器功能是否正常。
- CONNECT：HTTP/1.1 协议中预留给能够将连接改为管道方式的代理服务器。通常用于 SSL 加密服务器的连接（经由非加密的 HTTP 代理服务器）。方法名称是区分大小写的。当某个请求所针对的资源不支持对应的请求方法的时候，服务器应当返回状态码 405（Method Not Allowed），当服务器不认识或者不支持对应的请求方法的时候，应当返回状态码 501（Not Implemented）。

1.4.2 HTML

HTML 即超文本标记语言（HyperText Markup Language），它是一种用于创建网页的标准标记语言。与 HTTP 不同的是，HTML 是一种基础技术，常与 CSS、JavaScript 一起被用于设计令人赏心悦目的网页，以及网页应用程序和移动应用程序的用户界面。网页浏览器可以读取 HTML 文件并将其渲染成可视化网页。HTML 描述了一个网站的结构语义随着线索的呈现方式，使之成为一种标记语言而非编程语言。HTML 元素是构建网站的基石。HTML 允许嵌入图像与对象，并且可以用于创建交互式表单。它被用来结构化信息——例如标题、段落和列表等，也可用来在一定程度上描述文档的外观和语义。HTML 的语言形式为尖括号包围的 HTML 元素（如<html>），浏览器使用 HTML 标签和脚本来诠释网页内容，但不会将它们显示在页面上。HTML 可以嵌入如 JavaScript 的脚本语言，它们会影响 HTML 网页的行为。网页浏览器也可以引用层叠样式表（CSS）来定义文本和其他元素的外观与布局。维护 HTML 和 CSS 标准的组织万维网联盟（W3C）鼓励人们使用 CSS 替代一些用于表现的 HTML 元素。

HTML 文档由嵌套的 HTML 元素构成。它们用 HTML 标签表示，包含于尖括号中，如<p>在一般情况下，一个元素由一对标签表示："开始标签"<p>与"结束标签"</p>。元素如果含有文本内容，就被放置在这些标签之间。在开始与结束标签之间也可以封装另外的标签，包括标签与文本的混合。这些嵌套元素是父元素的子元素。开始标签也可包含标签属性。这些属性有诸如标识文档区段、将样式信息绑定到文档演示和为一些标签（如<img>）嵌入图像、引用图像来源等作用。一些元素（如换行符
）不允许嵌入任何内容，无论是文字或其他标签。这些元素只需一个单一的空标签（类似于一个开始标签），而没有结束标签。许多标签是可选的，尤其是那些很常用的段落元素<p>的闭合端标签。HTML 浏览器或其他媒介可以从上下文识别出元素的闭合端以及由 HTML 标准所定义的结构规则，这些规则非常复杂。

因此，一个 HTML 元素的一般形式为：<标签 属性 1="值 1" 属性 2="值 2">内容</标签>。一个 HTML 元素的名称即为标签使用的名称。注意，结束标签的名称前面有一个斜杠"/"，空元素不需要也不允许有结束标签。如果元素属性未标明，则使用其默认值。下面是一些 HTML 标签示例。

1）HTML 文档的头部标签为<head>…</head>。标题被包含在头部，例如：

```
<head>
    <title>Title</title>
</head>
```

2）HTML 标题由<h1>到<h6>六个标签构成，字体由大到小递减：

```
<h1>标题 1</h1>
<h2>标题 2</h2>
<h3>标题 3</h3>
<h4>标题 4</h4>
<h5>标题 5</h5>
<h6>标题 6</h6>
```

3）段落：

```
<p>第一段</p>
<p>第二段</p>
```

4）换行标签为
。
与<p>之间的差异在于，
换行但不改变页面的语义结构，而<p>元素形成的页面内容单独成段。

```
<p>
这是一个<br>使用 br<br>换行<br>的段落。
</p>
```

5）链接使用<a>标签来创建。href 属性包含链接的 URL 地址：

```
<a href="http://www.baidu.com">一个指向百度的链接</a>
```

6）注释：

```
<!--这是一行注释-->
```

大多数元素的属性以"名称-值"的形式成对出现，由"="连接并写在开始标签元素名之后。值一般由单引号或双引号包围，有些值的内容包含特定字符，在 HTML 中可以去掉引号（XHTML 不行）。不加引号的属性值被认为是不安全的。有些属性无须成对出现，仅存在于开始标签中即可影响元素，如<img>元素的 ismap 属性。要注意的是，许多元素存在一些共通的属性。

- id 属性为元素提供在全文档内的唯一标识。它用于识别元素，以便样式表可以改变其外观属性，脚本可以改变、显示或删除其内容或格式化。对于添加到页面的 URL，它为元素提供了一个全局唯一标识，通常为页面的子章节。
- class 属性提供了一种将类似元素分类的方式，常被用于语义化或格式化。例如，一个 HTML 文档可指定 class="标记"来表明所有具有这一类值的元素都从属于文档的主文本。格式化后，这样的元素可能会聚集在一起，并作为页面脚注而不会出现在 HTML 代码中。类属性也被用于微格式的语义化。类值也可进行多值声明。如 class="标记 重要"将元素同时放入"标记"与"重要"两类中。
- style 属性可以将表现性质赋予一个特定元素。比起使用 id 或 class 属性从样式表中选择元素，"style"被认为是一个更好的做法，尽管有时这对一个简单、专用或特别的样式来说显得太烦琐。
- title 属性用于给元素一个附加的说明。大多数浏览器中这一属性显示为工具提示。

1.5 Hello, Spider!

掌握编写 Python 网络爬虫所需的基础知识后，就可以开始编写第一个爬虫程序了。首先来分析一个非常简单的爬虫，并由此展开进一步讨论。

1.5.1 第一个爬虫程序

在各大编程语言中，初学者要编写的第一个简单程序一般就是"Hello, World!"，即通过程序在屏幕上输出"Hello, World!"。在 Python 中，只需一行代码就可以做到。这里就将该爬虫称为"HelloSpider"，见例 1-1。

【例 1-1】 HelloSpider.py，一个最简单的 Python 网络爬虫。

```python
import lxml.html,requests
url = 'https://www.python.org/dev/peps/pep-0020/'
xpath = '//*[@id="the-zen-of-python"]/pre/text()'
res = requests.get(url)
ht = lxml.html.fromstring(res.text)
text = ht.xpath(xpath)
print('Hello,\n'+''.join(text))
```

执行这个脚本。在终端中运行如下命令（也可以直接在 IDE 中单击"运行"按钮）：

```
python HelloSpider.py
```

很快就能看到如下输出：

```
Hello,

Beautiful is better than ugly.
Explicit is better than implicit.
Simple is better than complex.
Complex is better than complicated.
Flat is better than nested.
Sparse is better than dense.
Readability counts.
```

```
Special cases aren't special enough to break the rules.
Although practicality beats purity.
Errors should never pass silently.
Unless explicitly silenced.
In the face of ambiguity, refuse the temptation to guess.
There should be one-- and preferably only one --obvious way to do it.
Although that way may not be obvious at first unless you're Dutch.
Now is better than never.
Although never is often better than *right* now.
If the implementation is hard to explain, it's a bad idea.
If the implementation is easy to explain, it may be a good idea.
Namespaces are one honking great idea -- let's do more of those!
```

不错，这正是"Python 之禅"的内容，以上程序完成了一个网络爬虫程序最普遍的流程：①访问站点；②定位所需的信息；③得到并处理信息。接下来不妨看看每一行代码都做了什么。

```
import lxml.html,requests
```

上述代码使用 import 导入了两个模块，分别是 lxml 库中的 html 以及 Python 中著名的 Requests 库。lxml 是用于解析 XML 和 HTML 的工具，可以使用 XPath 和 CSs 来定位元素，而 Requests 则是著名的 Python HTTP 库，其口号是"给人类用的 HTTP"。相比于 Python 自带的 urllib 库而言，Requests 有着不少优点，使用起来十分简单，接口设计也非常合理。实际上，对 Python 比较熟悉的话就会知道，在 Python 2 中一度存在着 urllib, urllib2, urllib3, httplib, httplib2 等一堆让人易于混淆的库，可能官方也察觉到了这个缺点，Python 3 中的新标准库中 urllib 就比 Python 2 好用一些。曾有人在网上问道"urllib, urllib2, urllib3 的区别是什么，怎么用"，有人回答"为什么不去用 Requests 呢？"，可见 Requests 的确有着十分突出的优点。同时也建议读者，尤其是刚刚接触网络爬虫的人采用 Requests，可谓省时省力。

```
url = 'https://www.python.org/dev/peps/pep-0020/'
xpath = '//*[@id="the-zen-of-python"]/pre/text()'
```

上述代码定义了两个变量。Python 不需要声明变量的类型，url 和 xpath 会自动被识别为字符串类型。url 是一个网页的链接，可以直接在浏览器中打开，页面中包含了"Python 之禅"的文本信息。xpath 变量则是一个 XPath 路径表达式。刚才已提到，lxml 库可以使用 XPath 来定位元素。当然，定位网页中元素的方法不止 XPath 一种，后面章节会介绍更多的定位方法。

```
res = requests.get(url)
```

上述代码使用了 Requests 中的 get()方法，对 url 发送了一个 HTTP GET 请求，返回值被赋值给 res，于是便得到了一个名为 res 的 Response 对象，接下来就可以从这个 Response 对象中获取需要的信息。

```
ht = lxml.html.fromstring(res.text)
```

lxml.html 是 lxml 下的一个模块，顾名思义，主要负责处理 HTML。fromstring()方法传入的参数是 res.text，即刚才提到的 Response 对象的 text（文本）内容。fromstring()方法的 docstring（文档字符串，即此方法的说明）中提道，这个方法可以 "Parse the html, returning a single element/document."，即 fromstring()根据这段文本来构建一个 lxml 中的 HtmlElement 对象。

```
text = ht.xpath(xpath)
print('Hello,\n'+''.join(text))
```

这两行代码使用 XPath 来定位 HtmlElement 中的信息，并进行输出。text 就是程序运行得到的结果，.join()是一个字符串方法，用于将序列中的元素以指定的字符连接生成一个新的字符串。因为 text 是一个 list 对象，所以使用''这个空字符来连接。如果不进行这个操作而直接输出：

```
print('Hello,\n'+text)
```

程序就会报错，出现 "TypeError: Can't convert 'list' object to str implicitly" 这样的错误提示。当然，对于 list 对象而言，还可以通过一段循环来输出其中的内容。

值得一提的是，如果不使用 Requests 而使用 Python 3 的 urllib 来完成以上操作，需要把其中的两行代码改为：

```
res = urllib.request.urlopen(url).read().decode('utf-8')
ht = lxml.html.fromstring(res)
```

其中的 urllib 是 Python 3 的标准库，包含了很多基本功能，比如向网络请求数据、处理 cookie、自定义请求头（headers）等。urlopen()方法用来通过网络打开并读取远程对象，包括 HTML、媒体文件等。显然，就代码量而言，使用 urllib 的工作量比 Requests 要大，而且看起来也不甚简洁。

【提示】 urllib 是 Python 3 的标准库，虽然在本书中主要使用 Requests 来代替 urllib 的某些功能，但作为官方工具，urllib 仍然值得读者进一步了解。在爬虫程序实践中，也可能会用到 urllib 中的有关功能。有兴趣的读者可阅读 urllib 的官方文档：https://docs.python.org/3/library/urllib.html，其中给出了详尽的说明。

1.5.2 对爬虫的思考

通过刚才这个十分简单的爬虫示例不难发现，爬虫的核心任务就是访问某个站点（一般为一个 URL 地址），然后提取其中的特定信息，最后对数据进行处理（在这个例子中只是简单的输出）。当然，根据具体的应用场景，爬虫可能还需要很多其他的功能，比如自动抓取多个页面、处理表单、对数据进行存储或者清洗等。

其实，如果只想获取特定网站所提供的关键数据，而每个网站都提供了自己的 API（Application Programming Interface，应用程序接口），那么人们对于网络爬虫的需求可能就没有那么大了。毕竟，如果网站已经为其用户准备好了特定格式的数据，只需要访问 API 就能够得到所需的信息，那么又有谁愿意费时费力地编写复杂的信息抽取程序呢？现实是，虽然有很多网站都提供了可供普通用户使用的 API，但其中的数据有时不全面或不显明。另外，API 毕竟是官方定义的，免费的格式化数据不一定能够满足人们的需求。掌握一些网络爬虫编写方法，不仅能够做出只属于自己的功能，还能在某种程度上拥有一个高度个性化的"浏览器"，因此，学习爬虫相关知识还是很有必要的。

对于个人编写的爬虫而言，一般不会存在法律和道德问题。但随着与互联网知识产权相关法律法规的逐渐完善，读者在使用自己的爬虫时，还是需要特别注意遵守网站的规定以及公序良俗的。2013 年曾有这样的报道：百度起诉奇虎 360 违反"Robots 协议"抓取、复制其网站内容，并索赔 1 亿元人民币○一。百度认为 360 公司违反 Robots 协议抓取百度知道、百度百科等数据，而法院表示，尊重 Robots 协议和平台对 UGC（User Generated Content，用户原创内容）数据的权益，360 也因此被判赔偿百度 70 万元。2014 年 8 月微博宣布停止脉脉使用的微博开放平台所有接口，理由是"脉脉通过恶意抓取行为获得并使用了未经微博用户授权的档案数据，违反微博开放平台的开发者协议"。最新出台的《网络安全法》也对企业使用爬虫技术来获取网络上及用户的特定信息这一行为做出了一些规定○二。可以说，爬虫程序方兴未艾，随着互联网业界的发展，对于爬虫程序的秩序也提出了新的要求。对于普通个人开发者而言，一般需要注意以下几个方面。

- 不应访问和抓取某些充满不良信息的网站，包括一些充斥暴力、色情或反动信息的网站。
- 始终注意版权意识。如果要爬取的信息是其他作者的原创内容，未经作者或版权所有者的授权，请不要将这些信息用作其他用途，尤其是商业方面的行为。
- 保持对网站的善意。如果没有经过网站运营者的同意，使得爬虫程序对目标网站的性能产生了一定影响，恶意造成了服务器资源的大量浪费，那么且不说法律层面，至少这是不道德的。编写爬虫的出发点应该是作为一个爬虫技术的爱好者，而不是一个试图攻击网站的黑客。尤其是分布式大规模爬虫，更需要注意这点○三。
- 请遵循 robots.txt 和网站服务协议。robots 文件只是一个"君子协议"，并没有强制性约束爬虫程序的能力，只是表达了"请不要抓取本网站的这些信息"的意向。在实际的爬虫编写过程中，开发者应该尽可能遵循 robots.txt 的内容，尤其是编写的爬虫无节制地抓取网站内容时。有必要的话，应该查询并牢记网站服务协议中的相关说明。

○一 新闻来源于 https://www.huxiu.com/article/21532html。

○二 见 https://36kr.com/p/5078918.html。

○三 有兴趣的读者可了解美国《计算机欺诈与滥用法》的相关信息，内容见 http://www.infseclaw.net/news/html/937.html。

【提示】 Robots 协议虽然没有强制性，但一般是会被法律承认的。美国联邦法院早在 2000 年就在 eBay vs Bedder's Edge 一案中支持了 eBay 屏蔽 BE 爬虫的主张。北京第一中级人民法院于 2006 年在审理泛亚起诉百度的侵权案中也认定网站有权利用设置的 robots.txt 文件拒绝搜索引擎（百度）的收录。可见，Robots 协议在互联网业界和司法界都得到了认可。

关于 robots 文件的具体内容，下一节调研分析网站的过程中将继续介绍。

1.6 调研网站

1.6.1 网站的 robots.txt 与 Sitemap

一般而言，网站都会提供自己的 robots.txt 文件。正如上文所说，Robots 协议旨在让网站访问者（或访问程序）了解该网站的信息爬取限制。在爬取网站信息之前，检查这一文件中的内容可以降低爬虫程序被网站的反爬虫机制封禁的风险。下面是百度的 robots.txt 中的部分内容，可以访问 www.baidu.com/robots.txt 来获取：

```
User-agent: Googlebot
Disallow: /baidu
Disallow: /s?
Disallow: /shifen/
Disallow: /homepage/
Disallow: /cpro
Disallow: /ulink?
Disallow: /link?
Disallow: /home/news/data/

User-agent: MSNBot
Disallow: /baidu
Disallow: /s?
Disallow: /shifen/
Disallow: /homepage/
Disallow: /cpro
Disallow: /ulink?
Disallow: /link?
Disallow: /home/news/data/
```

robots.txt 文件没有标准的"语法"，但网站一般都遵循业界共有的习惯。文件第一行内容是 User-agent:，表明哪些机器人（程序）需要遵守下面的规则，后面是一组 Allow 和 Disallow，决定是否允许该 user-agent 访问网站的这部分内容。星号（*）为通配符。如果一个规则后面跟着一个矛盾的规则，则以后一条为准。可见，百度的 robots.txt 对 Googlebot 和 MSNBot 给出了一些限制。robots.txt 可能还会规定 Crawl-delay，即爬虫抓取延迟。如果在

robots.txt 中发现有"Crawl-delay:5"的字样,那么说明网站希望开发者的程序能够在两次下载请求中给出 5s 的下载间隔。

使用 Python 3 自带的 robotparser 工具可以解析 robots.txt 文件并指导爬虫编写,从而避免下载 robots 协议不允许爬取的信息。只要在代码中用"import urllib.robotparser"导入这个模块即可使用,详见例 1-2。

【例 1-2】 robotparser.py,使用 robotparser 工具。

```python
import urllib.robotparser as urobot
import requests

url = "https://www.taobao.com/"
rp = urobot.RobotFileParser()
rp.set_url(url + "/robots.txt")
rp.read()
user_agent = 'Baiduspider'
if rp.can_fetch(user_agent, 'https://www.taobao.com/product/'):
    site = requests.get(url)
    print('seems good')
else:
    print("cannot scrap because robots.txt banned you!")
```

上面的程序用于爬取淘宝网(www.taobao.com)。先看看淘宝网 robots.txt 中的内容,访问 www.taobao.com/robots.txt 即可获取(由于商业性网站更新频率很高,网站的 robots.txt 文件地址可能已经更新。读者可以尝试访问 http://www.alibaba.com/robots.txt 来获取其文件):

```
User-agent:  Baiduspider
Allow:  /article
Allow:  /oshtml
Allow:  /wenzhang
Disallow:  /product/
Disallow:  /
...
```

对于 Baiduspider 这个用户代理,淘宝网不允许其爬取/product/页面,但允许爬取/article 页面,因此,执行刚才的示例程序后,输出的结果会是:

```
cannot scrap because robots.txt banned you!
```

如果将其中的"https://www.taobao.com/product/"改为"https://www.taobao.com/ article",输出结果就变为:

```
seems good
```

这说明程序运行成功。Python 3 中的 robotparser 是 urllib 下的一个模块,程序中需要将其导入。在上面的代码中,首先创建了一个名为 rp 的 RobotFileParser 对象,之后 rp 加载了对应网站的 robots.txt 文件，然后将 user_agent 设为"Baiduspider"，并使用 can_fetch() 方法测试该用户代理是否可以爬取 URL 对应的网页。当然，为了使这个功能在真正的爬虫程序中实现，还需要一个循环语句来不断检查新的网页，类似这样的形式：

```
for i in urls:
  try:
    if rp.can_fetch("*", newurl):
      site = urllib.request.urlopen(newurl)
      ...
  except:
    ...
```

有时候 robots.txt 还会定义一个 Sitemap，即站点地图。所谓的站点地图（或者叫网站地图），可以是一个任意形式的文档。一般而言，站点地图中会列出该网站中的所有页面，列出时通常采用一定的格式（如分级形式）。站点地图有助于访问者以及搜索引擎的爬虫找到网站中的各个页面，因此，它在 SEO（Search Engine Optimization，搜索引擎优化）领域扮演了很重要的角色。

【提示】 什么是 SEO？SEO 是指在搜索引擎的自然排名机制的基础上，对网站进行某些调整和优化，从而改进该网站在搜索引擎结果中的关键词排名，使得网站能够获得更多用户流量的过程。而站点地图（Sitemap）能够帮助搜索引擎更智能高效地抓取网站内容，因此完善和维护站点地图是 SEO 的基本方法之一。对于国内网站而言，百度 SEO 是站长做好网站运营和管理的重要一环。

下面是豆瓣网 robots.txt 中定义的 Sitemap，可访问 www.douban.com/robots.txt 来获取（由于豆瓣官方可能对 robots.txt 进行更新，所以下面使用的 Sitemap 地址也可能发生变化。读者也可尝试其他网站的 Sitemap，如耐克官网中 robots.txt 记录的 Sitemap：https://www.nike.com/robots.txt）：

```
Sitemap: https://www.douban.com/sitemap_index.xml
Sitemap: https://www.douban.com/sitemap_updated_index.xml
```

Sitemap 可帮助爬虫程序定位网站的内容。打开其中的链接，内容如图 1-21 所示。

```
▼<sitemapindex xmlns="http://www.sitemaps.org/schemas/sitemap/0.9">
  ▼<sitemap>
     <loc>https://www.douban.com/sitemap_updated.xml.gz</loc>
     <lastmod>2017-10-09T22:00:22Z</lastmod>
   </sitemap>
  ▼<sitemap>
     <loc>https://www.douban.com/sitemap_updated1.xml.gz</loc>
     <lastmod>2017-10-09T22:00:22Z</lastmod>
   </sitemap>
  ▼<sitemap>
     <loc>https://www.douban.com/sitemap_updated2.xml.gz</loc>
     <lastmod>2017-10-09T22:00:22Z</lastmod>
   </sitemap>
  ▼<sitemap>
     <loc>https://www.douban.com/sitemap_updated3.xml.gz</loc>
     <lastmod>2017-10-09T22:00:22Z</lastmod>
   </sitemap>
```

图 1-21 豆瓣网 Sitemap 链接中的部分内容

由于网站规模较大，Sitemap 以多个文件的形式给出，这里下载其中的一个文件（sitemap_updated.xml）并查看其中内容，如图 1-22 所示。

```xml
<?xml version="1.0" encoding="utf-8"?>
<urlset xmlns="http://www.sitemaps.org/schemas/sitemap/0.9">
  <url>
    <loc>https://www.douban.com/</loc>
    <priority>1.0</priority>
    <changefreq>daily</changefreq>
  </url>
  <url>
    <loc>https://www.douban.com/explore/</loc>
    <priority>0.9</priority>
    <changefreq>daily</changefreq>
  </url>
  <url>
    <loc>https://www.douban.com/online/</loc>
    <priority>0.9</priority>
    <changefreq>daily</changefreq>
  </url>
```

图 1-22　豆瓣 Sitemap_updated.xml 中的内容

观察可知，在这个站点地图文件中提供了豆瓣网最近更新的所有网页的链接地址，如果程序能够有效地使用其中的信息，那么这无疑会成为爬取网站的有效策略。

1.6.2　查看网站所用技术

目标网站所用的技术会成为影响爬虫程序策略的一个重要因素，俗话说，知己知彼，百战不殆。使用 wad 模块可以检查网站背后所使用的技术类型（请注意，由于操作系统及其版本的不同，读者安装和使用 wad 工具时，输出也有可能不同。如果运行时报错，可能是操作系统版本不兼容所致，读者可使用其他方法对网站进行分析，如调查后台 JavaScript 代码或联系网站管理员等）。用 pip 就能十分简便地安装这个库：

```
pip install wad
```

安装完成后，在终端中使用"wad -u url"这样的命令就能够查看网站的分析结果。比如现在来查看 www.baidu.com 背后的技术类型：

```
wad -u 'https://www.baidu.com'
```

输出结果如下，数据使用的是 JSON 格式：

```json
{
    "https://www.baidu.com/": [
        {
            "app": "PHP",
            "type": "programming-languages",
            "ver": ""
        },
        {
            "app": "jQuery",
            "type": "javascript-frameworks",
            "ver": "1.10.2"
        }
```

        ]
    }

从上面的结果中不难发现，该网站使用了 PHP 语言和 jQuery 技术（jQuery 是一个十分流行的 JavaScript 框架）。由于对百度的分析结果有限，再来试试其他网站。这一次直接编写一个 Python 脚本，见例 1-3（由于 wad 版本的更新，下方的示例代码输出可能会有所不同）。

【例 1-3】 wad_detect.py。

```
import wad.detection
det = wad.detection.Detector()
url = input()
print(det.detect(url))
```

这几行代码接收一个 URL 输入并返回 wad 分析的结果，输入 "http://www.12306.cn/" 后得到的结果是：

```
{'http://www.12306.cn/': [{'app': 'Java Servlet',
                            'type': 'web-frameworks',
                            'ver': '2.5'},
                          {'app': 'JavaServer Pages',
                            'type': 'web-frameworks',
                            'ver': '2.1'},
                          {'app': 'Java',
                            'type': 'programming-languages',
                            'ver': None}]}
```

根据上述结果可以看到，12306 购票网站使用 Java 编写，并使用了 Java Servlet 等框架。

【提示】 JSON（JavaScript Object Notation）是一种轻量级数据交换格式。它便于人们阅读和编写，同时也易于机器进行解析和生成。另外，JSON 采用完全独立于语言的文本格式，因此成为一种被广泛使用的数据交换语言。JSON 的诞生与 JavaScript 密切相关，不过目前很多语言（当然，也包括 Python）都支持对 JSON 数据的生成和解析。JSON 数据的书写格式是：名称/值。一对"名称/值"包括字段名称（引号中），后面写一个冒号，然后是值，如"firstName" : "Allen"。JSON 对象在花括号中书写，可以包含多个名称/值对。JSON 数组则在方括号中书写，数组可包含多个对象。大家在以后的网络爬取中可能还会遇到 JSON 格式数据的处理，因此有必要对它有一些了解。有兴趣的读者可以在 JSON 的官方文档（http://www.json.org/json-zh.html）上阅读更详细的说明。

1.6.3 查看网站所有者信息

如果想要知道网站所有者的相关信息，除了在网站中的"关于"或者"about"页面中查看之外，还可以使用 WHOIS 协议来查询域名。所谓的 WHOIS 协议，就是一个用来查询互联网上域名的 IP 和所有者等信息的传输协议。其雏形是 1982 年互联网工程任务组（Internet Engineering Task Force，IETF）的一个有关 ARPANET 用户目录服务的协议。

WHOIS 的使用十分方便，通过 pip 就可以安装 python-whois 库。在终端运行命令：

```
pip install python-whois
```

安装完成后使用"whois domain"这样的格式查询即可，比如现在来查询 yale.edu（耶鲁大学官网）的信息，执行命令"whois yale.edu"：

```
Domain Name: YALE.EDU
```

输出的结果如下（部分结果）：

```
Registrant:
    Yale University
    25 Science Park
    150 Munson St
    New Haven, CT 06520
    UNITED STATES

Administrative Contact:
    Franz Hartl
    Yale University
    25 Science Park
    150 Munson St
    New Haven, CT 06520
    UNITED STATES
    (203) 436-9885
    webmaster@yale.edu

...

Name Servers:
    SERV1.NET.YALE.EDU          130.132.1.9
    SERV2.NET.YALE.EDU          130.132.1.10
    SERV3.NET.YALE.EDU          130.132.1.11
    SERV4.NET.YALE.EDU          130.132.89.9
    SERV-XND.NET.YALE.EDU       68.171.145.173
```

不难看出，这里给出了域名的注册信息（包括地址）、网站管理员信息以及域名服务器等相关信息。不过，如果爬取某个网站时需要联系网站管理者，一般网站上都会有特定的页面给出联系方式（Email 或者电话），这可能会是一个更为直接、方便的选择。

1.6.4 使用开发者工具检查网页

如果想要编写一个爬取网页内容的爬虫程序,在动手编写之前,最重要的准备工作可能就是检查目标网页了。用户打开浏览器后一般会先输入一个 URL 地址并打开这个网页,接着浏览器就会将 HTML 渲染出美观的界面效果。如果使用目标只是浏览或者单击网页中的某些内容,正如一个普通的网站用户那样,那么做到这里就足够了。但是,对于爬虫编写者而言,还需要更好地研究一下手头的工具——浏览器。这里建议读者使用 Google Chrome 或 Firefox 浏览器,这不仅是因为它们合起来瓜分了较大份额的浏览器市场,流行程度毋庸置疑[○],更是因为它们都为开发者提供了强大的功能,是爬虫编写时的不二之选。

下面以 Chrome 为例,看看如何使用开发者工具。可以选择"菜单"中的"更多工具"→"开发者工具",也可以直接在网页内容中右击并选择"检查"选项。效果如图 1-23 所示。

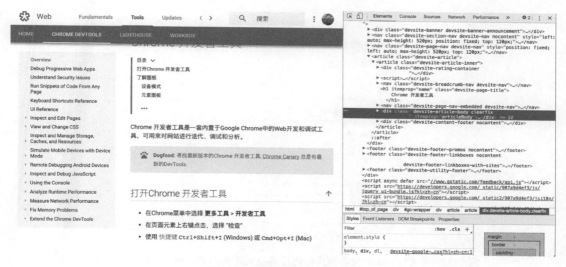

图 1-23　Chrome 开发者工具

Chrome 的开发者模式为用户提供了下面几组工具。

- Elements:允许用户从浏览器的角度来观察网页,用户可以借此看到 Chrome 渲染页面所需要的 HTML、CSS 和 DOM(Document Object Model)对象。
- Network:可以看到页面向服务器请求了哪些资源、资源的大小以及加载资源的相关信息。此外,还可以查看 HTTP 的请求头、返回内容等。
- Sources:即源代码面板,主要用来调试 JavaScript。
- Console:即控制台面板,可以显示各种警告与错误信息。在开发期间,可以使用控制台面板记录诊断信息,或者使用它作为 shell 在页面上与 JavaScript 交互。
- Performance:使用这个模块可以记录和查看网站生命周期内发生的各种事件来提高

○ 数据出自 NetMarketShare 的调查,见 https://www.netmarketshare.com/browser-market-share.aspx?qprid=0&qpcustomd=0。

页面运行时的性能。
- Memory：这个面板可以提供比 Performance 更多的信息，如跟踪内存泄漏。
- Application：检查加载的所有资源。
- Security：即安全面板，可以用来处理证书问题等。

另外，通过切换设备模式可以观察网页在不同设备上的显示效果，如图 1-24 所示。

图 1-24　在 Chrome 开发者模式中将设备模式切换为 iPhone 6 后的显示效果

在"Element"面板中，开发者可以检查和编辑页面的 HTML 与 CSS。选中并双击元素就可以编辑元素了，比如将百度贴吧（tieba.baidu.com）首页导航栏中的部分文字去掉，并将部分文字变为红色，效果如图 1-25 所示。

图 1-25　通过 Chrome 开发者工具更改贴吧首页内容

第 1 章　Python 与网络爬虫

当然，也可以选中某个元素后右击查看更多操作，如图 1-26 所示。

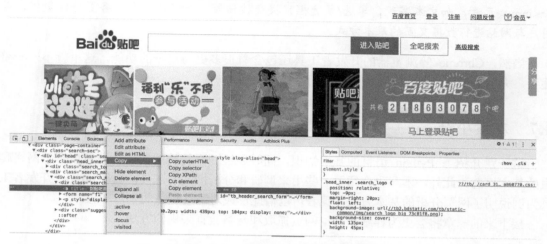

图 1-26　Chrome 开发者工具选中元素后的快捷菜单

值得一提的是上面快捷菜单中的"Copy XPath"选项。由于 XPath 是解析网页的利器，因此 Chrome 中的这个功能对于爬虫程序编写而言就显得十分实用和方便了。

使用"Network"工具可以清楚地查看网页加载网络资源的过程和相关信息。请求的每个资源在"Network"表格中显示为一行，对于某个特定的网络请求，可以进一步查看请求头、响应头及已经返回的内容等信息。对于需要填写并发送表单的网页而言（比如执行用户登录操作），在"Network"面板中勾选"Preserve log"复选框，然后进行登录，就可以记录 HTTP POST 信息，查看发送的表单信息详情。之后在贴吧首页开启开发者工具后再登录时，就可以看到图 1-27 所示的信息，其中的"Form Data"就包含着向服务器发送的表单信息详情。

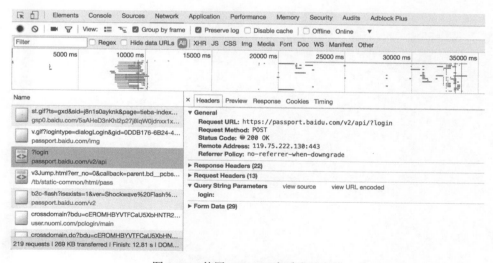

图 1-27　使用 Network 查看登录表单

【提示】 在 HTML 中，<form>标签用于为用户输入创建一个 HTML 表单。表单能够包含<input>元素，如文本字段、单选/复选框、提交按钮等，一般用于向服务器传输数据，是用户与网站进行数据交互的基本方式。

当然，Chrome 等浏览器的开发者工具还包含着很多更为复杂的功能，这里就不一一赘述了，大家需要用到的时候再去学习即可。

1.7 本章小结

这一章介绍了 Python 语言的基本知识，同时通过一个简洁的例子为读者展示了网络爬虫的基本概念。此外，本章也介绍了一些用来调研和分析网站的工具，以 Chrome 开发者工具为例说明了网页分析的基本方法，读者可以借此形成对网络爬虫的初步印象。

接下来的一章将会更为详细地讨论网页抓取和网络数据采集的方法。

第 2 章 数据采集

正如笔者之前提到的,网络爬虫程序的核心任务就是获取网络上(很多时候就是指某个网站上)的数据,并对特定的数据做一些处理。因此,如何"采集"所需的数据往往成为爬虫成功与否的重点。使用排除法显然是不现实的,开发者还需要某种方式来直接"定位"到自己想要的东西,这个过程有时候也被称为"选择"。数据采集最常见的任务就是从网页中抽取数据,一般所说的"抓取",就是指这个动作。

第 1 章中已经初步讨论了分析网站和洞悉网页的基本方法,接下来笔者的讲解将正式进入"庖丁解牛"的阶段,使用各种工具来获取网页信息。不过,值得一提的是,网络上的信息不一定是必须要以网页(HTML)的形式来呈现的,本章最后将会介绍网站 API 及其使用。

2.1 从抓取开始

在讲解了网页结构的基础上,接下来笔者将介绍几种工具,分别是正则表达式(及 Python 的正则表达式库——re 模块)、XPath、BeautifulSoup 模块以及 lxml 模块。

在展开讨论之前,需要说明的是,在解析速度上正则表达式和 lxml 是比较突出的。lxml 是基于 C 语言的,而 BeautifulSoup 使用 Python 编写,因此 BeautifulSoup 在性能上略逊一筹也不奇怪。但 BeautifulSoup 使用起来更方便一些,且支持 CSS 选择器,这也能够弥补其性能上的不足。另外最新版的 bs4 也已经支持 lxml 作为解析器。使用 lxml 时程序主要根据 XPath 来解析,如果熟悉 XPath 的语法,那么 lxml 和 BeautifulSoup 都是很好的选择。

不过,由于正则表达式本身并非特地为网页解析设计,加上语法也比较复杂,因此一般不会经常使用纯粹的正则表达式解析 HTML 内容。在爬虫编写中,正则表达式主要作为字符串处理(包括识别 URL、关键词搜索等)的工具,解析网页内容则主要使用 BeautifulSoup 和 lxml 两个模块,正则表达式可以配合这些工具一起使用。

【提示】严格地说,正则表达式、XPath、BeautifulSoup 和 lxml 并不是平行的四个概念。正则表达式和 XPath 是"规则",或者叫"模式",而 BeautifulSoup 和 lxml 是两个 Python 模块。但后面读者会发现,在爬虫编写中往往不会只使用一种网页元素抓取方法,因此这里将这四者暂且放在一起介绍。

2.2 正则表达式

2.2.1 初见正则表达式

正则表达式对于程序编写而言是一个复杂的话题,它为了更好地"匹配"或者"寻找"某一种字符串而生。正则表达式常常用来描述一种规则,而通过这种规则,开发者就能够更方便地查找邮箱地址或者筛选文本内容。比如"[A-Za-z0-9_+]+@[A-Za-z0-9]+\.(com|org|edu|net)"就是一个描述电子邮箱地址的正则表达式。当然,需要注意的是,在使用正则表达式时,不同语言之间可能也存在着一些细微的不同之处,具体应该结合当时的编程上下文来看。

正则表达式规则比较繁杂,这里直接通过 Python 来进行正则表达式的应用。在 Python 中有一个名为"re"的库(实际上是 Python 标准库),其中提供了一些实用的内容。同时,还有一个 regex 库也是关于正则表达式的,这里就先用标准库 re 来进行一些初步的探索。re 库中的主要方法如下,接下来将分别予以介绍:

```
re.compile(string[,flag])
re.match(pattern, string[, flags])
re.search(pattern, string[, flags])
re.split(pattern, string[, maxsplit])
re.findall(pattern, string[, flags])
re.finditer(pattern, string[, flags])
re.sub(pattern, repl, string[, count])
re.subn(pattern, repl, string[, count])
```

首先导入 re 模块并使用 match()方法进行首次匹配:

```
import re
ss = 'I love you, do you?'

res = re.match(r'((\w)+(\W))+',ss)
print(res.group())
```

使用 re.match()方法,就会默认从字符串起始位置开始匹配一个模式,这个方法一般用于检查目标字符串是否符合某一规则(又叫模式,即 pattern)。返回的 res 是一个 match 对象,可以通过 group()来获取匹配到的内容。group()将返回整个匹配的子串,而 group(n)返回第 n 个对应的字符串,n 从 1 开始。在这里 group()返回"I love you,"而 group(1)返回"you,"。

search()方法与 match()方法类似,区别在于 match()会检测是不是在字符串的开头位置匹配，而 search()会扫描整个字符串来查找匹配。search()也将会返回一个 match 对象，匹配不成功时返回 None：

```
import re
ss = 'I love you, do you?'
res = re.search(r'(\w+)(,)',ss)
# print(res)
print(res.group(0))
print(res.group(1))
print(res.group(2))
```

输出结果为：

you,
you
,

split()方法按照能够匹配的子串将字符串分割，并返回一个分割结果的列表：

```
ss_tosplit = 'I love you, do you?'
res = re.split('\W+',ss_tosplit)
print(res)
```

输出结果为：['I', 'love', 'you', 'do', 'you', '']。
还可以为之指定最大分割次数：

```
ss_tosplit = 'I love you, do you?'
res = re.split('\W+',ss_tosplit,maxsplit=1)
print(res)
```

这一次，输出结果变为：['I', 'love you, do you?']。
sub()方法用于字符串的替换，替换其中每一个匹配的子串后返回替换后的字符串：

```
res= re.sub(r'(\w+)(,)','her,',ss)
print(res)
```

输出结果为：I love her, do you?
subn()方法与 sub()方法几乎一样，但是它会返回一个替换的次数：

```
res= re.subn(r'(\w+)(,)','her,',ss)
print(res)
```

输出结果为：('I love her, do you?', 1)。
findall()方法看起来很像是 search()，但这个方法将搜索整个字符串，用列表形式返回全部能匹配的子串。下面把它与 search()做个对比：

```
ss = 'I love you, do you?'
```

```
res1 = re.search(r'(\w+)',ss)
res2 = re.findall(r'(\w+)',ss)
print(res1.group())
print(res2)
```

输出:

```
I
['I', 'love', 'you', 'do', 'you']
```

可见,search()只"找到"了一个单词,而findall()"找到"了句子中的所有单词。

除了直接使用 re.search()这种形式的调用,还可以使用另外一种调用形式,即 pattern.search()这样的形式调用,这种方法避免了将 pattern(正则规则)直接写在函数参数列表里,但是要事先进行"编译":

```
pt = re.compile(r'(\w+)')
ss = 'Another kind of calling'
res = pt.findall(ss)
print(res)
```

输出结果为:['Another', 'kind', 'of', 'calling']。

2.2.2 正则表达式的简单使用

正则表达式的具体应用当然不仅仅是在一个句子中找单词这么简单,还可以用它寻找 ping 信息中的时间结果:

```
ping_ss = 'Reply from 220.181.57.216: bytes=32 time=3ms TTL=47'
res = re.search(r'(time=)(\d+\w+)+(.)+TTL',ping_ss)
print(res.group(2))
```

输出为:3ms。

在爬虫编写时,也可以用正则表达式来解析网页。比如现在要获得百度的 title 信息,先来观察一下网页源代码。下面是百度首页的部分源代码:

```
<meta    http-equiv=Content-Type    content="text/html;charset=utf-8"><meta    http-
equiv=X-UA-Compatible content="IE=edge,chrome=1"><meta content=always name=referrer>
<link rel="shortcut icon" href=/favicon.ico type=image/x-icon> <link rel=icon sizes=
any  mask  href=//www.baidu.com/img/baidu_85beaf5496f291521eb75ba38eacbd87.svg><title>
百度一下,你就知道 </title>
```

显然,只要能匹配到一个左边是"<title>"、右边是"</title>"(这些都是 HTML 标签)的字符串,就能够"挖掘"到百度首页的标题文字:

```
import re,requests
```

```
r = requests.get('https://www.baidu.com').content.decode('utf-8')
print(r)
pt = re.compile('(\<title\>)([\S\s]+)(\<\/title\>)')
print(pt.search(r).group(2))
```

输出为:"百度一下,你就知道"。

如果厌烦了那么多的转义符"\",在 Python 3 中还可以使用字符串前的"r"来提高效率

```
pt = re.compile(r'(<title>)([\S\s]+)(</title>)')
print(pt.search(r).group(2))
```
同样能够得到正确的结果:

当然,程序中一般不会这样单凭正则表达式来解析网页,一般总会将它与其他工具配合使用,比如 BeautifulSoup 中的 find()方法。假设接下来的目标网页是维基百科上一个关于纽约市的页面:https://en.wikipedia.org/wiki/New_York_City,可以看到,这个页面上有一些图片,它们的网页源代码如下:

```
<img alt="Clockwise, from top: Midtown Manhattan, Times Square, the Unisphere in Queens, the Brooklyn Bridge, Lower Manhattan with One World Trade Center, Central Park, the headquarters of the United Nations, and the Statue of Liberty" src="//upload.wikimedia.org/wikipedia/commons/thumb/9/9d/NYC_Montage_2014_4_-_Jleon.jpg/305px-NYC_Montage_2014_4_-_Jleon.jpg" width="305" height="401" srcset="//upload.wikimedia.org/wikipedia/commons/thumb/9/9d/NYC_Montage_2014_4_-_Jleon.jpg/458px-NYC_Montage_2014_4_-_Jleon.jpg 1.5x, //upload.wikimedia.org/wikipedia/commons/thumb/9/9d/NYC_Montage_2014_4_-_Jleon.jpg/610px-NYC_Montage_2014_4_-_Jleon.jpg 2x" data-file-width="1398" data-file-height="1839">
```

如果想要获得这些图片(的链接),大家首先会想到的方法可能就是使用 findAll("img")去抓取。但是网页中的"img"却不仅仅包括这里需要的关于纽约市历史和情况的照片,还有网站中通用的一些图片——logo、标签等,这些也会被抓取到。设想一下,编写一个通过 URL 下载图片的函数,执行之后却发现本地文件夹多了很多自己不想要的与纽约市没有任何关系的图片——这种情况是必须避免的。为了有针对性地抓取图片,可以配合正则表达式:

```
import re,requests
from bs4 import BeautifulSoup
r = requests.get('https://en.wikipedia.org/wiki/New_York_City')
print(r)
bs = BeautifulSoup(r.content)
imgs = bs.findAll('img',{'srcset':re.compile(r'([\s\S]+)(upload.wikimedia.org/wikipedia/commons/thumb/)([\d\w]+)/([\s\S]+)+\.jpg')})
for img in imgs:
    print(re.search(r'([\s\S]+)(1.5x)([\s\S]+)','http:'+img['srcset']).group(1))
```

上面用了一个看起来非常复杂的正则表达式去寻找想要的图片:

([\s\S]+)(upload.wikimedia.org/wikipedia/commons/thumb/)([\d\w]+)/([\s\S]+)+\.jpg

这个规则将使程序过滤掉一些网页中的装饰性图片和与词条内容无关的图片，比如 https://upload.wikimedia.org/wikipedia/en/thumb/4/4a/Commons-logo.svg/22px-Commons-logo.svg.png，这是一个网站中使用的小 logo 图片的地址。最终的图片地址输出如图 2-1 所示。

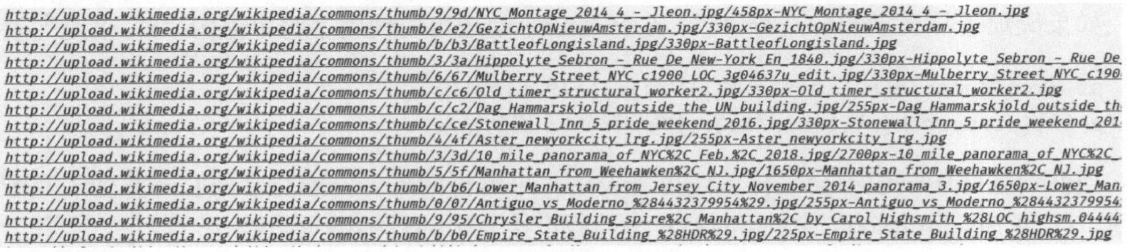

```
http://upload.wikimedia.org/wikipedia/commons/thumb/9/9d/NYC_Montage_2014_4_-_Jleon.jpg/458px-NYC_Montage_2014_4_-_Jleon.jpg
http://upload.wikimedia.org/wikipedia/commons/thumb/e/e2/GezichtOpNieuwAmsterdam.jpg/330px-GezichtOpNieuwAmsterdam.jpg
http://upload.wikimedia.org/wikipedia/commons/thumb/b/b3/BattleofLongisland.jpg/330px-BattleofLongisland.jpg
http://upload.wikimedia.org/wikipedia/commons/thumb/3/3a/Hippolyte_Sebron_-_Rue_De_New-York_En_1840.jpg/330px-Hippolyte_Sebron_-_Rue_De
http://upload.wikimedia.org/wikipedia/commons/thumb/6/67/Mulberry_Street_NYC_c1900_LOC_3g04637u_edit.jpg/330px-Mulberry_Street_NYC_c190
http://upload.wikimedia.org/wikipedia/commons/thumb/c/c6/Old_timer_structural_worker2.jpg/330px-Old_timer_structural_worker2.jpg
http://upload.wikimedia.org/wikipedia/commons/thumb/c/c2/Dag_Hammarskjold_outside_the_UN_building.jpg/255px-Dag_Hammarskjold_outside_th
http://upload.wikimedia.org/wikipedia/commons/thumb/c/ce/Stonewall_Inn_5_pride_weekend_2016.jpg/330px-Stonewall_Inn_5_pride_weekend_201
http://upload.wikimedia.org/wikipedia/commons/thumb/4/4f/Aster_newyorkcity_lrg.jpg/255px-Aster_newyorkcity_lrg.jpg
http://upload.wikimedia.org/wikipedia/commons/thumb/3/3d/10_mile_panorama_of_NYC%2C_Feb.%2C_2018.jpg/2700px-10_mile_panorama_of_NYC%2C
http://upload.wikimedia.org/wikipedia/commons/thumb/5/5f/Manhattan_from_Weehawken%2C_NJ.jpg/1650px-Manhattan_from_Weehawken%2C_NJ.jpg
http://upload.wikimedia.org/wikipedia/commons/thumb/b/b6/Lower_Manhattan_from_Jersey_City_November_2014_panorama_3.jpg/1650px-Lower_Man
http://upload.wikimedia.org/wikipedia/commons/thumb/0/07/Antiguo_vs_Moderno_%284432379954%29.jpg/255px-Antiguo_vs_Moderno_%284432379954
http://upload.wikimedia.org/wikipedia/commons/thumb/9/95/Chrysler_Building_spire%2C_Manhattan%2C_by_Carol_Highsmith_%28LOC_highsm.04444
http://upload.wikimedia.org/wikipedia/commons/thumb/b/b0/Empire_State_Building_%28HDR%29.jpg/225px-Empire_State_Building_%28HDR%29.jpg
```

图 2-1 抓取结果示意

"re.search(r'([\s\S]+)(1.5x)([\s\S]+)','http:'+img['srcset']).group(1)" 则作为一次"字符串清洗"，将图片地址部分整理出来，去掉无关的内容。在清洗前得到的 srcset 属性是这样的：

srcset="//upload.wikimedia.org/wikipedia/commons/thumb/8/85/New_York_Gay_Pride_2011.jpg/330px-New_York_Gay_Pride_2011.jpg 1.5x, //upload.wikimedia.org/wikipedia/commons/thumb/8/85/New_York_Gay_Pride_2011.jpg/440px-New_York_Gay_Pride_2011.jpg 2x"

在"清洗"之后，结果清楚了很多：

http://upload.wikimedia.org/wikipedia/commons/thumb/8/85/New_York_Gay_Pride_2011.jpg/330px-New_York_Gay_Pride_2011.jpg

可见，search() 与 group() 的使用大大提高了处理字符串的效率。

【提示】 使用 BeautifulSoup 时，获取标签的属性是十分重要的一个操作，比如获取<a>标签的 href 属性（这就是网页中文本对应的超链接）或<img>标签的 src 属性（代表着图片的地址）。对于一个标签对象（在 BeautifulSoup 中的名字是 "<class 'bs4.element.Tag'>"），可以这样获得它所有的属性：tag.attrs，这是一个字典（dict）对象，因此可以这样访问它：img.attrs['srcset']。

最后要说明的是，在比较新的 BeautifulSoup 版本上，运行上面的代码时可能会出现一个系统提示：

UserWarning: No parser was explicitly specified, so I'm using the best available HTML parser for this system ("html5lib").

这实际上是说程序中没有明确地为 BeautifulSoup 指定一个 HTML\XML 解析器。指定之后便不会出现这个警告，指定方法为：BeautifulSoup(…, "html.parser")，该方法也可以将解析器指定为 lxml、html5lib 等。

【提示】 Python 中处理正则表达式的模块不止 re 一个,非内置的 regex 模块是更为强大的正则表达式处理工具(可以使用 pip 安装后体验)。

2.3 BeautifulSoup

BeautifulSoup 是一个很流行的 Python 库,名字来源于《爱丽丝梦游仙境》中的一首诗。作为网页解析(准确地说是 XML 和 HTML 解析)的利器,BeautifulSoup 提供了定位内容的人性化接口,如果觉得使用繁杂正则表达式来解析网页无异于自找麻烦,那么 BeautifulSoup 至少能够让人感到心情舒畅,简便正是它的设计理念。

2.3.1 安装与上手

由于 BeautifulSoup 并不是 Python 内置的,因此仍需要使用 pip 来安装。这里安装最新的版本(BeautifulSoup 4,也叫 bs4):

```
pip install beautifulsoup4
```

另外,也可以这样安装:

```
pip install bs4
```

Linux 用户也可以使用 apt-get 工具来进行安装:

```
apt-get install Python-bs4
```

注意,如果电脑上 Python 2 和 Python 3 两种版本同时存在,那么可以使用 pip2 或者 pip3 命令来指明是为哪个版本的 Python 来安装。执行这两种命令是有区别的,如图 2-2 所示。

```
$ pip2 install numpy
Requirement already satisfied: numpy in /Library/Python/2.7/site-packages
$ pip3 install numpy
Requirement already satisfied: numpy in /Library/Frameworks/Python.framework/Versions/3.5/lib/python3.5/site-packages
```

图 2-2 pip2 与 pip3 命令的区别

如果在安装中碰到了什么问题,可以访问:

https://www.crummy.com/software/BeautifulSoup/bs4/doc/

这里再演示一下如何使用 PyCharm IDE 来更轻松地安装这个包(其他库的安装也类似)。

首先打开 PyCharm 设置中的 "Project Interpreter" 设置页面,如图 2-3 所示。

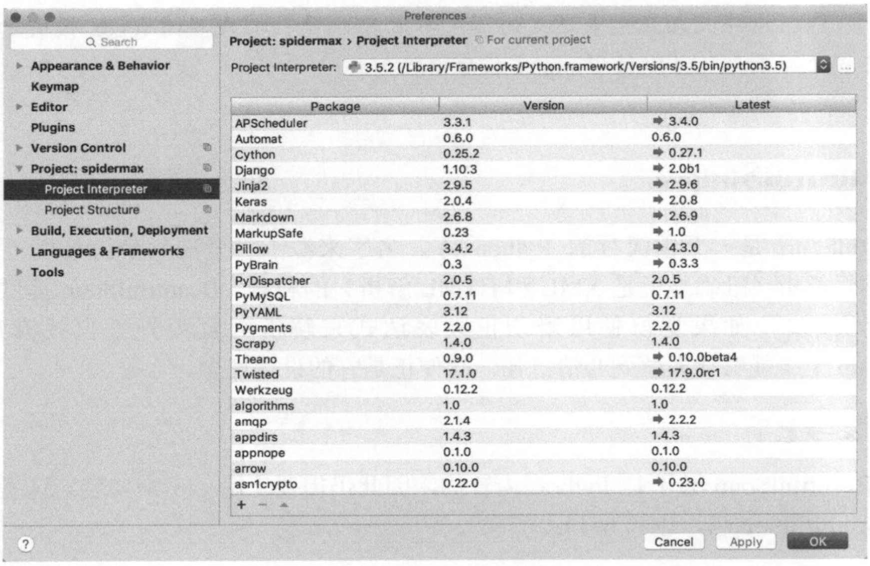

图 2-3 Project Interpreter 设置页面

选中想要为之安装的解释器（Interpreter，即选择一个 Python 版本，也可以是之前设置的虚拟环境），然后单击"+"按钮，打开模块搜索页面，如图 2-4 所示。

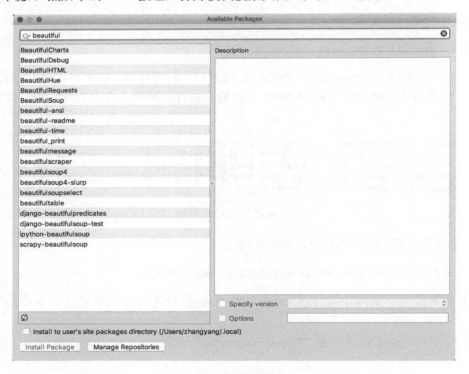

图 2-4 模块搜索页面

搜索后安装即可,如果安装成功,就会跳出图 2-5 所示的提示。

图 2-5 安装成功的提示

BeautifulSoup 中的主要工具就是 BeautifulSoup(对象),这个对象是指一个 HTML 文档的全部内容。下面先来看看 BeautifulSoup 对象能干什么:

```
import bs4,requests
from bs4 import BeautifulSoup

ht = requests.get('https://www.douban.com')
bs1 = BeautifulSoup(ht.content)
print(bs1.prettify())
print('title')
print(bs1.title)
print('title.name')
print(bs1.title.name)
print('title.parent.name')
print(bs1.title.parent.name)
print('find all "a"')
print(bs1.find_all('a'))
print('text of all "h2"')
for one in bs1.find_all('h2'):
    print(one.text)
```

这段示例程序的输出是这样的(由于豆瓣官方的反爬虫机制,程序可能会由于被屏蔽而得不到类似的输出,这时也可尝试其他网站,如 https://www.baidu.com/):

```
<!DOCTYPE HTML>
<html class="" lang="zh-cmn-Hans">
<head>
…
        10 月 28 日  周六 19:30 - 21:30
        </div>
…

</html>
title
<title>豆瓣</title>
title.name
title
title.parent.name
```

51

```
head
find all "a"
[<a class="lnk-book" href="https://book.douban.com" target="_blank">豆瓣读书</a>,
<a
 ...
]
text of all "h2"

            热门话题
                ...
豆瓣时间
```

可以看出，使用 BeautifulSoup 来定位和获取内容是非常方便的，一切看上去都很和谐，但是有可能会出现这样一个提示：

`UserWarning: No parser was explicitly specified`

这意味着程序中没有指定 BeautifulSoup 的解析器。解析器的指定需要把原来的代码变为这样：

`bs1 = BeautifulSoup(ht.content,'parser')`

BeutifulSoup 本身支持 Python 标准库中的 HTML 解析器，另外还支持一些第三方的解析器，其中最有用的就是 lxml。根据操作系统的不同，安装 lxml 的方法包括：

```
$ apt-get install Python-lxml
$ easy_install lxml
$ pip install lxml
```

Python 标准库 html.parser 是 Python 内置的解析器，性能过关，而 lxml 的性能和容错能力都是最好的，缺点是安装起来有可能碰到一些麻烦（其中一个原因是 lxml 需要 C 语言库的支持）。lxml 既可以解析 HTML，也可以解析 XML。上面提到的三种解析器分别对应下面的指定方法：

```
bs1 = BeautifulSoup(ht.content,'html.parser')
bs1 = BeautifulSoup(ht.content,'lxml')
bs1 = BeautifulSoup(ht.content,'xml')
```

除此之外还可以使用 html5lib。这个解析器支持 HTML5 标准，不过目前还不是很常用。本书主要使用的是 lxml 解析器。

2.3.2 BeautifulSoup 的基本使用

使用 find()方法获取到的结果都是 Tag 对象，这也是 BeautifulSoup 库中的主要对象之一。Tag 对象在逻辑上与 XML 或 HTML 文档中的 tag 相同，可以使用 tag.name 和 tag.attrs

来访问 Tag 对象的名字和属性，获取属性值的操作方法类似字典：tag['href']。

在定位内容时，最常用的就是 find()和 find_all()方法，find_all()方法的定义是：

```
find_all(name, attrs, recursive, text, **kwargs)
```

该方法搜索当前这个 Tag（这时 BeautifulSoup 对象可以被视为一个 Tag，是所有 Tag 的根）的所有 Tag 子节点，并判断是否符合搜索条件。name 参数用于查找所有名字为 name 的 tag：

```
bs.find_all('tagname')
```

keyword 参数（使用 Python 中**kwargs 的性质来传递参数）在搜索时支持把该参数当作指定名字 tag 的属性来搜索，就像这样：

```
bs.find(href='https://book.douban.com').text
```

其结果应该是"豆瓣读书"。当然，同时使用多个属性来搜索也是可以的，这里通过 find_all()方法的 attrs 参数定义一个字典参数来搜索多个属性：

```
bs.find_all(attrs={"href": re.compile('time'),"class":"title"})
```

搜索结果是：

```
[<a class="title" href="https://m.douban.com/time/column/72?dt_time_source= douban-web_anonymous">觉知即新生——终止童年创伤的心理修复课</a>,
 <a class="title" href="https://m.douban.com/time/column/41?dt_time_source=douban-web_anonymous">歌词时光——姚谦写词课</a>,
 <a class="title" href="https://m.douban.com/time/column/37?dt_time_source=douban-web_anonymous">邪典电影本纪——亚文化电影 50 讲</a>,
 <a class="title" href="https://m.douban.com/time/column/53?dt_time_source=douban-web_anonymous">一碗茶的款待——日本茶道的形与心</a>,
 <a class="title" href="https://m.douban.com/time/column/25?dt_time_source=douban-web_anonymous">白先勇细说红楼梦——从小说角度重解"红楼"</a>,
 <a class="title" href="https://m.douban.com/time/column/61?dt_time_source=douban-web_anonymous">拍张好照片——10 分钟搞定旅行摄影</a>,
 <a class="title" href="https://m.douban.com/time/column/62?dt_time_source=douban-web_anonymous">丹青贵公子——艺苑传奇赵孟頫</a>,
 <a class="title" href="https://m.douban.com/time/column/16?dt_time_source=douban-web_anonymous">醒来——北岛和朋友们的诗歌课</a>,
 <a class="title" href="https://m.douban.com/time/column/39?dt_time_source=douban-web_anonymous">古今——杨照史记百讲</a>,
 <a class="title" href="https://m.douban.com/time/column/59?dt_time_source=douban-web_anonymous">笔落惊风雨——你不可不知的中国三大名画</a>]
```

这行代码里出现了 re.compile()，也就是说使用了正则表达式。如果传入正则表达式作为参数，BeautifulSoup 会通过正则表达式的 match()方法来匹配内容。

另外，BeautifulSoup 还支持根据 CSS 来搜索，不过这时要使用"class_="这样的形式，因为"class"在Python中是一个保留关键词：

```
bs1.find(class_='video-title')
```

recursive参数默认为True，BeautifulSoup会检索当前Tag的所有子孙节点。如果只想搜索Tag的直接子节点，可以将其设置为False。

通过text参数可以搜索文档中的字符串内容：

```
bs1.find(text=re.compile('银翼杀手')).parent['href']
```

输出结果是"https://movie.douban.com/subject/10512661/"，这是电影《银翼杀手 2049》的豆瓣电影主页。find()函数的结果是一个可以遍历的字符串（NavigableString，就是指一个Tag中的字符串），上述语句所做的是使用parent访问其所在的Tag然后获取href属性。可以看到，text也支持正则表达式搜索。

find_all()会返回全部的搜索结果，所以如果文档树结构很大，那么很可能并不需要全部结果。limit参数可以限制返回结果的数量，当搜索数量达到limit值时就会停止搜索。find()方法实际上就相当于当limit=1时的find_all()方法。

由于find_all()如此常用，因此在BeautifulSoup中，BeautifulSoup对象和Tag对象可以被当作一个find_all()方法来使用，也就是说下面两行代码是等效的：

```
bs.find_all("a")
bs("a")
```

下面两行依然等效：

```
soup.title.find_all(text="abc")
soup.title(text="abc")
```

最后要指出的是，除了Tag、NavigableString和BeautifulSoup对象，还有一些特殊对象可供开发者使用。Comment对象是一个特殊类型的NavigableString对象：

```
bs1 = BeautifulSoup('<b><!--This is comment--></b>')
print(type(bs1.find('b').string))
```

上面代码的输出是：

```
<class 'bs4.element.Comment'>
```

这意味着BeautifulSoup成功识别到了注释。

在BeautifulSoup中，对内容进行导航是一个很重要的方面，可以理解为从某个元素找到另外一个和它处于某种相对位置的元素。首先就是子节点，一个Tag对象可能包含多个字符串或其他的Tag，这些都是这个Tag的子节点。Tag的contents属性可以将其子节点以列表的方式输出：

```
bs1.find('div').contents
```

contents 和 children 属性仅包含 Tag 对象的直接子节点，但元素可能会有间接子节点（即子节点的子节点），有时候所有直接和间接子节点合称为子孙节点。descendants 属性表示 Tag 的所有子孙节点，可以循环子孙节点：

```
for child in tag.descendants:
    print(child)
```

如果 Tag 只有一个 NavigableString（可导航字符串）类型子节点，那么这个 Tag 可以使用.string 得到子节点，如果有多个，可以使用.strings。

除了子节点，相对地，每个 Tag 都有父节点，也就是说它是另一个 Tag 的下一级。通过 parent 属性可以获取某个元素的父节点。对于间接父节点（父节点的父节点），可以通过元素的 parents 属性来递归得到。

除了上下级关系，节点之间还存在平级关系，即它们是同一个元素的子节点，这称之为兄弟节点（sibling）。兄弟节点可以通过 next_siblings 和 previous_siblings 属性获得：

```
ht = requests.get('https://www.douban.com')
bs1 = BeautifulSoup(ht.content)
res = bs1.find(text=re.compile('网络流行语'))
for one in res.parent.parent.next_siblings:
  print(one)
for one in res.parent.parent.previous_siblings:
  print(one)
```

输出结果是（请注意，随着豆瓣网首页内容的变化，结果会有不同）：

```
<li class="rec_topics">
...
<span class="rec_topics_subtitle">天朗气清，烹一炉秋天 · 11140 人参与</span>
...
<span class="rec_topics_subtitle">准备工作可以做起来了 · 4497 人参与</span>
...
</li>
```

除此之外，BeautifulSoup 还支持节点前进和后退等导航操作（如使用.next_element 和.previous_element）等。对于文档搜索，除了 find() 和 find_all()，BeautifulSoup 还支持 find_parents()（在所有父节点中搜索）和 find_next_siblings()（在所有后面的兄弟节点中搜索）等其他方法，平时常用的并不多，这里就不再赘述了，有兴趣的读者可以自行搜索相关用法。

2.4 XPath 与 lxml

2.4.1 XPath

XPath 也就是 XML Path Language（译为"XML 路径语言"），是一种用来在 XML 文档

中搜寻信息的语言。这里先来介绍一下 XML 和 HTML 的关系。所谓的 HTML（HyperText Markup Language），也就是"超文本标记语言"，是 WWW 的描述语言，其设计目标是"创建网页和其他可在网页浏览器中访问的信息"，而 XML 则是 Extensible Markup Language（译为"可扩展标记语言"），其前身是 SGML（标准通用标记语言）。简单地说，HTML 是用来显示数据的语言（同时也是 html 文件的作用），XML 是用来描述数据、传输数据的语言（对应 xml 文件，这个意义上 XML 十分类似于 JSON）。也有人说，XML 是对 HTML 的补充。XPath 可用来在 XML 文档中对元素和属性进行遍历，实现搜索和查询的目的，XML 与 HTML 紧密联系，开发者也可以使用 XPath 来对 HTML 文件进行查询。

XPath 的语法规则并不复杂，大家需要先了解 XML 中的一些重要概念，包括元素、属性、文本、命名空间、处理指令、注释及文档。这些都是 XML 中的"节点"，XML 文档本身就是被作为节点树来对待的，每个节点都有一个 parent（父节点），比如：

```
<movie>
    <name>Transformers</name>
    <director>Michael Bay</director>
</movie>
```

上面的例子里，<movie>是<name>和<director>的父节点。<name>和<director>是<movie>的子节点。<name>和<director>互为兄弟节点。

```
<cinema>
    <movie>
        <name>Transformers</name>
        <director>Michael Bay</director>
    </movie>
    <movie>
        <name>Kung Fu Hustle</name>
        <director>Stephen Chow</director>
    </movie>
</cinema>
```

在上面的 XML 语句中，<cinema>和<movie>是<name>的先祖节点（ancestor），同时，<name>和<movie>是<cinema>的后辈（descendant）节点。

XPath 表达式的基本规则见表 2-1。

表 2-1　XPath 表达式基本规则

表 达 式	对 应 查 询
Node1	选取 Node1 下的所有节点
/node1	斜杠代表到某元素的绝对路径，此处即表示选择根上的 node1
//node1	选取所有 node1 元素，不考虑 XML 中的位置

(续)

表 达 式	对 应 查 询
node1/node2	选取 node1 子节点中的所有 node2 元素
node1//node2	选取 node1 所有后辈节点中的所有 node2 元素
.	选取当前节点
..	选取当前节点的父节点
//@href	选取 XML 中的所有 href 属性

另外，XPath 中还有"谓语"和通配符，见表 2-2。

表 2-2 XPath 中的谓语与通配符

表 达 式	对 应 查 询
/cinema/movie[1]	选取<cinema>的子元素中的第一个< movie>元素
/cinema/movie[last()]	同上，但选取最后一个
/cinema/movie[position()<5]	选取<cinema>的子元素中的前 4 个<movie>元素
//head[@href]	选取所有拥有 href 属性的<head>元素
//head[@href='www.baidu.com']	选取所有 href 属性为"www.baidu.com"的<head>元素
//*	选取所有元素
//head[@*]	选取所有有属性的<head>元素
/cinema/*	选取<cinema>的所有子元素

掌握这些基本内容就可以开始试着使用 XPath 了。不过在实际编程中，开发者一般不必自己编写 XPath，使用 Chrome 等浏览器自带的开发者工具就能获得某个网页元素的 XPath 路径，然后通过分析感兴趣的元素的 XPath 路径，就能编写对应的抓取语句。

2.4.2 lxml 与 XPath 的使用

在 Python 中用于 XML 处理的工具不少，比如 Python 2 中的 ElementTree API 等，不过目前开发者们一般使用 lxml 这个库来处理 XPath。lxml 的构建基于两个 C 语言库：libxml2 和 libxslt，因此，在性能方面 lxml 的表现足以让人满意。另外，lxml 支持 XPath 1.0、XSLT 1.0、定制元素类，以及 Python 风格的数据绑定接口，因此受到很多人的欢迎。

当然，如果机器上没有安装 lxml，首先也要用"pip install lxml"命令来进行安装，安装时可能会出现一些问题（这是由 lxml 本身的特性造成的）。另外，lxml 还可以使用 easy install 等方式安装，更多详情可参照 lxml 官方的说明，网址为：http://lxml.de/installation.html。

最基本的 lxml 解析方式：

```
from lxml import etree
doc = etree.parse('exsample.xml')
```

其中的 parse()方法会读取整个 XML 文档并在内存中构建一个树结构。另一种导入方式：

```
from lxml import html
```

这样会导入 HTML 树结构，一般使用 fromstring()方法来构建：

```
text = requests.get('http://example.com').text
html.fromstring(text)
```

这时将会形成一个 lxml.html.HtmlElement 对象，然后就可以直接使用 xpath()方法来寻找其中的元素了：

```
h1.xpath('your xpath expression')
```

比如，假设有一个 HTML 文档，如图 2-6 所示。

```
▼<body class="mediawiki ltr sitedir-ltr mw-hide-empty-elt ns-0 ns-subject page-Apple rootpage-
Apple skin-vector action-view">
    <div id="mw-page-base" class="noprint"></div>
    <div id="mw-head-base" class="noprint"></div>
    ▼<div id="content" class="mw-body" role="main">
        <a id="top"></a>
        ▶<div id="siteNotice" class="mw-body-content">…</div>
        ▼<div class="mw-indicators mw-body-content">
            ▶<div id="mw-indicator-good-star" class="mw-indicator">…</div>
            ▶<div id="mw-indicator-pp-default" class="mw-indicator">…</div>
        </div>
        ▼<h1 id="firstHeading" class="firstHeading" lang="en"> == $0
            ::before
            "Apple"
        </h1>
        ▼<div id="bodyContent" class="mw-body-content">
            <div id="siteSub" class="noprint">From Wikipedia, the free encyclopedia</div>
            <div id="contentSub"></div>
            ▶<div id="jump-to-nav" class="mw-jump">…</div>
            ▼<div id="mw-content-text" lang="en" dir="ltr" class="mw-content-ltr">
                ▼<div class="mw-parser-output">
                    ▶<div role="note" class="hatnote navigation-not-searchable">…</div>
                    ▶<table class="infobox biota" style="text-align: left; width: 200px; font-size: 100%">
                    …</table>
                    ▶<p>…</p>
```

图 2-6 HTML 结构示例

这实际上是维基百科"苹果"词条的页面结构，可以通过多种方式获得页面中的"Apple"这个大标题（<h1>元素），比如：

```
from lxml import html
# 访问链接，获取 HTML
text = requests.get('https://en.wikipedia.org/wiki/Apple').text
ht = html.fromstring(text) # HTML 解析

h1Ele = ht.xpath('//*[@id="firstHeading"]')[0] # 选取 id 为"firstHeading"的元素
print(h1Ele.text) # 获取 text
print(h1Ele.attrib) # 获取所有属性，保存在一个 dict 中
print(h1Ele.get('class')) # 根据属性名获取属性
print(h1Ele.keys()) # 获取所有属性名
print(h1Ele.values()) # 获取所有属性的值

# 以下方法与上面对应的语句等效
```

```
#使用间断的 XPath 来获取属性
print(ht.xpath('//*[@id="firstHeading"]')[0].xpath('./@id')[0])
print(ht.xpath('//*[@id="firstHeading"]')[0].xpath('./text()')[0])

#直接用 xpath()获取属性
print(ht.xpath('//*[@id="firstHeading"][position()=1]/text()'))
print(ht.xpath('//*[@id="firstHeading"][position()=1]/@lang'))
```

最后,值得一提的是,如果<script>与<style>标签之间的内容影响页面解析,或者页面很不规则,可以使用 lxml.html.clean 这个模块。该模块中包括了一个可用来清理 HTML 页的 Cleaner 类,支持删除嵌入内容、脚本内容、特殊标记、CSS 样式注释等。

需要注意的是,将参数 page_structure、safe_attrs_only 设置为 False 就能够保证页面的完整性,否则 Cleaner 对象可能会将元素属性也清理掉,这就得不偿失了。clean 模块的用法参照下面的语句:

```
from lxml.html import clean

cleaner = clean.Cleaner(style=True,scripts=True,page_structure=False,safe_attrs_only=False)
h1clean = cleaner.clean_html(text.strip())
print(h1clean)
```

2.5 遍历页面

2.5.1 抓取下一个页面

严格地说,一个只处理单个静态页面的程序并不能称之为"爬虫",只能算是一种最简化的网页抓取脚本。实际的爬虫程序所要面对的任务经常是根据某种抓取逻辑,重复遍历多个页面甚至多个网站。这可能也是爬虫(蜘蛛)这个名字的由来——就像蜘蛛在网上爬行一样。在处理当前页面时,爬虫就应该考虑确定下一个将要访问的页面。下一个页面的链接地址有可能就在当前页面的某个元素中,也可能是通过特定的数据库读取的(这取决于爬虫的爬取策略)。这样,程序又通过从"爬取当前页"到"进入下一页"的循环,最终实现整个爬取过程。正是由于爬虫程序往往不会满足于单个页面的信息,网站管理者才会对爬虫如此忌惮——因为同一段时间内的大量访问总是会威胁到服务器负载。下面的伪代码就是一个遍历页面的例子,其任务是最简单的页面遍历,即不断爬取下一页,当满足某个判定条件(如已经到达尾页而不存在下一页)时就停止抓取。

```
def looping_crawl_pages(starturl, manganame):
    ses = requests.Session()
    url_cur_page = starturl
```

```
while True:
    print(url_cur_page)

    r = ses.get(url_cur_page, headers=header_data, timeout=10)
    # get the element of web you want and
    # process data, such as saving them into files
    url_next_page = ... # get url of next page

    if not have_next_page():
        print('At the end of pages! Done!')
        break
    else:
        url_cur_page = url_next_page
```

上面的伪代码展示了一个简单的爬虫模型,接下来通过一个例子来实现这个模型。360新闻站点提供了新闻搜索页面,输入关键词,可以得到一组相关的新闻链接。如果想要抓取特定关键词对应的每条新闻报道的大体信息,就可以通过爬虫的方式来完成。图2-7所示为搜索关键词"西湖"后得到的页面,这个页面的结构相对而言还是很简单的,使用BeuatifulSoup中的基本方法即可完成抓取。

图2-7　360新闻中搜索"西湖"后得到的页面

2.5.2　完成爬虫

再以爬取关键词"北京"对应的新闻结果为例。观察360新闻的搜索页面,很容易就能

第 2 章 数据采集

发现，翻页这个逻辑是通过在 URL 中对参数"pn"进行递增来实现的。在 URL 中还有其他参数，这里暂时不关心它们的含义。于是，实现"抓取下一页"的方法就很简单了，即通过构造一个存储每一页 URL 的列表来实现。由于它们只是在参数"pn"上不同，其他内容完全一致，因此，使用字符串处理的 format() 方法即可。接着，再通过 Chrome 的开发者工具来观察一下网页，如图 2-8 所示。

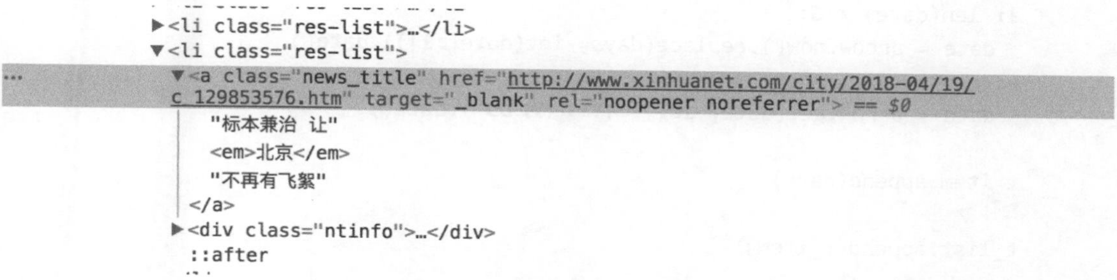

```
▶<li class="res-list">…</li>
▼<li class="res-list">
  ▼<a class="news_title" href="http://www.xinhuanet.com/city/2018-04/19/
    c_129853576.htm" target="_blank" rel="noopener noreferrer"> == $0
      "标本兼治 让"
      <em>北京</em>
      "不再有飞絮"
    </a>
  ▶<div class="ntinfo">…</div>
    ::after
```

图 2-8 新闻标题的代码结构

可以发现，一则新闻的关键信息都在<a></a>和与它同级的<div class="ntinfo"></div>中，代码中可以通过 BeautifulSoup 找到每一个<a></a>节点，而同级的 div 则可通过 next_sibling() 方法来定位。新闻对应的原地址则可以通过 tag.get("href") 方法得到。将数据解析出来后，通过数据库对其进行存储，为此，需要先建立一个 newspost 表，其字段包括 post_title、post_url 和 newspost_date，分别代表一则报道的标题、原地址以及日期。最终编写的这个爬虫程序见例 2-1。

【例 2-1】 最简单的遍历多页面的爬虫。

```python
import pymysql.cursors
import requests
from bs4 import BeautifulSoup
import arrow

urls = [
    u'https://news.so.com/ns?q=北京&pn={}&tn=newstitle&rank=rank&j=0&nso=10&tp=11&nc=0&src=page'.format(i) for i in range(10)
]
for i,url in enumerate(urls):
    r = requests.get(url)
    bs1 = BeautifulSoup(r.text)
    items = bs1.find_all('a', class_='news_title')

    t_list = []
    for one in items:
        t_item = []
```

```
    if '360' in one.get('href'):
      continue
    t_item.append(one.get('href'))
    t_item.append(one.text)
    date = [one.next_sibling][0].find('span', class_='pdate').text

    if len(date) < 6:
      date = arrow.now().replace(days=-int(date[:1])).date()
    else:
      date = arrow.get(date[:10], 'YYYY-MM-DD').date()

    t_item.append(date)

    t_list.append(t_item)

  connection = pymysql.connect(host='localhost',
                               user='scraper1',
                               password='password',
                               db='DBS',
                               charset='utf8',
                               cursorclass=pymysql.cursors.DictCursor)

  try:
    with connection.cursor() as cursor:
      for one in t_list:
        try:
          sql_q = "INSERT INTO 'newspost' ('post_title', 'post_url','news_postdate',) VALUES (%s, %s,%s)"
          cursor.execute(sql_q, (one[1], one[0], one[2]))
        except pymysql.err.IntegrityError as e:
          print(e)
          continue

    connection.commit()

  finally:
    connection.close()
```

这里需要注意的是，由于360新闻搜索结果页面中的日期格式并不一致，对于比较旧的新闻，采用类似"2017-12-30 05:27"这样的格式，而对于刚刚发布的新闻，则使用类似"10小时之前"这样的格式，因此需要对不同的时间日期字符串统一格式，将"XXX之前"转化为与"2017-12-30 05:27"相同的形式：

```
    if len(date) < 6:
```

```
        date = arrow.now().replace(days=-int(date[:1])).date()
    else:
        date = arrow.get(date[:10], 'YYYY-MM-DD').date()
```

上面的代码使用了 arrow，这是一个比 datetime 更方便的高级 API 库，其主要用途就是对时间日期对象进行操作。

```
connection = pymysql.connect(host='localhost',
                             user='scraper1',
                             password='password',
                             db='DBS',
                             charset='utf8',
                             cursorclass=pymysql.cursors.DictCursor)
```

这段代码建立了一个 connection 对象，代表一个特定的数据库连接，后面 try-except 代码块中即通过 connection 的 cursor()（游标）来进行数据读写。最后，运行上面的代码并在 shell 中访问数据库，使用 select 语句来查看抓取的结果，如图 2-9 所示。

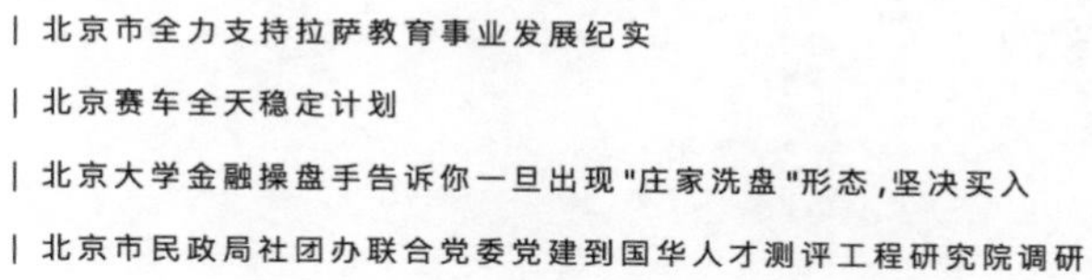

| 北京市全力支持拉萨教育事业发展纪实
| 北京赛车全天稳定计划
| 北京大学金融操盘手告诉你一旦出现"庄家洗盘"形态,坚决买入
| 北京市民政局社团办联合党委党建到国华人才测评工程研究院调研

图 2-9 数据库中的结果示例

这是本书第一个比较完整的爬虫，虽然简单，但"麻雀虽小，五脏俱全"，基本上代表了网页数据抓取的大体逻辑。理解这个数据获取、解析、存储、处理的过程也将有助于后续的爬虫学习。

2.6 使用 API

2.6.1 API 简介

正如上文所说，所谓的采集"网络数据"不一定必须是从网页中抓取数据，而 API（Application Programming Interface，应用编程接口）的用处就在这里：API 为开发者提供了方便友好的接口，不同的开发者用不同的语言都能获取同样的数据，使得信息有效地被共享。目前各种不同的软件应用（包括各种编程模块）都有着各自不同的 API，但这里讨论的 API 主要是指"网络 API"，它可以允许开发者用 HTTP 协议向 API 发起某种请求，从而获取对应的某种信息。目前 API 一般会以 XML（Extensible Markup Language，可扩展标记语言）或者 JSON（JavaScript Object Notation）格式来返回服务器响应，其中 JSON 数据格式更是越来越受人们的欢迎。

API 与网页抓取看似不同，但其流程都是从"请求网站"到"获取数据"再到"处理数据"，两者也共用许多概念和技术不过很显然，API 免去了开发者对复杂的网页进行抓取时的很多麻烦。API 的使用也和"抓取网页"没有太大区别，第一步总是去访问一个 URL 地址，这和使用 HTTP GET 来访问 URL 一模一样。如果非要给 API 一个不称为"网页抓取"的理由，那就是 API 请求有自己的严格语法，而且不同于 HTML 格式，它会使用约定的 JSON 和 XML 格式来呈现数据。图 2-10 是微博开发者 API 的文档页面。

图 2-10 一个微博 API 的文档

使用 API 之前，开发者需要先在提供 API 服务的网站上申请一个接口服务。目前国内外的 API 服务都有免费和收费至少两种类型（收费服务的目标客户一般都是商业应用和企业级开发者），使用 API 时需要验证客户身份。通常验证身份的方法都是使用 token，每次对 API 进行调用都会将 token 作为一个 HTTP 访问的参数传送到服务器。这种 token 很多时候以"API KEY"的形式来体现，可能是在用户注册（对于收费服务而言就是购买）该服务时分配的固定值，也可能是在准备调用时动态地分配。下面是一个调用 API 的例子：

http://samples.openweathermap.org/data/2.5/weather?q=London,uk&appid=b1b15e88fa797225412429c1c50c122a1

返回的数据是：

{"coord":{"lon":-0.13,"lat":51.51},"weather":[{"id":300,"main":"Drizzle","description":"light intensity drizzle","icon":"09d"}],"base":"stations","main":{"temp":280.32,"pressure":1012,"humidity":81,"temp_min":279.15,"temp_max":281.15},"visibility":10000,"wind":{"speed":4.1,"deg":80},"clouds":{"all":90},"dt":1485789600,"sys":{"type":1,"id":5091,"message":0.0103,"country":"GB","sunrise":1485762037,"sunset":1485794875},"id":2643743,"name":"London","cod":200}

这是 OpenWeatherMap 网站提供的查询天气的 API，appid 的值就扮演了 token 的角色。

访问该网站并注册，开启免费服务后就能够得到一个 API KEY（见图 2-11），服务器会识别出这个值，然后向请求方提供 JSON 数据。

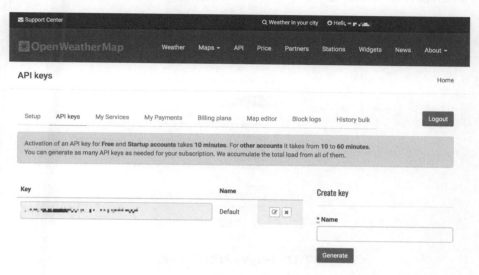

图 2-11　在 OpenWeatherMap 网站查看 API KEY

这样的 JSON 数据格式会在本书中经常出现，实际上，这正是网络爬虫常常需要应对的数据形式。JSON 数据的流行与 JavaScript 的发展密切相关，当然，这也并不是说 XML 就不重要。

不同的 API 虽然有着不同的调用方式，但是总体来看是符合一定的准则的。当用户 GET 一份数据时，URL 本身就带有查询关键词的作用，很多 API 通过文件路径（path）和请求参数（Request parameter）的方式来指定数据关键词和 API 版本。

2.6.2　API 使用示例

下面以 Google（也许是目前地球上最强大的信息技术公司）提供的网络 API 库为例，试试写一段代码来请求 API 提供数据。Google API 库十分强大，翻译、地理信息、日历等各种信息都可以通过 API 来访问，此外，Google 还为 YouTube 和 Gmail 这些旗下的知名应用网站提供了对应的 API，可以访问 Google 控制台（https://console.developers.google.com/apis/）或者 API 探索页面（https://developers.google.com/apis-explorer/）来查看 API。控制台是一个十分方便的工具，在这里开发者能够随时查看和管理 API 调用，或者是访问 API 库查看更多有用的信息。如果没有 Google 账户，那么在使用 API 之前，还需要先注册一个 Google 账户。值得庆幸的是 Google 账号对 Google 旗下的服务是通用的，这免去了很多申请授权和填写密码的麻烦。

首先，在凭据页面中创建一个凭据（如图 2-12 所示的 API 密钥），创建之后，还可以对这个密钥进行限制，也就是说用户可以指定哪些网站、IP 地址或应用可以使用此密钥，这能够保证 API KEY 密钥的安全。对于收费服务而言，没有设定限制的密钥一旦泄露带来的会是不小的经济损失。如果创建了多个项目，可以为每个项目都指定一个特定的 KEY。

图 2-12　Google API 的凭据页面

接下来在 API 库（见图 2-13）中看看有哪些值得尝试的东西——以地图类的 API 为例。Google 的地图 API 支持很多不同的功能，用户可以用其查询一个经纬度的时区，还可以将地图内嵌在网页、把地址解析为经纬度等。

图 2-13　Google API 库

以上提到的功能都是免费的，开启 API 之后就能够使用了。Geocode API 能够输出一个地址的地理位置信息，如图 2-14 所示。

https://maps.googleapis.com/maps/api/geocode/json?address=37+xueyuan+road+Beijing+China&key=


```
{
   "results" : [
      {
         "address_components" : [
            {
               "long_name" : "37",
               "short_name" : "37",
               "types" : [ "street_number" ]
            },
            {
               "long_name" : "Xue Yuan Lu",
               "short_name" : "Xue Yuan Lu",
               "types" : [ "route" ]
            },
            {
               "long_name" : "WuDaoKou",
               "short_name" : "WuDaoKou",
               "types" : [ "neighborhood", "political" ]
            },
            {
               "long_name" : "Haidian Qu",
               "short_name" : "Haidian Qu",
               "types" : [ "political", "sublocality", "sublocality_level_1" ]
            },
            {
               "long_name" : "Beijing Shi",
               "short_name" : "Beijing Shi",
               "types" : [ "administrative_area_level_1", "political" ]
            },
            {
               "long_name" : "China",
               "short_name" : "CN",
               "types" : [ "country", "political" ]
            }
         ],
```


图 2-14　Geocode API 返回的数据

现在来编写这样一个小程序，它能够根据输入的地址查询其时区信息——先通过 Geocode 查看其经纬度，之后使用 TimeZone API 根据经纬度查询时区，见例 2-2。

【例 2-2】 TimeZoneAPI.py，调用时区 API。

```
import json, requests

API_KEY = 'your API KEY here'


def getGeo(add):
  add = str(add).replace(' ', '+')
  quiry = \
    'https://maps.googleapis.com/maps/api/geocode/' \
    'json?address={}&key={}' \
      .format(
      add,
      API_KEY
    )
  response = requests.get(quiry)
  j = json.loads(response.text)
  return j.get('results')[0].get('geometry').get('viewport').get('southwest').
values()
```

```python
def getTimezone(val1, val2):
    quiry = \
        'https://maps.googleapis.com/maps/api/timezone/json?location={},{}&timestamp=1412649030&key={}'. \
            format(val1,
                   val2,
                   API_KEY)

    response = requests.get(quiry)
    j = json.loads(response.text)
    return j.get('timeZoneName'), j.get('timeZoneId')


if __name__ == '__main__':
    print(getTimezone(34.68, 113.65))
    address = input('Please input address:')
    q = list(getGeo(address))

    print(getTimezone(q[0], q[1]))
```

代码中使用了一组经纬度作为测试。（34.68，113.65）是中国郑州的经纬度，运行上面的脚本：

```
('China Standard Time', 'Asia/Shanghai')
Please input address:
```

输入地址"Washington D.C. US"，即美国华盛顿特区，其输出是：

```
('Eastern Daylight Time', 'America/New_York')
```

这段代码中使用了 json 模块，它是 Python 的内置 JSON 库，这里主要使用的是 loads() 方法。虽然这段例子十分粗略，但是要说明的是，API 的用法不只是作为一个单纯的调用查询脚本，API 服务可以整合到更大的爬虫模块里，扮演一个工具的作用（比如使用 API 获取代理服务作为爬虫代理）。总而言之，网络 API 的使用是网络爬虫的一个不可分割的重要部分。说到底，无论编写什么样的爬虫程序，任务都是类似的——访问网络服务器、解析数据、处理数据。

2.7 本章小结

本章引入了 Python 网络爬虫的基本使用和相关概念，介绍了正则表达式、BeautifulSoup 和 lxml 等常见的网页解析方式，最后还对 API 数据抓取进行了一些讨论。本章中的内容是网络爬虫编写的重要基础，其中 lxml、BeautifulSoup 等工具的使用尤为重要。

第 3 章
文件与数据存储

Python 以简洁见长,在其他语言中比较复杂的文件读写和数据 IO,在 Python 中由于比较简单的语法和丰富的类库而显得尤为方便。这一章将从最简单的文本文件读写出发,重点介绍 CSV 文件读写和操作数据库,同时介绍一些其他形式的数据存储方式。

3.1 Python 中的文件

3.1.1 基本的文件读写

谈到 Python 中的文件读写,总会使人想到"open"关键字,其最基本的操作如下面的示例:

```
# 最朴素的 open()方法
f = open('filename.text','r')
# do something
f.close()

# 使用 with,在语句块结束时会自动 close
with open('t1.text','rt') as f: # "r" 代表 read, "t" 代表 text, 一般 "t" 为默认, 可省略
  content = f.read()

with open('t1.txt','rt') as f:
  for line in f:
    print(line)
with open('t2.txt', 'wt') as f:
  f.write(content) # 写入

append_str = 'append'
with open('t2.text','at') as f:
```

```python
# 在已有内容上追加写入，如果使用"w"，已有内容会被清除
    f.write(append_str)
# 文件的读写操作默认使用系统编码，一般为UTF-8
# 使用 encoding 设置编码方式
with open('t2.txt', 'wt',encoding='ascii') as f:
    f.write(content)
# 编码错误总是很烦人的，如果觉得有必要暂时忽略，可以这样:
with open('t2.txt', 'wt',errors='ignore') as f: # 忽略错误的字符
    f.write(content) # 写入
with open('t2.txt', 'wt',errors='replace') as f: # 替换错误的字符
    f.write(content) # 写入

# 重定向 print()函数的输出
with open('redirect.txt', 'wt') as f:
    print('your text', file=f)

# 读写字节数据，如图片、音频
with open('filename.bin', 'rb') as f:
    data = f.read()

with open('filename.bin', 'wb') as f:
    f.write(b'Hello World')

# 从字节数据中读写文本（字符串），需要使用编码和解码
with open('filename.bin', 'rb') as f:
    text = f.read(20).decode('utf-8')

with open('filename.bin', 'wb') as f:
    f.write('Hello World'.encode('utf-8'))
```

不难发现，在 open()的参数中，第一个是文件路径，第二个则是模式字符（串）。模式字符（串）代表了不同的文件打开方式，比较常用的是"r"（代表读），"w"（代表写），"a"（代表写，并追加内容）。"w"和"a"常常被混淆，其区别在于：如果用"w"模式打开一个已存在的文件，会清空文件中的内容，重新写入新的内容；如果用"a"，则不会清空原有数据，而是继续追加写入内容。对模式字符（串）的详细解释可如图 3-1 所示。

在一个文件（路径）被打开后，就生成了一个 file 对象（在其他一些语言中常被称为句柄），这个对象也拥有自己的一些属性：

```python
f = open('h1.html','r')
print(f.name) # 文件名："h1.html"
print(f.closed) # 是否关闭：False
print(f.encoding) # 编码方式：US-ASCII
f.close()
```

```
print(f.closed) # True
```

```
========= =========================================================
Character Meaning
========= =========================================================
'r'       open for reading (default)
'w'       open for writing, truncating the file first
'x'       create a new file and open it for writing
'a'       open for writing, appending to the end of the file if it exists
'b'       binary mode
't'       text mode (default)
'+'       open a disk file for updating (reading and writing)
'U'       universal newline mode (deprecated)
========= =========================================================
```

图 3-1　open 函数定义中的模式字符

当然，除了最简单的 read() 和 write() 方法，还有一些其他的文件操作方法：

```
# t1.txt 的内容:
# line 1
# line 2: cat
# line 3: dog
#
# line 5

with open('t1.txt','r') as f1:
    # 返回是否可读
    print(f1.readable()) # True
    # 返回是否可写
    print(f1.writable()) # False
    # 逐行读取
    print(f1.readline()) # line 1
    print(f1.readline()) # line 2: cat
    # 读取多行到列表中
    print(f1.readlines()) # ['line 3: dog\n', '\n', 'line 5']
    # 返回文件指针当前位置
    print(f1.tell()) # 38
    print(f1.read()) # 指针在末尾，因此没有读取到内容
    f1.seek(0)# 重设指针
    # 重新读取多行
    print(f1.readlines()) # ['line 1\n', 'line 2: cat\n', 'line 3: dog\n', '\n', 'line 5']

with open('t1.txt','a+') as f1:
    f1.write('new line')
    f1.writelines(['a','b','c']) # 根据列表写入
    f1.flush() # 立刻写入，实际上是清空 IO 缓存
```

3.1.2 序列化

Python 程序在运行时，其变量（对象）都是保存在内存中的，一般就把"将对象的状态信息转换为可以存储或传输的形式的过程"称之为（对象的）序列化。通过序列化，程序可以在磁盘上存储这些信息，或者通过网络来传输，并最终通过反序列化过程重新读入内存（可以是另外一个机器的内存）并使用。Python 中主要使用 pickle 模块来实现序列化和反序列化。下面就是一个序列化的小例子：

```python
import pickle
l1 = [1,3,5,7]
with open('l1.pkl','wb') as f1:
  pickle.dump(l1,f1) # 序列化

with open('l1.pkl','rb') as f2:
  l2 = pickle.load(f2)
  print(l2) # [1, 3, 5, 7]
```

在 pickle 模块使用中还存在一些细节，比如 dump()和 dumps()两个方法的区别在于 dumps()将对象存储为一个字符串，对应地，可使用 loads()来恢复（反序列化）该对象。某种意义上说，Python 对象都可以通过这种方式来存储、加载，不过也有一些对象比较特殊，无法进行序列化，比如进程对象、网络连接对象等。

3.2 字符串

字符串是 Python 中最常用的数据类型，Python 为字符串操作提供了很多有用的内建函数（方法），常用的方法如下。

- str.capitalize()：返回一个大写字母开头，其他都小写的字符串。
- str.count(str, beg=0, end=len(string))：返回 str 在 string 里面出现的次数，如果 beg（开始）或者 end（结束）被设置，则返回指定范围内 str 出现的次数。
- str.endswith(obj, beg=0, end=len(string))：判断一个字符串是否以参数 obj 结束，如果 beg 或者 end 被指定则只检查指定的范围。返回布尔值。
- str.find()：检测 str 是否包含在 string 中，这个方法与 str.index()方法类似，不同之处在于 str.index()使用中如果没有找到 str 会返回异常。
- str.format()：格式化字符串。
- str.decode()：以 encoding 指定的编码格式解码。
- str.encode(')：以 encoding 指定的编码格式编码。
- str.join()：以 str 为分隔符，把参数中所有的元素（的字符串表示）合并为一个新的字符串，要求参数是 iterable（可选代的）。
- str.partition(string)：从 string 出现的第一个位置起，把字符串 str 分成一个 3 元素的元组。

第3章 文件与数据存储

- str.replace(str1,str2)：将 str 中的 str1 替换为 str2，这个方法还能够指定替换次数，十分方便。
- str.split(str1=" ", num=str.count(str1))：以 str1 为分隔符对 str 进行切片，这个函数容易让人联想到 re 模块中的 re.split()方法（见第 2 章相关内容），前者可以视为后者的弱化版。
- str.strip()：去掉 str 左右侧的空格。

下面通过一段代码演示一下上面这些函数的功能：

```
s1 = 'mike'
s2 = 'miKE'
print(s1.capitalize()) # Mike
print(s2.capitalize()) # Mike
s1 = 'aaabb'
print(s1.count('a')) # 3
print(s1.count('a',2,len(s1))) # 1
print(s1.endswith('bb')) # True
print(s1.startswith('aa')) # True
cities_str = ['Beijing','Shanghai','Nanjing','Shenzhen']
print([cityname for cityname in cities_str if cityname.startswith(('S','N'))]) # 比较复杂的用法
# ['Shanghai', 'Nanjing', 'Shenzhen']

print(s1.find('aa')) # 0
print(s1.index('aa')) # 0
print(s1.find('c')) # -1
# print(s1.index('c')) # Value Error

print('There are some cities: '+', '.join(cities_str))
# There are some cities: Beijing, Shanghai, Nanjing, Shenzhen
print(s1.partition('b')) # ('aaa', 'b', 'b')
print(s1.replace('b','c',1)) # aaacb
print(s1.replace('b','c',2)) # aaacc
print(s1.replace('b','c')) # aaacc
print(s2.split('K')) # ['mi', 'E']

s3 = '  a abc c  '
print(s3.strip()) # 'a abc c'
print(s3.lstrip()) # 'a abc c  '
print(s3.rstrip()) # '  a abc c'
# 最常见的 format()使用方法
print('{} is a {}'.format('He','Boy')) # He is a Boy
# 指明参数编号
print('{1} is a {0}'.format('Boy','He')) # He is a Boy
```

```
# 使用参数名
print('{who} is a {what}'.format(who='He',what='boy')) # He is a boy

print(s2.lower()) # mike
print(s2.upper()) # MIKE，注意该方法与capitalize()不同
```

除了这些方法，Python 的字符串还支持其他一些实用方法。另外，如果要对字符串进行操作，正则表达式往往会成为十分重要的配合工具。

3.3 Python 与图片

3.3.1 PIL 与 Pillow

PIL（Python Image Library）是 Python 中用于图片图像的基础工具，而 Pillow 可以认为是基于 PIL 的一个变体（正式说法是"分支"）。在某些场合，PIL 和 Pillow 可以当作同义词使用，因此本节就主要介绍一下 Pillow。在这之前，如果没有安装 Pillow，还是记得要先通过 pip 安装。Pillow 的主要模块是 Image，其中的 Image 类是比较常用的：

```
from PIL import Image, ImageFilter

# 打开图像文件
img = Image.open('cat.jpeg')
img.show() # 查看图像
print(img.size) # 图像尺寸，输出：(289, 174)
print(img.format) # 图像（文件）格式，输出：JPEG
w,h = img.size
# # 缩放：
img.thumbnail((w//2, h//2))
# 保存缩放后的图像
img.save('thumbnail.jpg', 'JPEG')

img.transpose(Image.ROTATE_90).save('r90.jpg') # 旋转 90°
img.transpose(Image.FLIP_LEFT_RIGHT).save('l2r.jpg') # 左右翻转

img.filter(ImageFilter.DETAIL).save('detail.jpg') # 不同的滤镜
img.filter(ImageFilter.BLUR).save('blur.jpg')

img.crop((0,0,w//2,h//2)).save('crop.jpg') # 根据参数指定的区域裁剪图像

# 创建新图片
img2 = Image.new("RGBA",(500,500),(255,255,0))
img2.save("new.png","PNG") # 会创建一张 500*500 的纯色图片
```

```
img2.paste(img,(10,10)) # 将 img 粘贴至指定位置
img2.save('combine.png')
```

上述代码的运行结果可见下面的几张图片。其中，图 3-2 是缩放后的图片对比，图 3-3 是翻转或旋转后的图片效果，图 3-4 是模糊处理（BLUR）后的效果，图片粘贴的效果如图 3-5 所示。

图 3-2　缩放后的图片对比

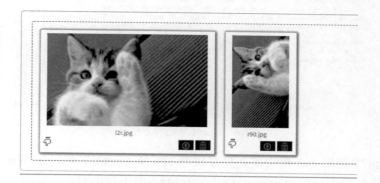

图 3-3　翻转或旋转后的图片

图 3-4　模糊处理后的图片

图 3-5　粘贴后的图片

在实际使用中，PIL 的 Image.save()方法常常用来做图片格式的相互转换，而缩放等方法也十分实用。在网页抓取中，遇到需要保存较小的图片时，就可以先做缩放处理再存储。

3.3.2　Python 与 OpenCV 简介

与基本的 PIL 对比，OpenCV 更像是一把瑞士军刀。cv2 模块则是比较新的接口版本。OpenCV 的全称是"Open Source Computer Vision Library"，基于 C/C++语言，但经过包装后可在 Java 和 Python 等其他语言中使用。OpenCV 由英特尔公司发起，可以在商业和学术领域免费开源使用，2009 年后的 OpenCV 2.0 版本是目前比较常见的版本。由于免费、开源、功能丰富并且跨平台易于移植，OpenCV 已经成为目前计算机视觉编程与图像处理方面最重要的工具之一。图 3-6 所示为 OpenCV 的官方站点。

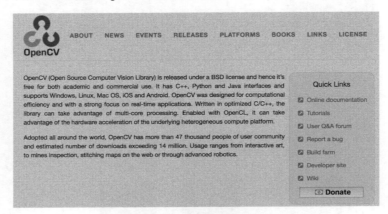

图 3-6　OpenCV 的官方站点

要在 Python 中使用 cv2 模块需要先在机器上安装 OpenCV 包。在 Windows 上的安装比较简单，将从网址 https://opencv.org/releases.html 中下载的对应 OpenCV 包解压后，将目录 C:/opencv/build/python/2.7 下的 cv2.pyd 文件复制到 C:/Python27/lib/site-packeges 即可。

在 Mac OS 上，则可以使用包管理工具 Homebrew 来进行快速安装，如图 3-7 所示。

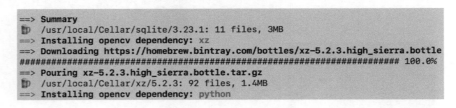

图 3-7　Homebrew 安装 OpenCV 的过程

使用下面的命令安装 Homebrew：

/usr/bin/ruby -e "$(curl -fsSL https://raw.githubusercontent.com/Homebrew/install/master/install)"

安装成功后，使用命令"brew update"与"brew install opencv"即可"一键"安装

OpenCV。除了 OpenCV、Redis、MySQL、OpenSSL 等也可以使用这种方法安装。

最后，在 Python 中导入 cv2，查看当前版本，安装成功。

```
>>> cv2.__version__
'3.4.0'
```

由于 OpenCV 已经是比较专业的图像处理工具包，这里就不对 OpenCV 的具体使用展开来谈了。开发时如果需要用到 OpenCV，可在官方站点（https://docs.opencv.org/ 3.0-beta/doc/py_tutorials/py_tutorials.html）中找到说明。

3.4 CSV 文件

3.4.1 CSV 简介

CSV，全称是"Comma Separated Values"（逗号分隔值）。CSV 文件以纯文本形式存储表格数据（数字和文本）。它由任意数目的记录组成，记录之间以某种换行符（一般就是制表符或者逗号）分隔，每条记录中是一些字段。在进行网络抓取时，难免会遇到 CSV 数据，而且由于 CSV 的简单设计，很多时候使用 CSV 来保存数据（数据有可能是原生的网页数据，也有可能是已经经过爬虫程序处理后的结果）也十分方便。

3.4.2 CSV 的读写

Python 的 csv 模块面向的是本地的 CSV 文件，如果需要读取网络资源中的 CSV，为了让网络中遇到的数据也能被 csv 模块以本地文件的形式打开，可以先把它下载到本地，然后定位文件路径，将其作为本地文件打开。如果只需要读取一次而并不想保存这个文件（就像一个验证码图片那样，可见第 5 章的相关内容），可以在读取操作结束后用代码删除文件。除此之外，也可直接把网络上的 CSV 文件当作一个字符串来读，转换成一个 StringIO 对象后就能够作为文件来操作了。

【提示】 IO 是 Input/Output 的简写，意为输入/输出，StringIO 就是在内存中读写字符串的类。StringIO 针对的是字符串（文本），如果还要操作字节，可以使用 BytesIO。

使用 StringIO 的优点在于，这种读写是在内存中完成的（本地文件则是从硬盘读取），因此用 StringIO 时也不需要先把 CSV 文件保存到本地。例 3-1 是一个直接获取网上的 CSV 文件并读取打印的例子。

【例 3-1】 获取在线 CSV 文件并读取。

```
from urllib.request import urlopen
from io import StringIO
import csv
```

```
    data = urlopen("https://raw.githubusercontent.com/jasonong/List-of-US-States/
master/states.csv").read().decode()
    dataFile = StringIO(data)
    dictReader = csv.DictReader(dataFile)
    print(dictReader.fieldnames)

    for row in dictReader:
      print(row)
```

运行结果为:

```
['State', 'Abbreviation']
{'Abbreviation': 'AL', 'State': 'Alabama'}
{'Abbreviation': 'AK', 'State': 'Alaska'}
...
{'Abbreviation': 'NY', 'State': 'New York'}
{'Abbreviation': 'NC', 'State': 'North Carolina'}
{'Abbreviation': 'ND', 'State': 'North Dakota'}
{'Abbreviation': 'OH', 'State': 'Ohio'}
{'Abbreviation': 'OK', 'State': 'Oklahoma'}
{'Abbreviation': 'OR', 'State': 'Oregon'}
...
```

这里需要说明一下 DictReader。DictReader 将 CSV 文件的每一行作为一个 dict 来返回，而 reader 则把每一行作为一个列表返回。使用 reader 时，输出就会是这样的:

```
['State', 'Abbreviation']
...
['California', 'CA']
['Colorado', 'CO']
['Connecticut', 'CT']
['Delaware', 'DE']
['District of Columbia', 'DC']
['Florida', 'FL']
['Georgia', 'GA']
...
```

大家根据自己的需要选用读取形式即可。

写入与读取是反向操作，也没有什么复杂之处，下面的简单例子展示了如何写入数据到 CSV 文件:

```
import csv

res_list = [['A','B','C'],[1,2,3],[4,5,6],[7,8,9]]
with open('SAMPLE.csv', "a") as csv_file:
  writer = csv.writer(csv_file, delimiter=',')
```

```
for line in res_list:
  writer.writerow(line)
```

运行后 SAMPLE.csv 的内容如下：

```
A,B,C
1,2,3
4,5,6
```

这里的 writer 与上文的 reader 是相对应的，这里需要说明的是 writerow() 方法。writerow() 顾名思义就是写入一行，接收一个可迭代对象作为参数。另外还有一个 writerows() 方法。直观地说，writerows() 相当于多个 writerow()，因此上面的代码与以下代码是等效的：

```
res_list = [['A','B','C'],[1,2,3],[4,5,6],[7,8,9]]
with open('SAMPLE.csv', "a") as csv_file:
  writer = csv.writer(csv_file, delimiter=',')
  writer.writerows(res_list)
```

如果说 writerow() 方法会把列表的每个元素作为一列写入 CSV 文件的一行中，writerows() 方法就是把列表中的每个列表作为一行再写入。所以如果误用了 writerows()，就可能导致错误：

```
res_list = ['I WILL BE ','THERE','FOR YOU']
with open('SAMPLE.csv', "a") as csv_file:
  writer = csv.writer(csv_file, delimiter=',')
  writer.writerows(res_list)
```

这里由于"I WILL BE"是一个字符串，而字符串在 Python 中是可迭代对象（iterable），所以这样写入，最终的结果是（逗号为分隔符）：

```
I, ,W,I,L,L, ,B,E,
T,H,E,R,E
F,O,R, ,Y,O,U
```

如果 CSV 中要写入数值，那么也会报错：csv.Error: iterable expected, not int。

当然，在读取作为网络资源的 CSV 文件时，除了使用 StringIO，还可以先将其下载到本地读取后再删除（对于只需要读取一次的情况而言）。另外，有时候 xls 电子表格（使用 Office Excel 编辑）也常作为 CSV 的替代文件格式而出现，处理 xls 文件可以使用 openpyxl 模块，其设计和操作与 CSV 类似。

3.5 使用数据库

在 Python 中使用数据库（主要是关系型数据库）是一件非常方便的事情，因为一般都能找到对应的经过包装的 API 库，这些库的存在极大地提高了开发者编写程序的效率。一般而言，只需编写 SQL 语句并通过相应的模块执行就可以完成数据库读写了。

3.5.1 使用 MySQL

一般而言，在 Python 中进行数据库操作需要通过特定的程序模块（API）来实现。其基本逻辑是，首先导入接口模块，然后通过设置数据库名、用户、密码等信息来连接数据库，接着执行数据库操作（可以通过直接执行 SQL 语句等方式），最后关闭与数据库的连接。由于 MySQL 是比较简单且常用的轻量型数据库，这里就先使用 pymysql 模块来介绍在 Python 中如何使用 MySQL。

【提示】 pymysql 是在 Python 3.x 版本中用于连接 MySQL 服务器的一个库，在 Python 2.x 版本中使用的是 mysqldb。pymysql 是基于 Python 开发的 MySQL 驱动接口，在 Python 3.x 中非常常用。

首先确保在本地计算机上已经成功开启了 MySQL 服务（还未安装 MySQL 的话需要先进行安装，可在 https://dev.mysql.com/downloads/installer/下载 MySQL 官方安装程序），之后使用"pip install pymysql"来安装 pymysql 模块。上面的准备完成后，创建一个名为"DB"的数据库和一个名为"scraper1"的用户，密码设为"password"：

```
CREATE DATABASE DB;
GRANT ALL PRIVILEGES ON *.'DB' TO 'scraper1'@'localhost' IDENTIFIED BY 'password';
```

接着，创建一个名为"users"的表：

```
USE DB;
CREATE TABLE `users` (
    `id` int(11) NOT NULL AUTO_INCREMENT,
    `email` varchar(255) COLLATE utf8_bin NOT NULL,
    `password` varchar(255) COLLATE utf8_bin NOT NULL,
    PRIMARY KEY (`id`)
) ENGINE=InnoDB DEFAULT CHARSET=utf8 COLLATE=utf8_bin
AUTO_INCREMENT=1 ;
```

现在有了一个空表，接着使用 pymysql 进行操作，见例 3-2。

【例 3-2】 使用 pymysql。

```
import pymysql.cursors
# Connect to the database
connection = pymysql.connect(host='localhost',
                             user='scraper1',
                             password='password',
                             db='DB',
                             charset='utf8mb4',
                             cursorclass=pymysql.cursors.DictCursor)
```

```
try:
    with connection.cursor() as cursor:
        sql = "INSERT INTO `users` (`email`, `password`) VALUES (%s, %s)"
        cursor.execute(sql, ('example@example.org', 'password'))

    connection.commit()

    with connection.cursor() as cursor:
        sql = "SELECT `id`, `password` FROM `users` WHERE `email` = %s"
        cursor.execute(sql, ('example@example.org',))
        result = cursor.fetchone()
        print(result)
finally:
    connection.close()
```

在这段代码中，首先通过 pymysql.connect()函数进行了连接配置并打开了数据库连接，在 try 代码块中打开了当前连接的 cursor()（游标），并通过 cursor 执行了特定的 SQL 插入语句。commit()方法将提交当前的操作，之后再次通过 cursor 实现对刚才插入数据的查询。最后在 finally 语句块中关闭了当前数据库连接。

本程序的输出为：{'id': 1, 'password': 'password'}。

考虑到在执行 SQL 语句时可能发生错误，可以将程序写成下面的形式：

```
try:
    ...
except:
    connection.rollback()
finally:
    ...
```

rollback()方法将回滚操作。

3.5.2 使用 SQLite3

SQLite3 是一种小巧易用的轻量型关系型数据库系统，在 Python 中内置的 sqlite3 模块可以用于与 SQLite3 数据库进行交互。先使用 PyCharm 创建一个名为"new-sqlite3"的 SQLite3 数据源，如图 3-8 所示。

图 3-8　在 PyCharm 中新建 SQLite3 数据源

然后使用 sqlite3（此处的"sqlite3"指的是 Python 中的模块）进行建表操作，与上面对 MySQL 的操作类似：

```
import sqlite3
conn = sqlite3.connect('new-sqlite3')
print("Opened database successfully")
cur = conn.cursor()
cur.execute(
  '''CREATE TABLE Users
      (ID INT PRIMARY KEY    NOT NULL,
      NAME          TEXT    NOT NULL,
      AGE           INT     NOT NULL,
      GENDER        TEXT,
      SALARY        REAL);'''
)
print("Table created successfully")
conn.commit()
conn.close()
```

接着，在 Users 表中插入两条测试数据，可以看到，sqlite3 与 pymysql 模块的函数名都非常相像：

```
conn = sqlite3.connect('new-sqlite3')
c = conn.cursor()

c.execute(
  '''INSERT INTO Users (ID,NAME,AGE,GENDER,SALARY)
      VALUES (1, 'Mike', 32, 'Male', 20000);''')
c.execute(
  '''INSERT INTO Users (ID,NAME,AGE,GENDER,SALARY)
      VALUES (2, 'Julia', 25, 'Female', 15000);''')
conn.commit()
print("Records created successfully")
conn.close()
```

最后进行读取操作，确认两条数据已经被插入：

```
conn = sqlite3.connect('new-sqlite3')
c = conn.cursor()
cursor = c.execute("SELECT id, name, salary  FROM Users")
for row in cursor:
  print(row)
conn.close()
# 输出：
# (1, 'Mike', 20000.0)
```

```
# (2, 'Julia', 15000.0)
```

对于其他操作（如 UPDATE、DELETE），只需要更改对应的 SQL 语句即可，除了 SQL 语句的变化，整体的使用方法是一致的。

需要说明的是，在 Python 中通过 API 执行 SQL 语句时往往需要使用通配符，遗憾的是，不同的数据库类型使用的通配符可能并不一样，比如在 SQLite3 中使用"?"而在 MySQL 中使用"%s"。虽然看上去这像是对 SQL 语句的字符串进行格式化（调用 format()方法），但是这并非一回事。另外，在所有操作完毕后不要忘了通过 close()关闭数据库连接。

3.5.3 使用 SQLAlchemy

有时候，为了进行数据库操作，还需要一个比底层 SQL 语句更高级的接口，即 ORM（对象关系映射）接口。SQLAlchemy 库（见图 3-9）就能满足这样的需求，使得开发者可以在隐藏底层 SQL 的情况下实现各种数据库的操作。所谓 ORM，大略的意思就是在数据表与对象之间建立对应关系，这样开发者就能通过纯 Python 语句来表示 SQL 语句，然后进行数据库操作。

图 3-9　SQLAlchemy 的 logo

除 SQLAlchemy 之外，Python 中的 SQLObject 和 peewee 等也是 ORM 工具。值得一提的是，虽然是 ORM 工具，但 SQLAlchemy 也支持传统的基于底层 SQL 语句的操作。

使用 SQLAlchemy 进行建表以及增删改查：

```
import pymysql
from sqlalchemy.ext.declarative import declarative_base
from sqlalchemy import create_engine, Column, Integer, String, func
from sqlalchemy.orm import sessionmaker

pymysql.install_as_MySQLdb()   # 如果没有这个语句，在导入 SQLAlchemy 时可能报错
Base = declarative_base()

class Test(Base):
    __tablename__ = 'Test'
    id = Column('id', Integer, primary_key=True, autoincrement=True)
    name = Column('name', String(50))
    age = Column('age', Integer)


engine = create_engine(
```

```python
    "mysql://scraper1:password@localhost:3306/DjangoBS",
)

db_ses = sessionmaker(bind=engine)
session = db_ses()

Base.metadata.create_all(engine)

# 插入数据
user1 = Test(name='Mike', age=16)
user2 = Test(name='Linda', age=31)
user3 = Test(name='Milanda', age=5)
session.add(user1)
session.add(user2)
session.add(user3)
session.commit()

# 修改数据,使用 merge()方法(如果存在则修改数据,如果不存在则插入数据)
user1.name = 'Bob'
session.merge(user1)

# 与上面等效的修改方式
session.query(Test).filter(Test.name == 'Bob').update({'name': 'Chloe'})
# 删除数据
session.query(Test).filter(Test.id == 3).delete() # 删除 Milanda
# 查询数据
users = session.query(Test)
print([user.name for user in users])

# 按条件查询
user = session.query(Test).filter(Test.age < 20).first()
print(user.name)

# 在结果中进行统计
user_count = session.query(Test.name).order_by(Test.name).count()
avg_age = session.query(func.avg(Test.age)).first()
sum_age = session.query(func.sum(Test.age)).first()
print(user_count)
print(avg_age)
print(sum_age)

session.close()
```

上面的程序输出为:

```
['Chloe', 'Linda']
Chloe
2
(Decimal('23.5000'),)
(Decimal('47'),)
```

除此之外，SQLAlchemy 中还有其他一些常用的方法和功能，更多内容可以参考 SQLAlchemy 的官方文档。上面代码演示的 ORM 操作实际上为数据库提供了更高级的封装，在编写类似的程序时往往能获得更良好的体验。

3.5.4 使用 Redis

简单地说，Redis 是一个开源的键值对存储数据库，因为不同于关系型数据库，它往往也被称为数据结构服务器。Redis 是基于内存的，但可以将存储在内存的键值对数据持久化到硬盘。使用 Redis 最主要的好处就在于，可以避免写入不必要的临时数据，也免去了对临时数据进行扫描或者删除的麻烦，并最终改善程序的性能。Redis 可以存储键与五种不同数据类型之间的映射，分别是 STRING（字符串）、LIST（列表）、SET（集合）、HASH（散列）和 ZSET（有序集合）。为了在 Python 中使用 Redis API，可以安装 redis 模块，其基本用法如下：

```python
import redis

red = redis.Redis(host='localhost', port=6379, db=0)
red.set('name', 'Jackson')
print(red.get('name'))  # b'Jackson'
print(red.keys())  # [b'name']
print(red.dbsize())  # 1
```

redis 模块使用连接池来管理对一个 Redis Server 的所有连接，这样就避免了每次建立、释放连接的开销。默认每个 Redis 实例都会维护一个自己的连接池，但也可以直接建立一个连接池，这样可以实现多个 Redis 实例共享一个连接池：

```python
import redis
# 使用连接池
pool = redis.ConnectionPool(host='localhost', port=6379)

r = redis.Redis(connection_pool=pool)
r.set('Shanghai', 'Pudong')
print(r.get('Shanghai')) # b'Pudong'
```

通过 set()方法设置过期时间：

```python
import time
r.set('Shenzhen','Luohu',ex=5) # ex 表示过期时间（按秒）
```

```
print(r.get('Shenzhen')) # b'Luohu'
time.sleep(5)
print(r.get('Shenzhen')) # None
```

批量设置与读取：

```
r.mset(Beijing='Haidian',Chengdu='Qingyang',Tianjin='Nankai') # 批量
print(r.mget('Beijing','Chengdu','Tianjin')) # [b'Haidian', b'Qingyang', b'Nankai']
```

除了上面的这些最基本的操作，redis 模块还提供了丰富的 API 供开发者与 Redis 数据库交互，由于这里只是简单介绍一下 Python 中的数据库，就不再赘述了。

3.6 其他类型的文档

除了一些常见的文件格式，开发者有时候还需要处理一些相对比较特殊的文档类型文件。下面先来试试读取 docx 文件（.doc 与.docx 是 Microsoft Office Word 程序的文档格式），以一个源于维基百科的 Word 文档为例，图 3-10 所示为该文件中的内容。

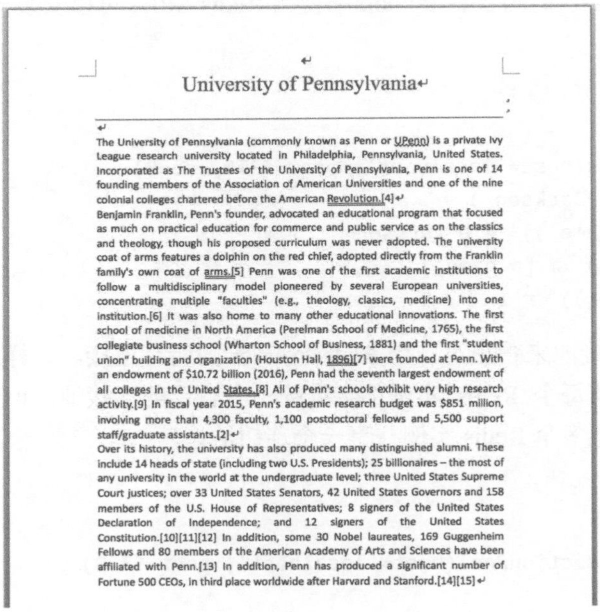

University of Pennsylvania

The University of Pennsylvania (commonly known as Penn or UPenn) is a private Ivy League research university located in Philadelphia, Pennsylvania, United States. Incorporated as The Trustees of the University of Pennsylvania, Penn is one of 14 founding members of the Association of American Universities and one of the nine colonial colleges chartered before the American Revolution.[4]

Benjamin Franklin, Penn's founder, advocated an educational program that focused as much on practical education for commerce and public service as on the classics and theology, though his proposed curriculum was never adopted. The university coat of arms features a dolphin on the red chief, adopted directly from the Franklin family's own coat of arms.[5] Penn was one of the first academic institutions to follow a multidisciplinary model pioneered by several European universities, concentrating multiple "faculties" (e.g., theology, classics, medicine) into one institution.[6] It was also home to many other educational innovations. The first school of medicine in North America (Perelman School of Medicine, 1765), the first collegiate business school (Wharton School of Business, 1881) and the first "student union" building and organization (Houston Hall, 1896)[7] were founded at Penn. With an endowment of $10.72 billion (2016), Penn had the seventh largest endowment of all colleges in the United States.[8] All of Penn's schools exhibit very high research activity.[9] In fiscal year 2015, Penn's academic research budget was $851 million, involving more than 4,300 faculty, 1,100 postdoctoral fellows and 5,500 support staff/graduate assistants.[2]

Over its history, the university has also produced many distinguished alumni. These include 14 heads of state (including two U.S. Presidents); 25 billionaires – the most of any university in the world at the undergraduate level; three United States Supreme Court justices; over 33 United States Senators, 42 United States Governors and 158 members of the U.S. House of Representatives; 8 signers of the United States Declaration of Independence; and 12 signers of the United States Constitution.[10][11][12] In addition, some 30 Nobel laureates, 169 Guggenheim Fellows and 80 members of the American Academy of Arts and Sciences have been affiliated with Penn.[13] In addition, Penn has produced a significant number of Fortune 500 CEOs, in third place worldwide after Harvard and Stanford.[14][15]

图 3-10　Word 文档的内容

要读取这样的 docx 文件，必须先下载和安装 docx 模块。这里仍然使用 pip 或者 PyCharm IDE 来进行安装。之后，通过该模块进行文件操作：

```
import docx
from docx import Document
```

```python
from pprint import pprint

def getText(filename):
    doc = docx.Document(filename)
    fullText = []
    for para in doc.paragraphs:
        fullText.append(para.text)
    return fullText

pprint(getText('sample.docx'))
```

上面程序的输出为:

```
...
"Benjamin Franklin, Penn's founder, advocated an educational program that "
'focused as much on practical education for commerce and public service as on '
'the classics and theology, though his proposed curriculum was never adopted. '
'The university coat of arms features a dolphin on the red chief, adopted '
"directly from the Franklin family's own coat of arms.[5] Penn was one of the "
'first academic institutions to follow a multidisciplinary model pioneered by '
...
```

除了读取 docx 文档,docx 模块还支持直接创建文档:

```python
import docx
from docx import Document

document = Document()

document.add_heading('This is Title', 0) # 添加标题,如"Doc Title @zhangyang"

p = document.add_paragraph('A plain paragraph ') # 添加段落,如"Paragraph @zhangyang"
p.add_run(' bold text ').bold = True # 添加格式文字
p.add_run(' italic text ').italic = True

document.add_heading('Heading 1', level=1)
document.add_paragraph('Intense quote', style='IntenseQuote')

document.add_paragraph( # 无序列表
    'unordered list 1', style='ListBullet'
)
for i in range(3):
    document.add_paragraph( # 有序列表
        'ordered list {}'.format(i), style='ListNumber'
```

)

```python
document.add_picture('cat.jpeg') # 添加图片

table = document.add_table(rows=1, cols=2) # 设置表
hdr_cells = table.rows[0].cells
hdr_cells[0].text = 'name' # 设置列名
hdr_cells[1].text = 'gender'
d = [dict(name='Bob',gender='male'),dict(name='Linda',gender='female')]
for item in d: # 添加表中内容
    row_cells = table.add_row().cells
    row_cells[0].text = str(item['name'])
    row_cells[1].text = str(item['gender'])

document.add_page_break() # 添加分页

document.save('demo1.docx') # 保存到路径
```

使用 Microsoft Office Word 软件来打开文件 demo1.docx，效果如图 3-11 所示。

除了 doc 和 docx 文件，在采集网络信息时，还可能会遇到处理 PDF 文件格式的需求（在下载 slide 或者 paper 等场合中尤其常见）。Python 中也有对应的库可用来操作 PDF，这里使用 PyPDF2 来解决这个需求（使用 "pip install PyPDF2" 即可安装）。

首先，可以通过浏览器的打印页面功能生成一个内容为网页内容的 PDF 文件。此处将 https://pythonhosted.org/PyPDF2/PdfFileMerger.html 这个地址的网页内容保存在 raw.pdf 中，如图 3-12 所示。

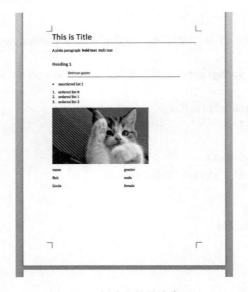 

图 3-11　新建文档的内容　　　　　　　图 3-12　raw.pdf 的内容

接着使用 PyPDF2 进行简单的 PDF 页码粘贴与 PDF 合并操作：

```python
from PyPDF2 import PdfFileReader, PdfFileWriter
raw_pdf = 'raw.pdf'
out_pdf = 'out.pdf'

# PdfFileReader 对象
pdf_input = PdfFileReader(open(raw_pdf, 'rb'))

page_num = pdf_input.getNumPages() # 页数，输出：2
print(page_num)
print(pdf_input.getDocumentInfo()) # 文档信息
# 输出：{'/Creator': 'Mozilla/5.0 (Macintosh; Intel Mac OS X 10_13_3)
AppleWebKit/537.36 (KHTML, like Gecko)
#  Chrome/65.0.3325.181 Safari/537.36', '/Producer': 'Skia/PDF m65',
'/CreationDate': "D:20180425142439+00'00'", '/ModDate': "D:20180425142439+00'00'"}

# 返回一个 PageObject
pages_from_raw = [pdf_input.getPage(i) for i in range(2)]
# raw.pdf 共两页，这里取出这两页

# 获取一个 PdfFileWriter 对象
pdf_output = PdfFileWriter()
# 将一个 PageObject 添加到 PdfFileWriter 中
for page in pages_from_raw:
    pdf_output.addPage(page)
# 输出到文件中
pdf_output.write(open(out_pdf, 'wb'))

from PyPDF2 import PdfFileMerger, PdfFileReader
# 合并两个 PDF 文件
merger = PdfFileMerger()
merger.append(PdfFileReader(open('out.pdf', 'rb')))
merger.append(PdfFileReader(open('raw.pdf', 'rb')))
merger.write("output_merge.pdf")
```

最后，打开 output_merge.pdf，可以看到 out.pdf 与 raw.pdf 已经成功合并。由于 out.pdf 是 raw.pdf 中内容的完全复制版本，所以最终的效果是 raw.pdf 两页内容的重复（共四页，见图 3-13）。

图 3-13　output_merge.pdf 文件的内容

3.7　本章小结

本章主要讨论了 Python 与各种文件的一些操作，首先介绍了最基本的文件打开与读写操作，之后通过包括图片文件、CSV、docx、PDF 等不同格式的文件展示了 Python 中丰富的文件处理功能。本章还系统性地介绍了一些数据库交互的方法，其中关于 MySQL 和 Redis 的部分对于爬虫编写而言尤为重要。

第 4 章
JavaScript 与动态内容

如果利用 Requests 库和 BeautifulSoup 来采集一些大型电商网站的页面，可能会发现一个令人疑惑的现象，那就是对于同一个 URL、同一个页面，抓取到的内容却与浏览器中看到的内容有所不同。比如有的时候去寻找某一个<div>元素，却发现 Python 程序报出异常，查看 requests.get()方法的响应数据也没有看到想要的元素信息。这其实代表着网页数据抓取的一个关键问题——开发者通过程序获取到的 HTTP 响应内容都是原始的 HTML 数据，但浏览器中的页面其实是在 HTML 的基础上，经过 JavaScript 进一步加工和处理后生成的效果。比如淘宝的商品评论就是通过 JavaScript 获取 JSON 数据，然后"嵌入"到原始 HTML 中并呈现给用户。这种在页面中使用 JavaScript 的网页对于 20 世纪 90 年代的 Web 界面而言几乎是天方夜谭，但在今天，以 AJAX（Asynchronous JavaScript and XML，异步 JavaScript 与 XML）技术为代表的结合 JavaScript、CSS、HTML 等语言的网页开发技术已经成为绝对的主流。

为了避免为每一份要呈现的网页内容都准备一个 HTML，网站开发者们开始考虑对网页的呈现方式进行变革。在 JavaScript 问世之初，Google 公司的 Gmail 邮箱网站是第一个大规模使用 JavaScript 加载网页数据的产品，在此之前，用户为了获取下一页的网页信息，需要访问新的地址并重新加载整个页面。但新的 Gmail 则做出了更加优雅的方案，用户只需要单击"下一页"按钮，网页就（实际上是浏览器）会根据用户交互来对下一页数据进行加载，而这个过程并不需要对整个页面（HTML）的刷新。换句话说，JavaScript 使得网页可以灵活地加载其中一部分数据。后来，随着这种设计的流行，"AJAX"这个词语也成为一个"术语"，Gmail 作为第一个大规模使用这种模式的商业化网站，也成功引领了被称之为"Web 2.0"的潮流。

4.1 JavaScript 与 AJAX 技术

4.1.1 JavaScript 语言

JavaScript 一般被定义为一种"面向对象、动态类型的解释性语言"，最初由 Netscape

（网景）公司推出，目的是作为新一代浏览器的脚本语言支持。换句话说，不同于 PHP 或者 ASP.NET，JavaScript 不是为“网站服务器”提供的语言，而是为“用户浏览器”提供的语言，从客户端-服务器端的角度来说，JavaScript 无疑是一种客户端语言。但是由于 JavaScript 受到业界和用户的强烈欢迎，加之开发者社区的活跃，目前的 JavaScript 已经开始朝向更为综合的方向发展。随着 V8 引擎（可以提高 JavaScript 的解释执行效率）和 Node.js 等新潮流的出现，JavaScript 甚至已经开始涉足“服务器端”。在 TIOBE 排名（一个针对各类程序设计语言受欢迎度的比较）上，JavaScript 稳居前 10，并与 PHP、Python、C#等分庭抗礼。有一种说法是，对于今天任何一个正式的网站页面而言，HTML 决定了网页的基本内容，CSS（Cascading Style Sheets，层叠样式表）描述了网页的样式布局，JavaScript 则控制了用户与网页的交互。

【提示】 JavaScript 的名字使得很多人会将其与 Java 语言联系起来，认为它是 Java 的某种派生语言，但实际上 JavaScript 在设计原则上更多受到了 Scheme（一种函数式编程语言）和 C 语言的影响，除了变量类型和命名规范等细节，JavaScript 与 Java 关系并不大。Netscape 公司最初为之命名“LiveScript”，但当时正与 Sun 公司合作，加上 Java 语言所获得的巨大成功，为了“蹭热点”，遂将其名字改为“JavaScript”。JavaScript 推出后受到了业界的一致肯定，对 JavaScript 的支持也成为在 21 世纪出现的现代浏览器的基本要求。浏览器端的脚本语言还包括用于 Flash 动画的 ActionScript 等。

为了在网页中使用 JavaScript，开发者一般会把 JavaScript 脚本程序写在 HTML 的 <script>标签中。在 HTML 语法里，<script> 标签用于定义客户端脚本，如果需要引用外部脚本文件，可以在 src 属性中设置其地址，如图 4-1 所示。

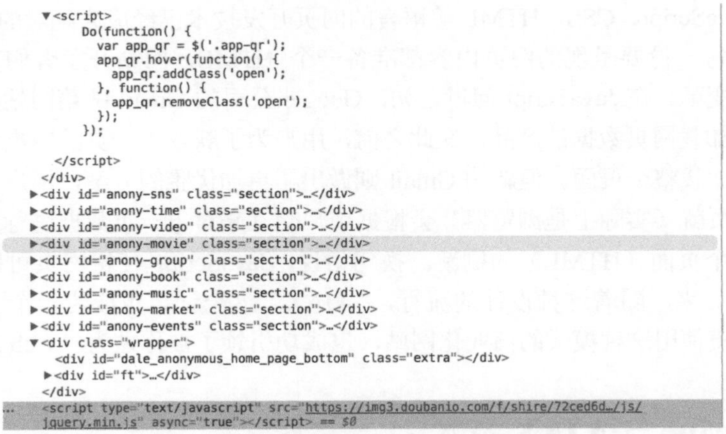

```
▼<script>
    Do(function() {
      var app_qr = $('.app-qr');
      app_qr.hover(function() {
        app_qr.addClass('open');
      }, function() {
        app_qr.removeClass('open');
      });
    });

  </script>
 </div>
▶<div id="anony-sns" class="section">…</div>
▶<div id="anony-time" class="section">…</div>
▶<div id="anony-video" class="section">…</div>
▶<div id="anony-movie" class="section">…</div>
▶<div id="anony-group" class="section">…</div>
▶<div id="anony-book" class="section">…</div>
▶<div id="anony-music" class="section">…</div>
▶<div id="anony-market" class="section">…</div>
▶<div id="anony-events" class="section">…</div>
▼<div class="wrapper">
   <div id="dale_anonymous_home_page_bottom" class="extra"></div>
 ▶<div id="ft">…</div>
 </div>
...  <script type="text/javascript" src="https://img3.doubanio.com/f/shire/72ced6d…/js/jquery.min.js" async="true"></script> == $0
```

图 4-1 豆瓣首页网页源码中的<script>标签

JavaScript 在语法结构上比较类似于 C++等面向对象的语言，循环语句、条件语句等也都与 Python 中的写法有较大的差异，但其弱类型特点会更符合 Python 开发者的使用习惯。一段简单的 JavaScript 脚本程序见例 4-1。

第 4 章　JavaScript 与动态内容

【例 4-1】 JavaScript 示例，计算 a+b 和 a*b。

```
function add(a,b) {
    var sum = a + b;
    console.log('%d + %d equals to %d',a,b,sum);
}
function mut(a,b) {
    var prod = a * b;
    console.log('%d * %d equals to %d',a,b,prod);
}
```

使用 Chrome 开发者模式下的"Console"工具（"Console"一般翻译为"控制台"），输入并执行这个函数，就可以看到 Console 对应的输出，如图 4-2 所示。

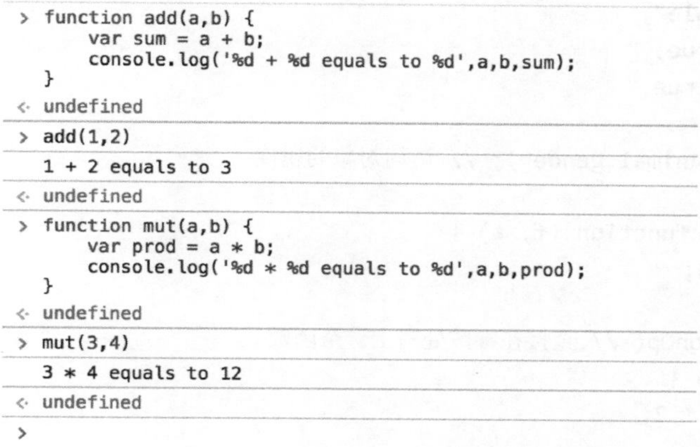

```
> function add(a,b) {
      var sum = a + b;
      console.log('%d + %d equals to %d',a,b,sum);
  }
<- undefined
> add(1,2)
  1 + 2 equals to 3
<- undefined
> function mut(a,b) {
      var prod = a * b;
      console.log('%d * %d equals to %d',a,b,prod);
  }
<- undefined
> mut(3,4)
  3 * 4 equals to 12
<- undefined
>
```

图 4-2　在 Chrome Console 中执行的结果

接下来通过下面的例子来展示 JavaScript 的基本概念和语法。

【例 4-2】 JavaScript 程序，演示 JavaScript 的基本内容。

```
var a = 1; // 变量声明与赋值
//变量都用 var 关键字定义
var myFunction = function (arg1) { // 注意这个赋值语句，在 JavaScript 中，函数和变量本质上是一样的
    arg1 += 1;
    return arg1;
}
var myAnotherFunction = function (f,a) { // 函数也可以作为另一个函数的参数被传入
    return f(a);
}
console.log(myAnotherFunction(myFunction,2))
// 条件语句
if (a > 0) {
```

```
    a -= 1;
} else if (a == 0) {
    a -= 2;
} else {
    a += 2;
}
// 数组
arr = [1,2,3];
console.log(arr[1]);
// 对象
myAnimal = {
    name: "Bob",
    species: "Tiger",
    gender: "Male",
    isAlive: true,
    isMammal: true,
}
console.log(myAnimal.gender); // 访问对象的属性
// 匿名函数
myFunctionOp = function (f, a) {
    return f(a);
}
res = myFunctionOp( // 直接在参数处写上一个函数
    function(a) {
      return a * 2;
    },
    4)
// 可以联想 lambda 表达式来理解
console.log(res);// 结果为 8
```

除了对 JavaScript 语法的了解，为了更好地分析和抓取网页，还需要对目前广为流行的 JavaScript 第三方库有简单的认识。包括 jQuery、Prototype、React 等在内的这些 JavaScript 库一般会提供丰富的函数和设计完善的使用方法。

如果要使用 jQuery，可以访问 http://jquery.com/download/，并将 jQuery 源码下载到本地，最后在 HTML 中引用：

```
<head>
</head>
<body>
    <script src="jquery-1.10.2.min.js"></script>
</body>
```

也可使用另一种不必在本地保存.js 文件的方法，即使用 CDN（见下方代码）。谷歌、百度、新浪等大型互联网公司的网站上都会提供常见 JavaScript 库的 CDN。如果网页使用了

CDN，当用户向网站服务器请求文件时，CDN 会从离用户最近的服务器上返回响应，这在一定程度上可以提高加载速度。

```
<head>
</head>
<body>
    <script src="https://cdn.jsdelivr.net/npm/jquery@3.2.1/dist/jquery.min.js">
    </script>
</body>
```

【提示】 曾经编写过网页的人可能对 CDN 一词并不陌生。CDN 即 Content Delivery Network（内容分发网络），一般会用于存放供人们共享使用的代码。Google 的 API 服务即提供了存放 jQuery 等 JavaScript 库的 CDN。这是比较狭义的 CDN 含义，实际上 CDN 的用途不止"支持 JavaScript 脚本"一项。

4.1.2 AJAX

AJAX 技术与其说是一种"技术"，不如说是一种"方案"。如上文所述，在网页中使用 JavaScript 加载页面中数据的过程，都可以看作 AJAX 技术。AJAX 技术改变了过去用户浏览网站时一个请求对应一个页面的模式，允许浏览器通过异步请求来获取数据，从而使得一个页面能够呈现并容纳更多的内容，同时也就意味着更多的功能。只要用户使用的是主流的浏览器，同时允许浏览器执行 JavaScript，用户就能够享受网页中的 AJAX 内容。

AJAX 技术在逐渐流行的同时，也面临着一些批评和意见。由于 JavaScript 本身是作为客户端脚本语言在浏览器的基础上执行的，因此，浏览器兼容性成为不可忽视的问题。另外，由于 JavaScript 在某种程度上实现了业务逻辑的分离（此前的业务逻辑统一由服务器端实现），因此在代码维护上也存在一些效率问题。但总体而言，AJAX 技术已经成为现代网站技术中的中流砥柱，受到了广泛的欢迎。AJAX 目前的使用场景十分广泛，很多时候普通用户甚至察觉不到网页正在使用 AJAX 技术。

以知乎的首页信息流为例（见图 4-3），与用户的主要交互方式就是用户通过下拉页面（具体操作可通过鼠标滚轮、拖动滚动条等实现）查看更多动态，而在一部分动态（对于知乎而言包括被关注用户的点赞和回答等）展示完毕后，就会显示一段加载动画并呈现后续的动态内容。此处的页面动画其实只是"障眼法"，在这个过程中，JavaScript 脚本已向服务器请求发送相关数据，并最终加载到页面之中。这时页面显然没有进行全部刷新，而是只"新"刷新了一部分，通过这种异步加载的方式完成了对新内容的获取和呈现，这个过程就是典型的 AJAX 应用。

比较尴尬的是，爬虫一般不能执行包括"加载新内容"或者"跳到下一页"等功能在内的各类写在网页中的 JavaScript 代码。如本节开头所述，爬虫会获取网站的原始 HTML 页面，由于它没有像浏览器一样的执行 JavaScript 脚本的能力，因此也就不会为网页运行 JavaScript。最终，爬虫爬取到的结果就会和浏览器里显示的结果有所差异，很多时候便不能直接获得想要的关键信息。为解决这个尴尬处境，基于 Python 编写的爬虫程序可以做出两种改进，一种是通过分析 AJAX 内容（需要开发者手动观察和实验），观察其请求目标、请求内容和请求的参数等信息，最终编写程序来模拟这样的 JavaScript 请求，从而获取信息（这个过程也可以叫作"逆向工程"）。另外一种方式则比较取巧，那就是直接模拟出浏览器环境，使得程序得以通过浏览器模拟工具"移花接木"，最终通过浏览器渲染后的页面来获得信息。这两种方式的选择与 JavaScript 在网页中的具体使用方法有关，4.2 节中将进行具体讨论。

图 4-3　知乎首页动态的刷新

4.2　抓取 AJAX 数据

4.2.1　分析数据

网页使用 JavaScript 的第一种模式就是获取 AJAX 数据并在网页中加载，这实际上是一个"嵌入"的过程，借助这种方式，不需要一个单独的页面请求就可以加载新的数据，这无论是对网站开发者还是对浏览网站的用户来说都是更好的体验。这个概念与"动态 HTML"非常接近。动态 HTML 一般指通过客户端语言来动态改变网页 HTML 元素的方式。很显然，这里的"客户端语言"几乎是"JavaScript"的同义词，而"改变 HTML 元素"本身就意味着对新请求数据的加载。在上一节末看到的知乎首页的例子，实际上就是一种非常典型且综合性的动态 HTML，不仅网页中的文本数据是通过 JavaScript 加载的（即 AJAX），而且网页中的各类元素（比如<div>或<p>元素）也是通过 JavaScript 代码来生成并最终呈现给用户的。在这一小节先考虑最单纯的 AJAX 数据抓取，暂时不考虑那些复杂的页面变化（直观地说，就是各类动画加载效果）。这里可以以携程网的酒店详情页面为例，完成一次对 AJAX 数据的逆向工程。

具体地说，网页中的 AJAX 应用过程一般可以简单地归结为一个"发送请求""获得数据""显示元素"的流程。在第一步"发送请求"时，客户端主要借助了一个所谓的"XMLHttp Request"对象。使用 Python 发送请求时的程序语句是这样的：

```
import requests
res = requests.get('url')
# 之后发出请求
```

而浏览器使用 XMLHttpRequest 来发起请求也是类似的，它使用 JavaScript 语言而不是 Python 语言。对于 AJAX 而言，从"发送请求"到"获得数据"的过程当然不止两行代码这

第4章 JavaScript 与动态内容

么简单，最终，浏览器在 XMLHttpRequest 的 responseText 属性中获取响应内容。常见的响应内容包括 HTML 文本、JSON 数据等（见图 4-4）。

【提示】 对 XMLHttpRequest 的定义可以参考 Mozilla（一个源于 Netscape 公司的软件社区组织，旗下软件包括著名的 Firefox（火狐）浏览器）给出的说明，"XMLHttpRequest 是一个 API，它为客户端提供了在客户端和服务器之间传输数据的功能。它提供了一个通过 URL 来获取数据的简单方式，并且不会使整个页面刷新。"

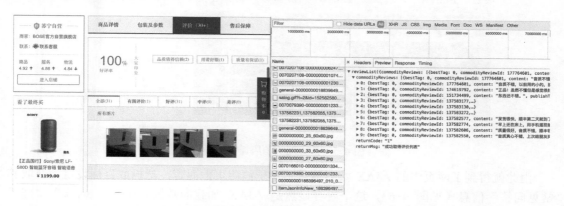

图 4-4　通过开发者工具查看 JSON 数据（图中网页为苏宁易购）

之后，JavaScript 将根据获取到的响应内容来改变网页 HTML 内容，使得"网页源代码"真正变为开发者在开发者模式中看到的实时网页 HTML 代码。这个"显示元素"的过程中，第一步就是 JavaScript 进行 DOM 操作（即改变网页文档的操作），之后浏览器完成对新加载内容的渲染，开发者就看到了最终的网页效果。

【提示】 文档对象模型（DOM）是 HTML 和 XML 文档的编程接口。DOM 将网页文档解析为一个由节点和对象（包含属性和方法的对象）组成的数据结构。最直接的理解是，DOM 是 Web 页面的面向对象化，便于 JavaScript 等语言进行对页面中内容（元素）的更改、增加等操作。"渲染"这个词则没有一个很严格的定义，可以理解为浏览器把那些只有程序员才会留心的代码和数据"变为"普通用户所看到的网页画面的过程。

根据上面的分析很容易能够想到，为了抓取这样的网页内容，不必着眼于网页这个"最终产物"，因为"最终产物"也是经过加工后的结果。如果对那些 AJAX 数据（比如商品的客户评论）感兴趣，并且暂时不需要页面中的其他数据（比如商品的名称标题），那么完全可以将注意力完全集中在 AJAX 请求上。对于很多简单的 AJAX 数据而言，只要知道了 AJAX 请求的 URL 地址，抓取就已经成功了一半。幸运的是，虽然 AJAX 数据可能会进行加密，有一些 AJAX 请求的数据格式也可能非常复杂（尤其是一些大型互联网公司旗下网站的页面），但很多网页中的 AJAX 内容还是不难分析的。

访问携程的一个酒店页面（见图 4-5），打开开发者工具并进入 "Network" 选项卡，就能够看到很多条记录，这些记录记载了页面加载过程中浏览器和服务器之间的各个交互。接着选中"XHR"这个选项,便能过滤掉其他类型的数据交互,只显示 XHR 请求(即 XMLHttpRequest)。

图 4-5 携程网的酒店详情页面

由此就得到了网页中的 AJAX 数据请求。对于酒店页面而言,把抓取目标设定为获取其"常见问答"信息(见图 4-6),这个内容显然是 AJAX 加载的数据。在"Network"中能看到"AjaxHotelFaqLoad.aspx"这条记录,选中记录后查看"Preview"选项卡就能够看到请求到的数据详情(实际上应该在"Response"选项卡中查看响应数据,但"Preview"选项卡会将数据以比较易于观察的格式显示,便于开发者进行预览)。

图 4-6 在"XHR"中查看携程网酒店页面的"常见问答"信息

在"Preview"中看到的是浏览器"解析"(这个词一般是由"parse"翻译而来)得到的数据,在"Response"选项卡中查看的原始数据(见图 4-7)则比较不易阅读,但本质是一致的。JavaScript 获取到这些 JSON 数据后,根据对应的页面渲染方法进行渲染,这些数据就呈现在了最终的网页之上。

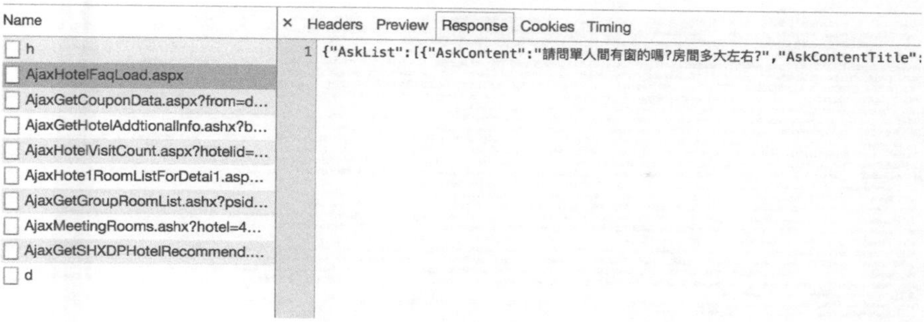

图 4-7 查看 Response 信息

为了抓取这些数据，就必须研究"Headers"选项卡中的那些关键信息。在"Headers"选项卡中，查看这次 XHR 请求的各种详细信息，其中比较重要的包括 Request URL（请求的 URL 地址）和 Form Data（表单数据）。可以看到，Request URL 为 http://hotels.ctrip.com/Domestic/tool/AjaxHotelFaqLoad.aspx，之后单击 Form Data 中的"View Source"，可以获得查询字符串"hotelid=473871&currentPage=1"，对后端开发比较熟悉的话，就会明白其中的"a=x"这样的形式实际上就是后端给查询函数传入的具体参数名和参数值。这是一个表单数据，因此可以使用 POST 表单得到返回的 JSON。还可以使用另外一种方式验证一下，那就是将 POST 转化为 GET。实际上，在这种情况下，如果 POST 操作发送的参数是用于查询的普通字符串，那么使用 GET 来替代 POST 同样也能得到相应数据。但这时需要把 GET 发送的请求参数附加到原始 URL 之后，形成类似这样的形式：

url?param1=value1&param2=value2&......paramN=valueN

于是，对于这个酒店的"常见问答"信息，就得到了新的 URL：

http://hotels.ctrip.com/Domestic/tool/AjaxHotelFaqLoad.aspx?hotelid=473871&currentPage=1

在浏览器中输入这个地址并访问，就会看到图 4-8 所示的网页，获得的数据正是包含了这个酒店的常见问答信息的 JSON 数据。很显然，其中的 hotelid 字段表示一个特定的酒店，而 currentPage 字段则是页码数，在酒店详情页面中单击"下一页"，实际上执行的就是将 currentPage 递增 1 并获取新数据的操作。

有时候分析这样的参数是很简单的，因为网站开发者在为参数命名时一般都会采用易于理解的方式，像"id""page""city"这种参数名更是非常常用，开发者甚至不必在 Form Data 中进行详细分析就能够"猜"到 AJAX 数据的相关信息。比如携程的"北京欢乐谷"门票页面的 URL 是 http://piao.ctrip.com/dest/t57491.html，开发者其实很容易就能猜到，其中的"57491"正是当前这个页面中游览景点特有的 id 值。为了验证这个想法，可以查看这个门票页面的用户评论信息，仍然是像之前那样打开"Network"→"XHR"，找到包含"comment"（即评论）关键字的 XHR 请求，可以看到，获取门票页面用户评论信息的链接是 http://piao.ctrip.com/Thingstodo-Booking-ShoppingWebSite/api/TicketDetailApi/action/GetUserComments?productId=1604343&scenicSpotId=57491&page=1，其中的 scenicSpotId 值正是我们猜到的 id 值。

图 4-8 访问查询 URL 的结果

回到刚才的酒店"常见问答"信息，可以发现响应的 JSON 数据中的主要字段包括 AskContent、AskerText、ReplyList 等（见图 4-9）。假如想通过程序来获取这里的提问和对应的回答文本，就需要通过解析这些 JSON 数据来实现。

图 4-9　响应的 JSON 数据中的详细内容

4.2.2　数据提取

对 JSON 数据中的内容进行分析后，会发现其中有一些暂时不感兴趣的字段（比如 ReplyId 和 ReplyTime 等。如果想要编写一个程序，获得该酒店对应的前 5 页常见问答的最基本信息，也就是提问和回答的内容，就只需要提取该 JSON 中的 AskContentTitle 和 ReplyList 字段，通过使用 Python 中的 json 库，很快便能够写出这样一个简单程序，见例 4-3。

【例 4-3】　抓取酒店常见问答 JSON 信息。

```
import requests
```

```
import json
from pprint import pprint

urls = ['http://hotels.ctrip.com/Domestic/tool/AjaxHotelFaqLoad.aspx?hotelid=
473871&currentPage={}'.format(i) for i in range(1,6)]
for url in urls:
  res = requests.get(url)
  js1 = json.loads(res.text)
  asklist = dict(js1).get('AskList')
  for one in asklist:
    print('问：{}\n 答：{}\n'.format(one['AskContentTitle'], one['ReplyList'][0]
['ReplyContentTitle']))
```

在上面的代码中，由于只需抓取单一页面中的很小一部分 JSON 数据，因此其中没有使用 headers 信息，也没有添加任何对爬虫的限制（比如访问的时间间隔）。urls 是一个根据 currentPage 的值进行构造的 URL 列表，代码中对其中的 URL 进行了循环抓取。asklist 将 JSON 中的 AskList 字段单独拿了出来，以便于后续在其中寻找 AskContentTitle（代表提问的标题）和 ReplyContentTitle（代表回答的标题）。

运行上面的程序，能够看到非常整洁的输出，如图 4-10 所示，内容与网页中表现的一致。

```
问：請問單人間有窗的嗎?房間多大左右?
答：您好，所有房间都是有窗的。木艺大床25㎡左右，帐幔大床30㎡左右，家庭房50㎡左右，花梨景观套房60㎡左右，以上供您参考。

问：4大1小，孩子8岁，景观套房能住下吗？用加钱加床吗?
答：尊敬的客人您好，景观套房这个房间您加床恐怕您也是住不下的，建议您订红木家庭套房，然后我们酒店这边为您再加钱加张床估计就没问题啦。

问：三大一小住什么房型合适?
答：您好您三大一小住帐幔大床就可以了

问：三大一小住什么房型合适
答：住帐幔和家庭房都可以的

问：我们四大两小勺小孩一个六岁一个2岁　一套家庭房住得下吗
答：您好，您四位大人，两个小孩要是住家庭房需要加一张床

问：请问大床房可以加床吗
答：可以加床的，这个需要每天加收200加床费的。
```

图 4-10　简单的 JSON 抓取程序的输出

上面这样的简单程序毕竟稍显单薄，其主要的不足在于：

1）只能抓取 JSON 问答数据中的少量信息，回答日期和用户身份（普通用户或者酒店经理）没有记录下来。

2）有一些提问同时拥有多条回答，这里没有完整地获取。

3）没有足够的爬虫限制机制，可能有被服务器拒绝访问的风险。

4）程序模块化不够，不利于后续的调试和使用。

5）没有合理的数据存储机制，输出完毕后，内存和存储中都不再有这些信息了。

从这些考虑出发，下面来对上面的代码进行一次重新编写，从而为它完善这几条不足之处，得到的最终程序如下，程序的解释可见代码中的注释，见例 4-4。

【例 4-4】 酒店问答数据抓取程序。

```python
import requests
import time
from pymongo import MongoClient

# client = MongoClient('mongodb://yourserver:yourport/')
client = MongoClient() # 使用 Pymongo 对数据库进行初始化，由于使用了本地 MongoDB，因此此处不需要配置
# 等效于 client = MongoClient('localhost', 27017)

# 使用名为"ctrip"的数据库
db = client['ctrip']
# 使用其中的 collection 表：hotelfaq（酒店常见问答）
collection = db['hotelfaq']
global hotel
global max_page_num
# 原始数据获取 URL
raw_url = 'http://hotels.ctrip.com/Domestic/tool/AjaxHotelFaqLoad.aspx?'
# 根据开发者工具中的 Request Headers 信息来设置 headers
headers = {
    'Host': 'hotels.ctrip.com',
    'Referer': 'http://hotels.ctrip.com/hotel/473871.html',
    'User-Agent':
      'Mozilla/5.0 (Macintosh; Intel Mac OS X 10_13_3) AppleWebKit/537.36 (KHTML, like Gecko) Chrome/66.0.3359.170 Safari/537.36'
}
# 在此只使用了 Host、Referer、UA 这几个关键字段

def get_json(hotel, page):
    params = {
        'hotelid': hotel,
        'page': page
    }
    try:
        # 使用 Requests 中 get()方法的 params 参数
        res = requests.get(raw_url, headers=headers, params=params)
        if res.ok: # 成功访问
            return res.json() # 返回 JSON 数据
    except Exception as e:
        print('Error here:\t', e)

# JSON 数据处理
def json_parser(json):
```

```python
    if json is not None:
        asks_list = json.get('AskList')
        if not asks_list:
            return None
        for ask_item in asks_list:
            one_ask = {}
            one_ask['id'] = ask_item.get('AskId')
            one_ask['hotel'] = hotel
            one_ask['createtime'] = ask_item.get('CreateTime')
            one_ask['ask'] = ask_item.get('AskContentTitle')
            one_ask['reply'] = []
            if ask_item.get('ReplyList'):
                for reply_item in ask_item.get('ReplyList'):
                    one_ask['reply'].append((reply_item.get('ReplierText'),
                                             reply_item.get('ReplyContentTitle'),
                                             reply_item.get('ReplyTime')
                                             ))
            yield one_ask  # 使用生成器 yield 方法

# 存储到数据库
def save_to_mongo(data):
    if collection.insert(data):  # 插入一条数据
        print('Saving to db!')

# 工作函数
def worker(hotel):
    max_page_num = int(input('input max page num:'))  # 输入最大页数（通过观察问答网页可以得到）
    for page in range(1, max_page_num + 1):
        time.sleep(1.5)  # 访问间隔，避免服务器由于过高压力而拒绝访问
        print('page now:\t{}'.format(page))
        raw_json = get_json(hotel, page)  # 获取原始 JSON 数据
        res_set = json_parser(raw_json)
        for res in res_set:
            print(res)
            save_to_mongo(res)


if __name__ == '__main__':
    hotel = int(input('input hotel id:'))  # 以本例而言，hotelid 为 "473871"
    worker(hotel)
```

输入之前所看到的一家酒店页面中的信息，酒店 id 为 "473871"，页数为 27 页，程序运行结束后可以看到已成功爬取到数据（见图 4-11）。当然，如果使用另外一家酒店页面中

的酒店 id 和页数信息，也能得到类似的结果。

除了这种直接在 JSON 数据中抓取信息的方法，有时候也可以采用一种间接的方法，即将 AJAX 数据作为跳板，通过其中的内容来继续下一步抓取。这种模式最为典型的例子就是在一些网页中抓取图片，比如说，类似于新闻或门户网站这样的舆论中心，往往会将每一则新闻报道项目中的图片链接地址单独作为一份 AJAX 数据来传输，并最终通过网页元素渲染给用户，这时如果打算抓取网页中的图片，可能就不会使用网页采集，而是直接访问对应的 AJAX 接口，进行图片的下载保存操作。

```
{ "_id" : ObjectId("5af7c79de1c439e78a41e734"), "id" : 2861251, "createtime" : "2016-09-28", "ask" : "单人间可以两个人人一起住吗？", "reply" : [ [ "酒店经理", "可以，不过需要加床", "2017-09-16" ], [ "入住用户", "不可以的  单人间是一张单人床  只能住一个人", "2016-10-21" ] ] }
{ "_id" : ObjectId("5af7c79de1c439e78a41e735"), "id" : 2845235, "createtime" : "2016-09-24", "ask" : "我是来自馬來西亞的～請問這個酒店允許外國人居住嗎？", "reply" : [ [ "酒店经理", "容许，欢迎您来", "2017-09-16" ], [ "入住用户", "可以接待外宾的", "2016-10-21" ] ] }
{ "_id" : ObjectId("5af7c79de1c439e78a41e736"), "id" : 2839712, "createtime" : "2016-09-23", "ask" : "3個女生住什麼房間比較合適？！", "reply" : [ [ "酒店经理", "家庭套", "2017-09-16" ], [ "入住用户", "加我住套房合适", "2017-08-29" ] ] }
{ "_id" : ObjectId("5af7c79de1c439e78a41e737"), "id" : 2826469, "createtime" : "2016-09-21", "ask" : "特惠房，可以睡两个人吗？", "reply" : [ [ "酒店经理", "可以", "2017-09-16" ], [ "入住用户", "可以", "2017-08-06" ] ] }
{ "_id" : ObjectId("5af7c79de1c439e78a41e738"), "id" : 2826782, "createtime" : "2016-09-21", "ask" : "我刚定的两个特惠房，三个成人一个老人，请问能住得下吗", "reply" : [ [ "酒店经理", "欢迎您来", "2017-09-17" ], [ "入住用户", "特惠房只要是大床应该能住下", "2016-10-20" ], [ "入住用户", "注明两个单人床应该没问题", "2016-09-29" ] ] }
{ "_id" : ObjectId("5af7c79de1c439e78a41e739"), "id" : 2777285, "createtime" : "2016-09-10", "ask" : "标准间的大床请问是1.8米的吗？", "reply" : [ [ "酒店经理", "1.5/2米的床", "2017-09-16" ], [ "入住用户", "1.5的", "2017-08-29" ] ] }
{ "_id" : ObjectId("5af7c79de1c439e78a41e73a"), "id" : 2774927, "createtime" : "2016-09-09", "ask" : "请问大床一张床是多大", "reply" : [ [ "酒店经理", "您好，宽是1米8长两米的", "2017-09-19" ], [ "入住用户", "问前台服务员", "2017-08-29" ] ] }
```

图 4-11　数据库中的问答内容

下面通过一个简单的例子来说明这一点。哔哩哔哩（网址为 bilibili.com，一个国内知名的弹幕视频网站）的首页下方有一个特别推荐区域，该区域会展示一些推广视频，如图 4-12 所示。

图 4-12　哔哩哔哩首页中的"特别推荐"内容

图 4-12 所示的内容正是通过 AJAX 进行加载的，在开发者工具中能够很清楚地看到这一点，如图 4-13 所示。

在 Request Headers 中可以确定最为重要的一些信息，获取该数据的 URL 为 https://www.bilibili.com/index/recommend.json，而 Host、Referer、User-Agent 等字段可以完全照搬。结合之前采集 AJAX 中 JSON 数据和抓取图片的经验，最终便能够编写出抓取"特别推荐"中视频封面图片的爬虫程序，见例 4-5。

【例 4-5】　哔哩哔哩"特别推荐"视频图片抓取。

```python
import requests
import time
import os
```

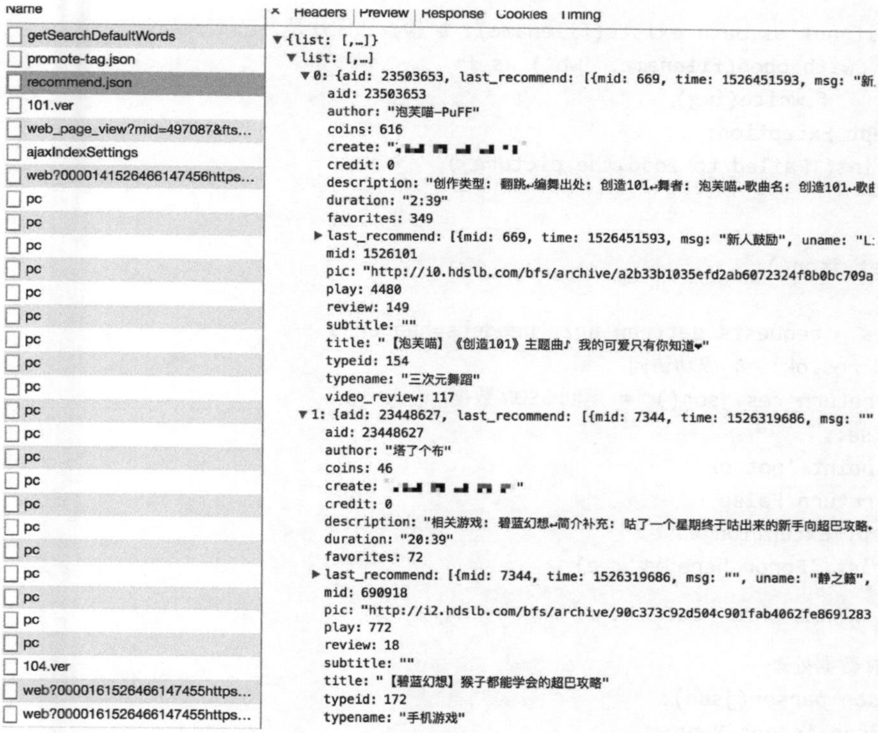

第 4 章 JavaScript 与动态内容

图 4-13 在开发者模式下找到的"特别推荐"数据，使用 Preview

```
# 原始数据获取 URL
raw_url = 'https://www.bilibili.com/index/recommend.json'
# 根据开发者工具中的 Request Headers 信息来设置 headers
headers = {
  'Host':'www.bilibili.com',
  'X-Requested-With': 'XMLHttpRequest',
  'User-Agent':
    'Mozilla/5.0 (Macintosh; Intel Mac OS X 10_13_3) AppleWebKit/537.36 (KHTML, like Gecko) Chrome/66.0.3359.170 Safari/537.36'
}



def save_image(url):
  filename = url.lstrip('http://').replace('.', '').replace('/', '').rstrip('jpg')+'.jpg'
  # 将图片地址转化为图片文件名
  try:
    res = requests.get(url, headers=headers)
    if res.ok:
      img = res.content
```

```python
        if not os.path.exists(filename):  # 检查该图片是否已经下载过
            with open(filename, 'wb') as f:
                f.write(img)
    except Exception:
        print('Failed to load the picture')


def get_json():
    try:
        res = requests.get(raw_url, headers=headers)
        if res.ok:  # 成功访问
            return res.json()  # 返回 JSON 数据
        else:
            print('not ok')
            return False
    except Exception as e:
        print('Error here:\t', e)


# JSON 数据处理
def json_parser(json):
    if json is not None:
        news_list = json.get('list')
        if not news_list:
            return False
        for news_item in news_list:
            pic_url = news_item.get('pic')
            yield pic_url  # 使用生成器 yield 方法

def worker():
    raw_json = get_json()  # 获取原始 JSON 数据
    print(raw_json)
    urls = json_parser(raw_json)
    for url in urls:
        save_image(url)

if __name__ == '__main__':
    worker()
```

这个程序在框架上和之前的携程问答抓取程序非常接近，运行该程序后，就能在本地文件目录下看到下载的图片（见图 4-14）。如果想要在一个特定的目录中存放这些图片，只需要在文件操作中设置统一的上级目录即可（或者直接更改 filename 为 "…/parentdir/ xxx.jpg" 的形式）。

第 4 章 JavaScript 与动态内容

i2hdslbcombfsarc i2hdslbcombfsarc i2hdslbcombfsarc i2hdslbcombfsarc
hive05c...17f47.jpg hive90c...c751.jpg hivea83...c409.jpg hiveaec...dd07.jpg

图 4-14 下载到本地的视频封面图片

4.3 抓取动态内容

4.3.1 动态渲染页面

在上一节中可以看到，网页能够使用 JavaScript 加载数据，对应于这种模式，可以通过分析数据接口来进行直接抓取，这种方式需要对网页的内容、格式和 JavaScript 代码有所研究才能顺利完成。但大家还会碰到另外一些页面，这些页面同样使用 AJAX 技术，但是其页面结构比较复杂，很多网页中的关键数据由 AJAX 获得，而页面元素本身也使用 JavaScript 来添加或修改，甚至于自己感兴趣的内容在原始页面中并不出现，而是需要进行一定的用户交互（比如不断下拉滚动条）才会显示。对于这种情况，为了方便，一般就要考虑使用模拟浏览器的方法来进行抓取，而不是通过"逆向工程"去分析 AJAX 接口。使用模拟浏览器的方法，特点是普适性强、开发耗时短，但抓取耗时长（模拟浏览器的性能问题始终令人忧虑）。使用分析 AJAX 的方法，则刚好与模拟浏览器相反，即普适性较差，甚至在同一个网站、同一个类别中的不同网页上，AJAX 数据的具体访问信息都有差别，因此开发过程投入的时间和精力成本是比较大的。对于上一节提到的携程问答抓取，也可以用模拟浏览器的方法来做，但鉴于这个 AJAX 形式并不复杂，而且页面结构也相对简单（没有复杂的动画），因此，使用 AJAX 逆向分析会是比较明智的选择。如果碰到页面结构相对复杂或者 AJAX 数据分析比较困难（比如数据经过加密）的情况，就需要考虑使用浏览器模拟的方式了。

需要注意的是，"AJAX 数据抓取"和"动态页面抓取"是两个很容易混淆的概念，正如"AJAX 页面"和"动态页面"让人摸不着头脑一样。可以这样说，动态页面（Dynamic HTML，有时简称为 DHTML）是指利用 JavaScript 在客户端改变页面元素的一类页面，而 AJAX 页面是指利用 JavaScript 请求了网页中数据内容的页面。这两者很难分开，因为很少会见到只利用 JavaScript 请求数据或者只改变页面内容的网页，因此，将"AJAX 数据抓取"和"动态页面抓取"分开谈其实也是不太妥当的，这里分开两个概念只是为了从抓取的角度审视网页，实际上这两类网页并没有本质上的不同。

4.3.2 使用 Selenium

在 Python 模拟浏览器进行数据抓取方面，Selenium（见图 4-15）必须被提及的。Selenium（本意为化学元素"硒"）是浏览器自动化工具，在设计之初是为了进行浏览器的功能测试。Selenium 的作用，直观地说，就是操纵浏览器进行一些类似于普通用户行为的操作，比如访问某个地址、判断网页状态、单击网页中的某个元素（按钮）等。使用 Selenium

来操控浏览器进行的数据抓取其实已经不能算是一种"爬虫"程序，因为一般谈到爬虫，人们自然会想到的是独立于浏览器之外的程序。但无论如何，这种方法能够帮助开发者解决一些比较复杂的网页抓取任务，由于直接使用了浏览器，因此麻烦的 AJAX 数据和 JavaScript 动态页面一般都已经渲染完成，利用一些函数，开发时完全可以随心所欲地进行抓取，加之其开发流程也比较简单，因此有必要进行基本的介绍。

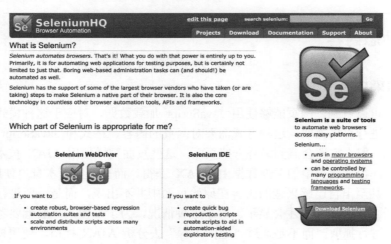

图 4-15 Selenium 官网介绍

Selenium 本身只是个工具，而不是一个具体的浏览器，但是 Selenium 支持包括 Chrome 和 Firefox 在内的主流浏览器。为了在 Python 中使用 Selenium，就需要安装 Selenium 库（仍然通过"pip install selenium"的方式进行安装）。完成安装后，为了使用特定的浏览器，我们可能需要下载对应的驱动。以 Chrome 为例，可以在 Google 的对应站点下载（http://chromedriver.storage.googleapis.com/index.html），最新的 Chrome Driver 可见 http://chromedriver.chromium.org/downloads，将下载到的文件放在某个路径下，并在程序中指明该路径即可。如果想避免每次都要配置路径，可以将该路径设置为环境变量，这里就不再赘述了。

下面通过一个访问百度新闻站点的例子来引入 Selenium 库，见例 4-6。

【例 4-6】 使用 Selenium 最简单的例子。

```
from selenium import webdriver
import time

browser = webdriver.Chrome('yourchromedriverpath')
# 如"/home/zyang/chromedriver"
browser.get('http:www.baidu.com')
print(browser.title) # 输出："百度一下，你就知道"
browser.find_element_by_name("tj_trnews").click() # 单击"新闻"
browser.find_element_by_class_name('hdline0').click() # 单击头条
print(browser.current_url) # 输出：http://news.baidu.com/
```

```
time.sleep(10)
browser.quit() # 退出
```

运行上面的代码,Chrome 程序就会被打开,浏览器访问了百度首页,然后跳转到了百度新闻页面,之后又选择了该页面的第一个头条新闻,从而打开了新的新闻页。一段时间后,浏览器关闭并退出。控制台会输出"百度一下,你就知道"(对应 browser.title)和"http://news.baidu.com/"(对应 browser.current_url)。这无疑是一个好消息,如果能获取对浏览器的自动控制能力,那么抓取某一部分的内容会变得如臂使指。

另外,Selenium 库能够为开发者提供实时网页源码,这使得通过结合 Selenium 和 BeautifulSoup(以及其他的那些在之前章节中提到的网页元素解析方法)成为可能。如果对 Selenium 库自带的元素定位 API 不甚满意,那么这会是一个非常好的选择。总的来说,使用 Selenium 库的主要步骤有以下几条。

1)创建浏览器对象,即使用类似下面的语句:

```
from selenium import webdriver

browser = webdriver.Chrome()
browser = webdriver.Firefox()
browser = webdriver.PhantomJS()
browser = webdriver.Safari()
...
```

2)访问页面,主要使用 browser.get()方法,传入目标网页地址。
3)定位网页元素,可以使用 Selenium 自带的元素查找 API,即:

```
element = browser.find_element_by_id("id")
element = browser.find_element_by_name("name")
element = browser.find_element_by_xpath("xpath")
element = browser.find_element_by_link_text('link_text')
element = browser.find_element_by_tag_name('tag_name')
element = browser.find_element_by_class_name('class_name')
element = browser.find_elements_by_class_name() # 定位多个元素的版本
...
```

还可以使用 browser.page_source 获取当前网页源码并使用 BeautifulSoup 等网页解析工具定位:

```
from selenium import webdriver
from bs4 import BeautifulSoup

browser = webdriver.Chrome('yourchromedriverpath')
url = 'https://www.douban.com'
browser.get(url)
ht = BeautifulSoup(browser.page_source,'lxml')
```

```
for one in ht.find_all('a',class_='title'):
    print(one.text)
# 输出：
# 52 倍人生——戴锦华大师电影课
# 哲学闪耀时——不一样的西方哲学史
# 黑镜人生——网络生活的传播学肖像
# 一个故事的诞生——22 堂创意思维写作课
# 12 文豪——围绕日本文学的冒险
# 成为更好的自己——许燕人格心理学 32 讲
# 控制力幻象——焦虑感背后的心理觉察
# 小说课——毕飞宇解读中外经典
# 亲密而独立——洞悉爱情的 20 堂心理课
# 觉知即新生——终止童年创伤的心理修复课
```

4）网页交互，对元素进行输入、选择等操作。如访问豆瓣并搜索某一关键字（程序见例 4-7，效果见图 4-16）。

图 4-16 使用 Selenium 操作 Chrome 进行豆瓣搜索的结果

【例 4-7】 使用 Selenium 配合 Chrome 在豆瓣进行搜索。

```
from selenium import webdriver
import time
from selenium.webdriver.common.by import By

browser = webdriver.Chrome('yourchromedriverpath')
```

```
browser.get('http://www.douban.com')
time.sleep(1)
search_box = browser.find_element(By.NAME,'q')
search_box.send_keys('网站开发')
button = browser.find_element(By.CLASS_NAME,'bn')
button.click()
```

【提示】 上面的例子中使用了 By，这是一个附加的用于网页元素定位的类，为查找元素提供了更抽象的统一接口。实际上，代码中的 browser.find_element(By.CLASS_NAME,'bn') 与 browser.find_element_by_class_name('bn')是等效的。

在导航（窗口中的前进与后退）方面，主要使用 browser.back()和 browser.forward()两个方法。

获取元素属性，可供使用的方法很多：

```
# one 应该是一个 selenium.webdriver.remote.webelement.WebElement 类的对象
one.text
one.get_attribute('href')
one.tag_name
one.id
...
```

在 Selenium 自动化浏览器时，除了单击、查找这些操作，实际上还需要一个常用操作，即"下拉页面"，直观地讲，就是在模拟浏览器中实现鼠标滚轮下滑或者拖动右侧滚动条的效果。遗憾的是，Selenium 库本身并没有为开发者提供这一便利。开发者一般可以使用两种方式来解决这个问题，一是模拟键盘输入（比如输入 PageDown），二是使用执行 JavaScript 代码的形式。具体实现过程见例 4-8。

【例 4-8】 Selenium 模拟页面下拉滚动。

```
from selenium import webdriver
from selenium.webdriver import ActionChains
from selenium.webdriver.common.keys import Keys
import time

# 滚动页面
browser = webdriver.Chrome('your chrome diver path')
browser.get('https://news.baidu.com/')
print(browser.title) # 输出："百度一下，你就知道"
for i in range(20):
    # browser.execute_script("window.scrollTo(0,document.body.scrollHeight)") # 使用执行 Javascript 代码的方式滚动
    ActionChains(browser).send_keys(Keys.PAGE_DOWN).perform() # 使用模拟键盘输入的方式滚动
    time.sleep(0.5)
```

```
browser.quit() # 退出
```

上面的代码使用 Selenium 来操作 Chrome 访问百度新闻首页,并执行下滚页面的动作。第一种页面下滚方法使用了 ActionChains(动作链,一些中文文档中译为"行为链"),这是一个为模拟一组键盘和鼠标操作而设计的类,在调用 perform()时,会执行 ActioncChains 所存储的所用动作,比如:

```
ActionChains(browser).move_to_element(some_element).click(a_button).send_keys(some_keys).perform()
```

这种写法被称为"链式模型"。当然,同样的逻辑可以换种写法:

```
ac = ActionChains(browser)
ac.move_to_element(some_element)
ac.click(a_button)
ac.send_keys(some_keys)
ac.perform()
```

ActionChains 允许开发者进行一些相对复杂的操作,比如将网页中的一部分进行拖拽并读取页面弹出的窗口信息。可以使用 switch_to()方法来切换 frame(框架),通过 webdriver.common.alert 包中的 Alert 类来读取当前弹窗警告信息。利用菜鸟教程中的一个演示页面来说明(地址为 http://www.runoob.com/try/try.php?filename=jqueryui-api-droppable,见图 4-17)——打开开发者工具查看其网页结构,可以看到 iframe 这个节点。

图 4-17 RUNOOB 演示网页的结构

据此可以编写出代码,见例 4-9。

【例 4-9】 拖拽网页中区域并读取弹出框信息。

```python
from selenium import webdriver
from selenium.webdriver import ActionChains
from selenium.webdriver.common.alert import Alert

browser = webdriver.Chrome('yourchromedriverpath')
url = 'http://www.runoob.com/try/try.php?filename=jqueryui-api-droppable'
browser.get(url)
# 切换到一个 frame
browser.switch_to.frame('iframeResult') #
# 不推荐 browser.switch_to_frame()方法
# 根据 id 定位元素
source = browser.find_element_by_id('draggable') # 被拖拽区域
target = browser.find_element_by_id('droppable') # 目标区域
ActionChains(browser).drag_and_drop(source, target).perform() # 执行动作链
alt = Alert(browser)
print(alt.text) # 输出: "dropped"
alt.accept() # 接受弹出框
```

除了上面的方法，另一种下滚页面的策略是使用 execute_script()这个方法。该方法会在当前的浏览器窗口中执行一段 JavaScript 代码。一般而言，DOM（网页的文档对象模型）的 Window 对象中的 scrollTo()方法可以滚动到任意位置，可传入的参数"document.body.scrollHeight"则是页面整个 body 的高度，因此该方法执行后会滚动到当前页面的最下方。除了下滚页面之外，利用 execute_script()显然还可以实现很多有意思的效果。

最后，在使用 Selenium 时要注意隐式等待的概念，在 Selenium 中具体的函数为 implicitly_wait()。由于 AJAX 技术的原因（使用 Selenium 的主要出发点就是处理比较复杂的基于 JavaScript 的页面），网页中的元素可能是在打开页面后的不同时间加载完成的（取决于网络通信情况和 JavaScript 脚本的详细内容等），等待机制保证了浏览器在被驱动时能够有寻找元素的缓冲时间。显式等待是指使用代码命令浏览器在等待一个确定的条件出现后执行后续操作，而隐式等待一般需要先使用元素定位 API 函数来指定某个元素，使用方法类似下面的代码：

```python
from selenium import webdriver

browser = webdriver.Firefox()
browser.implicitly_wait(10) # 等待 10s
browser.get("the site you want to visit")
myDynamicElement = browser.find_element_by_id('Dynamic Element')
```

如果 find_element_by_id()未能立即获取结果，程序将保持轮训并等待 10s。由于隐式等待的使用方式不够灵活，而显式等待则可以通过 WebDriverWait 结合 Expected Condition 等方法进行比较灵活的定制，因此后者是比较推荐的选择，前者可以用在程序前期的调试开发中。

值得一提的是，除了 Chrome 和 Firefox 这样的界面型浏览器，在网络数据抓取中还会经常看到 PhantomJS 的身影。这是一个被称为"无头浏览器"的工具，所谓"无头"，其实就是指"无界面"，因此 PhantomJS 更像是一个 JavaScript 模拟器而不是一个"浏览器"。无界面带来的好处是性能上的提高和使用上的轻量，但缺点也很明显——由于无界面，因此开发者无法实时看到网页，这对程序的开发和调试会造成一定的影响。PhantomJS 可访问 http://phantomjs.org/下载。由于无界面的特征，使用 PhantomJS 时 Selenium 的截图保存函数 browser.save_screenshot()就显得十分重要了。

4.3.3 PyV8 与 Splash

在介绍 PyV8 之前，需要先带大家认识一下 V8 引擎。V8 引擎是一款基于 C++编写的 JavaScript 引擎，设计之初是考虑到 JavaScript 的应用愈发广泛，因此需要在执行性能上有所进步。在 Google 发布 V8 后，V8 迅速被应用到了包括 Chromium 在内的多个产品中，受到广泛欢迎。比较粗略地说，V8 引擎就是一个能够用来执行 JavaScript 的运行工具，也是执行 JavaScript 的利器，只要配合网页 DOM 树解析，理论上它就能够当作一个浏览器来使用。为了在 Python 中使用 V8 引擎，先要安装 PyV8 库（使用 pip 安装）。使用 PyV8 来执行 JavaScript 代码的方法主要是使用 JSContext 对象，见例 4-10。

【例 4-10】 使用 PyV8 执行 JavaScript 代码。

```
import PyV8

ct = PyV8.JSContext()
ct.enter()
func = ct.eval(
"""
    (function(){
        function hi(){
            return "Hi!";
        }
        return hi();
    })
"""
)

print(func()) # 输出"Hi!"
```

由于 PyV8 仅提供 JavaScript 执行环境，无法与实际的网页 URL 对接（除非在脚本基础上做更多的扩展和更改），只能用于单纯的 JavaScript 执行，因此比较常见的使用方式是通过分析网页代码，将网页中用于构造 JSON 数据接口的 JavaScript 语句写入 Python 程序中，再利用 PyV8 执行 JavaScript 并获取必要的信息（比如获取 JSON 数据的特定 URL）。换句话说，单纯使用 PyV8 并不能直接获得最终的网页元素信息。与 V8 引擎不同，Splash 则是一个专为 JavaScript 渲染而生的工具（文档可见 https://splash.readthedocs.io/en/stable/），基于

Twisted 和 QT5 开发的 Splash 为开发者提供了 JavaScript 渲染服务，同时也可以作为一个轻量级浏览器来使用。先使用 Docker 安装 Splash（如果机器上尚未安装 Docker，还需要先安装 Docker 服务）：

```
docker pull scrapinghub/splash
```

之后使用对应的命令来运行 Splash 服务：

```
docker run -p 8050:8050 -p 5023:5023 scrapinghub/splash
```

运行后会出现类似图 4-18 所示的输出。

```
 docker run -p 8050:8050 -p 5023:5023 scrapinghub/splash
g opened.
Splash version: 3.2
Qt 5.9.1, PyQt 5.9, WebKit 602.1, sip 4.19.3, Twisted 16.1.1, Lua 5.2
Python 3.5.2 (default, Nov 23 2017, 16:37:01) [GCC 5.4.0 20160609]
Open files limit: 1048576
Can't bump open files limit
Xvfb is started: ['Xvfb', ':1925382788', '-screen', '0', '1024x768x24'

 not set, defaulting to '/tmp/runtime-root'
proxy profiles support is enabled, proxy profiles path: /etc/splash/pr

verbosity=1
slots=50
argument_cache_max_entries=500
Web UI: enabled, Lua: enabled (sandbox: enabled)
Server listening on 0.0.0.0:8050
Site starting on 8050
Starting factory <twisted.web.server.Site object at 0x7f4ed4c957f0>
```

图 4-18　运行后的终端输出

然后打开网址 http://localhost:8050 即可看到 Splash 自带的 Web UI，如图 4-19 所示。

图 4-19　Splash 运行后的界面

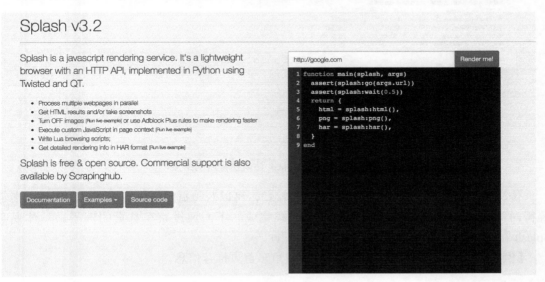

现在输入携程网的地址来试验一下。由图 4-20 可见 Splash 提供了很多信息,包括界面截图、网页源代码等。

在 HAR Data 中可以看到渲染过程中的通信情况,这部分的内容类似于 Chrome 开发者工具中的"Network"模块。

使用 Splash 服务的最简单方法就是使用 API 来获取渲染后的网页源码,Splash 提供了这样的 URL 来访问某个页面的渲染结果,这使得开发者可以通过 Requests 来获取 JavaScript 加载后的页面代码,而非原始的静态源码。该 URL 为 http://localhost:8050/render.html?url=targeturl。

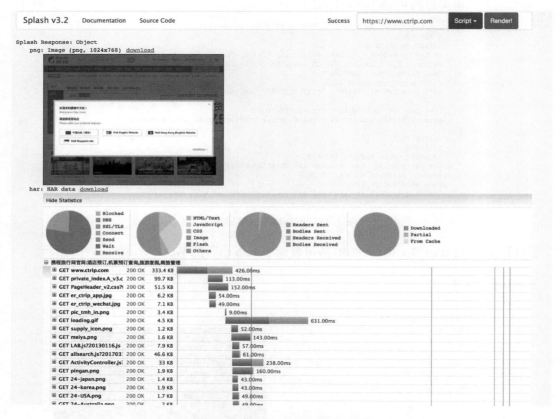

图 4-20 利用 Splash 访问携程网的结果

传递一个特定的 URL（targeturl）给该接口,可以获得页面渲染后的代码,还可以指定等待时间,确保页面内的所有内容都被加载完成。下面通过京东首页的例子来具体说明 Splash 在 Python 抓取程序中的用法,见例 4-11。

【例 4-11】 使用 Requests 模块直接获取京东首页推荐信息。

```
import requests
from bs4 import BeautifulSoup
```

第 4 章 JavaScript 与动态内容

```
# url = 'http://localhost:8050/render.html?url=https://www.jd.com'
url = 'https://www.jd.com'
resp = requests.get(url)
html = resp.text
ht = BeautifulSoup(html)
print(ht.find(id='J_event_lk').get('href')) # 根据开发者工具分析得到元素 id
```

上面的程序试图访问京东商城首页并获取活动推荐信息（图 4-21 中的最上方区域），但输出结果为"AttributeError: 'NoneType' object has no attribute 'get'"，这正是因为该元素是 JavaScript 加载的动态内容，因此无法使用直接访问 URL 获取源码的形式来解析。如果将 URL 替换为"http://localhost:8050/render.html?url=https://www.jd.com&wait=5"，即使用 Splash 服务，其他代码不变，最终得到的输出为：

//c-nfa.jd.com/adclick?keyStr=6PQwtwh0f06syGHwQVvRO7pzzm8GVdWoLPSzhvezmOUieGAQ0EB4PPcsnv4tPllwbxK7wW7Kf1CBkRCm1uYvOJnvdYZDppI+XkwTAYaaVUaxLOaI1mk2Xg1G8DT1I9Ea4fLWlvRBkxoM4QrINBB7LY7hQn2KQCvRIb1VTSHvkrdxr1ZcSsjvXwtVY5sfkeNsjnSIFtrxkX4xkYbQvHViCGKnFtB6rhrxWO1MpkcMG5SoRUSOdb56zrttLfl8vNBFcptr0poJNKZrfeMvuWRplv4bRbtDQshzWfMXyqdyQxyNrmP1wRDLNloYOL46zk6YpGgD9f7DD80JI2OBqrgiZA==&cv=2.0&url=//sale.jd.com/act/ePj4fdN51p6Smn.html

访问这个链接，便能看到活动详情，说明抓取成功。

图 4-21 京东首页的活动推荐信息

这个例子说明了 Splash 最大的优点：提供十分方便的 JavaScript 网页渲染服务，提供简单的 HTTP API，而且由于不需要浏览器程序，在资源上不会有太大的浪费，和 Selenium 相比，这一点尤其突出。最后要说明的是，Splash 的执行脚本是基于 Lua 语言编写的，支持用户自行编辑，并且仍然可以通过 HTTP API 的方式在 Python 中调用，因此，通过 Execute 接口（http://localhost:8050/execute?lua_source=…）可以实现很多更复杂的网页解析过程（与页面元素进行交互而非单纯获取页面源码），能够极大提高抓取的灵活性，可访问 Splash 的文档进行更多的了解。除此之外，Splash 还可以配合 Scrapy 框架（Scrapy 框架的内容可见后文）来进行抓取，在这方面 scrapy-splash 模块（pip install scrapy-splash）会是一个比较好的辅助工具。

【提示】Lua 语言是主打轻量、便捷的嵌入式脚本编程语言，基于 C 语言编写，可与其他一些"重量级"语言配合。在游戏插件开发、C 程序嵌入编写方面都有着广泛的应用。

4.4 本章小结

本章对 JavaScript 进行了简要的介绍，并对于抓取 JavaScript 页面数据给出了多种不同的参考方案，对于 AJAX 分析以及模拟浏览器等方面进行了重点阐释。在实际应用中，大家很难不碰到使用 AJAX 的网页，因此，对本章主题有一定的了解将会非常有利于爬虫的编写。

第 5 章
表单与模拟登录

在每个人的互联网生活体验中，浏览网页都是最为重要的一部分，而在各式各样的网页中，有一类网站页面是基于注册登录功能的，很多内容对于尚未登录的游客并不开放。目前的趋势是，各式网站都在朝着更社交化、更注重用户交互的方向发展，因此，在爬虫编写中考虑账号登录的问题就显得很有必要。这部分要先从 HTML 中的表单说起，使用自己熟悉的 Python 语言及工具来探索网站登录这一主题。在之前的章节里讲到的爬虫基本只使用了 HTTP 中的 GET 方法，在这一章，与笔者一起，将注意力主要放在 POST 方法上。

5.1 表单

5.1.1 表单与 POST

在之前的爬虫编写过程中，程序基本只是在使用 HTTP GET 操作，即仅仅是通过程序去"读"网页中的数据，但每个人在实际的浏览网页过程中，还会大量涉及 HTTP POST 操作。表单（Form）这个概念往往会与 HTTP POST 联系在一起，"表单"具体是指 HTML 页面中的<form>元素，通过 HTML 页面的表单来 POST（发送）出信息是最为常见的与网站服务器的交互方式之一。

以登录表单为例，访问 Yahoo.com（雅虎）的登录界面，使用 Chrome 的网页检查工具，可以看到源码中十分明显的<form>元素（见图 5-1，由于雅虎网站的更新，此处显示的网页元素分析结果可能会有所不同），注意其 method 属性值为 "post"，即该表单将会把用户的输入通过 POST 发送出去。

除了用作登录的表单，还有用于其他用途的表单，而且，网页中表单的输入（字段）信息也不一定必须是用户输入的文本内容，在上传文件时也会用到表单。以图床网站为例，这种网站的主要服务就是在线存储图片，用户上传本地图片文件后，由服务器存储并提供一个图片 URL，这样人们就能通过该 URL 来使用这张图片。这里使用 SM 图床来进行分析，访问其网址 https://sm.ms/，可以看到，"Upload"（上传）这个按钮本身就在一个<form>节点下,这个表单发送的数据不是文本数据,而是一份文件,如图 5-2 所示。

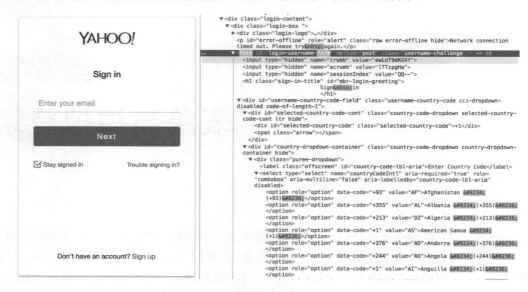

图 5-1 雅虎网站页面的登录表单

图 5-2 SM.MS 网站中上传图片的表单

在待上传区域添加一张本地图片,执行上传("Upload"按钮),即可在开发者工具的"Network"选项卡中看到本次 POST 的一些详细信息,如图 5-3 所示。

要说明的是,如果网页中的任务只是向服务器发送一些简单信息,表单还可以使用除了 POST 之外的方法,比如 HTTP GET。一般而言,如果使用 HTTP GET 方法来发送一个表单,那么发送到服务器的信息(一般是文本数据)将被追加到 URL 之中。而使用 HTTP POST 请求,发送的信息会被直接放入 HTTP 请求的主体里。两种方式的特点也很明显:使用 GET 比较简单,适用于发送的信息不复杂且对参数数据安全没有要求的情况(很难想象用户和密码被作为 URL 中追加的查询字符串的一部分被发送);而 POST 更像是"正规"的表单发送方式,用于文件传送的 multipart/form-data 方式也只支持 POST。

第 5 章　表单与模拟登录

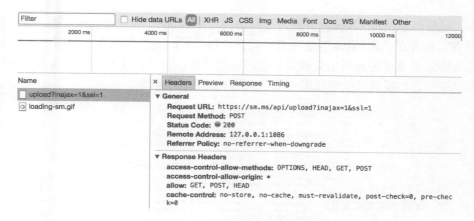

图 5-3　上传图床图片的 POST 信息

5.1.2　POST 发送表单数据

使用 Requests 库中的 post() 方法就可以完成简单的 HTTP POST 操作，下面的代码就是一个最基本的模板：

```
import requests
form_data = {'username':'user','password':'password'}
resp = requests.post('http://website.com',data=form_data)
```

这段代码将字典结构的 form_data 作为 post() 方法的 data 参数，Requests 会将该数据 POST 至对应的 URL（http://website.com）。虽然很多网站都不允许非人类用户的程序（包括普通爬虫程序）来发送登录表单，但大家可以使用自己在该网站上的账号信息来试一试，毕竟简单的登录表单发送程序也不会对网站造成资源压力。以 1point3acres.com 论坛为例，访问其网站（论坛网址为 http://www.1point3acres.com/bbs/），通过网页结构分析可以发现，用户登录表单的主要信息就是用户名与密码（见图 5-4）。

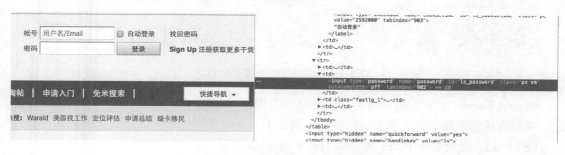

图 5-4　1point3acres.com 的登录表单结构

对于这种结构比较简单的网页表单，可以通过分析页面源码来获取其字段名并构造自己的表单数据（主要是确定表单每个 input 字段的 name 属性，该名称对应着表单数据被提交到服务器后的变量名称），而对于相对比较复杂的表单，它有可能向服务器提供了一些额外的

121

参数数据,这时可以使用 Chrome 开发者工具中的"Network"信息来分析。进入论坛首页,打开开发者工具并在"Network"选项卡中勾选"Preserve log"复选框(见图 5-5),这样可以保证在页面刷新或重定向时不会清除之前的监控数据;接着,在网页中填写自己的用户名和密码并登录,之后很容易就能发现一条登录的 POST 表单记录。

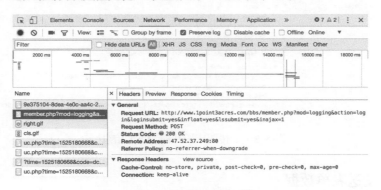

图 5-5　登录的 POST 数据

根据这条记录,首先可以确定 POST 的目标 URL,接着需要注意的是 Request Headers 中的信息,其中的 User-Agent 值可以作为伪装爬虫的有力工具。最后,需要找到 Form Data 数据,其中的字段包括 username、password、quickforward、handlekey,据此就可以编写自己的登录表单 POST 程序了。

为了着手编写这个针对 1point3acres.com 的登录程序,需要先引入 Requests 库中的 Session 对象。官方文档中对此的描述为,Session 对象让开发者能够跨请求保持某些参数,也会在同一个 Session 实例发出的所有请求之间保持 Cookie 信息,因此,如果使用 Session 对象成功登录了网站,那么访问网站首页时应该会获得当前账号的信息,并且下一次使用 Session 时仍然会记录此登录状态。可以看到,登录后的网页顶部出现了用户头像信息(见图 5-6),我们现在就将这次模拟登录的目标设为获取这个头像并保存在本地。

图 5-6　网页中的用户账号信息

使用 Chrome 来分析网页源码,会发现该头像图片是在<div class="avt y">元素中,据此,可以完成这个简单的头像下载程序,见例 5-1。

【例 5-1】 使用表单 POST 来登录 1point3acres.com 网站。

```
import requests
from bs4 import BeautifulSoup

headers = {
```

```
    'User-Agent': 'Mozilla/5.0 (Macintosh; Intel Mac OS X 10_13_3) '
                  'AppleWebKit/537.36 (KHTML, like Gecko) Chrome/66.0.3359.139 Safari/537.36'}
    form_data = {'username': 'yourname',   # 用户名, 如 "allenzyoung@163.com"
                 'password': 'yourpw',     # 密码, 如 "123456789"
                 'quickforward': 'yes',    # 对普通用户隐藏的字段, 该值不需要用户主动设定
                 'handlekey': 'ls'}        # 对普通用户隐藏的字段, 该值不需要用户主动设定

    session = requests.Session()  # 使用 Requests 库的 Session 来保持会话状态
    session.post(
'http://www.1point3acres.com/bbs/member.php?mod=logging&action=login&loginsubmit=yes&infloat=yes&lssubmit=yes&inajax=1',
        headers=headers, data=form_data)
    resp = session.get('http://www.1point3acres.com/bbs/').text
    ht = BeautifulSoup(resp, 'lxml') # 根据访问得到的网页数据建立 BeautifulSoup 对象
    cds = ht.find('div', {'class': 'avt y'}).findChildren() # 获取"<div class="avt y">节点下的孩子元素"
    print(cds)
    # 获取 img src 中的图片地址
    img_src_links = [one.find('img')['src'] for one in cds if one.find('img') is not None]

    for src in img_src_links:
        img_content = session.get(src).content
        src = src.lstrip('http://').replace(r'/', '-') # 将图片地址稍作处理并作为文件名
        with open('{src}.jpg'.format_map(vars()), 'wb+') as f:
            f.write(img_content) # 写入文件
```

在上述程序中,对 BeautifulSoup 和 Requests 大家应该已经非常熟悉了,需要进行说明的是打开 jpg 文件路径的这段代码:

```
with open('{src}.jpg'.format_map(vars()), 'wb+') as f:
```

其中,format_map()方法与 format(**mapping)等效,而 vars() 函数是一个 Python 中的内置函数,它会返回一个保存了对象的属性-属性值键值对的字典。在不接受其他参数时,也可以使用 locals()来替换这里的 vars(),将会实现同样的功能。除此之外,如果需要知道提交表单后网页的响应地址,可以通过网页中<form>元素的 action 属性来分析得到。

执行程序后,在本地就能够看到下载完成后的头像图片。如果没有成功进入登录状态,网站将不会在首页显示这个头像,因此看到这张图片也就说明登录模拟已经成功。为了在本地成功运行,在运行上述代码之前需要将其中的账号信息设置为自己的用户名和密码。

值得一提的是,有一些表单会包含一些单选框、复选框等控件(见图 5-7),其实分析

其本质仍然是简单的"字段名：字段值"结构，仍然可以使用上述类似的方法进行 GET 和 POST 操作。获取这些信息的最佳方式就是打开"Network"选项卡并尝试提交一次表单，观察一条 Form Data 的记录。

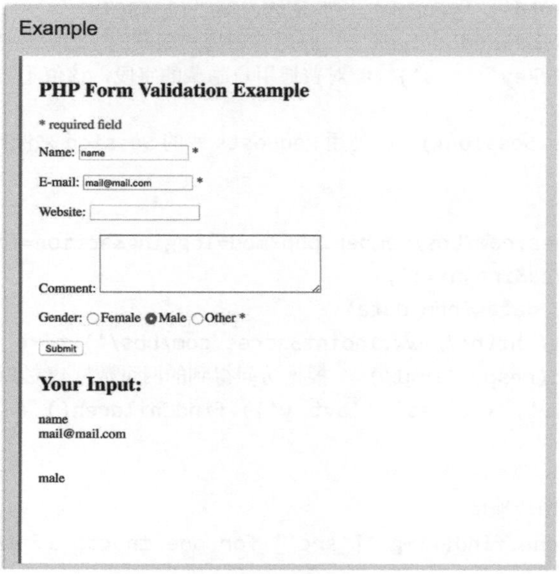

图 5-7　一个具有单选框的表单示例（"单选框"实际上是 radio 类型元素）

5.2　Cookie

5.2.1　什么是 Cookie

很多人可能都有这样的经历，在清除浏览器的历史记录数据时，会碰到一个"Cookies 数据"这样的选项（见图 5-8），对于那些对 Web 开发不太了解的用户而言，这个所谓的"Cookies"可能是非常令人疑惑的，从字面意思上完全看不出它的功能。"Cookie"的本意是指曲奇饼干，在 Web 技术中则是指网站方为了一定的目的而存储在用户本地的数据，如果要细分的话，可以分为非持久的 Cookie 和持久的 Cookie。

Cookie 的诞生来源于 HTTP 本身的一个小问题，因为仅仅通过 HTTP，服务器（网站方）无法辨别用户（浏览器使用者）的身份。换句话说，服务器并不能获知两次请求是否来自同一个浏览器，也就不能获知用户的上一次请求信息。解决这个小问题倒也不困难，最简单的方式就是在页面中加入某个独特的参数数据（一般叫"token"），在下一次请求时向服务器提供这个 token。为了达到这个效果，网站方可能需要在网页的表单中加入一个针对用户的 token 字段，或者是直接在 URL 中加入 token，类似在很多 URL 查询链接中所看到的情况（这种"更改"URL 的方式，在用于标识用户访问的时候，也称为"URL 重写"）。而 Cookie

第 5 章 表单与模拟登录

则是更为精巧的一种解决方案,在用户访问网站时,服务器通过浏览器,以一定的规则和格式在用户本地存储一小段数据(一般是一个文本文件),之后,如果用户继续访问该网站,浏览器将会把 Cookie 数据也发送到服务器端,网站得以通过该数据来识别用户(浏览器)。用更概括的方式说,Cookie 就是保持和跟踪用户在浏览网站时的状态的一种工具。

关于 Cookie,一个最为普遍的场景就是"保持登录状态",在那些需要输入用户名和密码进行登录的网站中,往往会有一个"下次自动登录"的选项。图 5-9 所示即为百度的用户登录页,如果勾选"下次自动登录"复选框,下次(比如关闭这个浏览器,然后重新打开)访问网站时会发现自己仍然是登录后的状态。在第一次登录时,服务器会将经过加密的登录信息作为 Cookie 来保存到用户本地(硬盘),在新的一次访问时,如果 Cookie 中的信息尚未过期(网站会设定登录信息的过期时间),网站收到了这一份 Cookie,就会自动为用户进行登录。

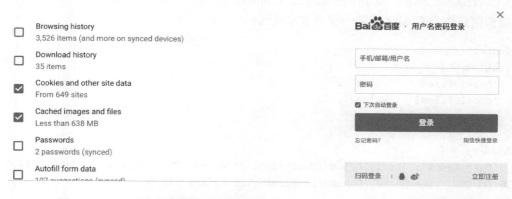

图 5-8　Chrome 中的清除历史记录选项　　　图 5-9　百度的登录界面

【提示】 Cookie 和 Session 不是一个概念,Cookie 数据保存在本地(客户端),而 Session 数据保存在服务器(网站方)。一般而言,Session 是指抽象的客户端-服务器端交互状态(因此往往被翻译成"会话"),其作用是"跟踪"状态,比如保存用户在电商网站加入购物车的商品信息,而 Cookie 这时就可以作为 Session 的一个具体实现手段,在 Cookie 中设置一个标明 Session 的 Session ID 即可。

具体到发送 Cookie 的过程中,浏览器一般把 Cookie 数据放在 HTTP 请求的头数据中,由于这样会增加网络流量,所以招到了一些人对 Cookie 的批评。另外,由于 Cookie 中包含了一些敏感信息,容易成为网络攻击的目标,在 XSS 攻击(跨网站指令攻击)中,黑客往往会尝试对 Cookie 数据进行窃取。

5.2.2　在 Python 中使用 Cookie

Python 提供了 cookielib 库来对 Cookie 数据进行简单的处理(在 Python 3 中为 http.cookiejar 库),这个模块里主要的类有 CookieJar、FileCookieJar、MozillaCookieJar、

LWPCookieJar 等。在源代码注释中特意说明了这些类之间的继承关系，如图 5-10 所示。

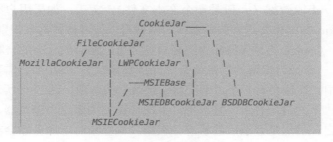

图 5-10　各类 CookieJar 的关系

除了 cookiejar 模块，在抓取程序编写中使用更为广泛的是 Requests 库中的 Cookie 功能（实际上，requests.cookie 模块中的 RequestsCookieJar 类就是一种 CookieJar 的继承），可以将字典结构信息作为 Cookie 伴随一次请求来发送。

```
import requests
cookies = {
  'cookiefiled1': 'value1',
  'cookiefiled2': 'value2',
  # more cookie info...
}
headers = {
  'User-Agent': 'Mozilla/5.0 (Macintosh; Intel Mac OS X 10_9_4) AppleWebKit/537.36 (KHTML, like Gecko) Chrome/36.0.1985.125 Safari/537.36',
}
url = 'https://www.douban.com'
requests.get(url, cookies=cookies, headers=headers) # 在 get() 方法中加入 Cookie 信息
```

上文提到，Session 可以帮助开发者保持会话状态，因此可以通过这个对象来获取 Cookie：

```
import requests
import requests.cookies

headers = {
    'User-Agent': 'Mozilla/5.0 (Macintosh; Intel Mac OS X 10_13_3) '
                  'AppleWebKit/537.36 (KHTML, like Gecko) Chrome/66.0.3359.139 Safari/537.36'}
    form_data = {'username': 'yourname',  # 用户名
                 'password': 'yourpw',  # 密码
                 'quickforward': 'yes',   # 对普通用户隐藏的字段，该值不需要用户主动设定
                 'handlekey': 'ls'}  # 对普通用户隐藏的字段，该值不需要用户主动设定

    sess = requests.Session()  # 使用 Requests 库中的 Session 来保持会话状态
```

```
sess.post(
    'http://www.1point3acres.com/bbs/member.php?mod=logging&action=login&loginsubmit=yes&infloat=yes&lssubmit=yes&inajax=1',
    headers=headers, data=form_data)

print(sess.cookies)  # 获取当前 Session 的 Cookie 信息
print(type(sess.cookies))  # 输出： <class 'requests.cookies.RequestsCookieJar'>
```

还可以借助 requests.util 模块中的函数实现一个包含了 Cookie 存储和 Cookie 加载双向功能的爬虫类模板：

```
import requests
import pickle


class CookieSpider:
    # 实现了基于 Requests 的 Cookie 存储和加载的爬虫模板
    cookie_file = ''

    def __init__(self, cookie_file):
        self.initial()
        self.cookie_file = cookie_file

    def initial(self):
        self.sess = requests.Session()

    def save_cookie(self):
        with open(self.cookie_file, 'w') as f:
            pickle.dump(requests.utils.dict_from_cookiejar(  # dict_from_cookiejar 将一个 a CookieJar 对象替换为 dict 类型
                self.sess.cookies), f
            )

    def load_cookie(self):
        with open(self.cookie_file) as f:
            self.sess.cookies = requests.utils.cookiejar_from_dict(  # cookiejar_from_dict()将一个 dict 对象转换为 CookieJar 对象
                pickle.load(f)
            )

    ...
```

5.3 模拟登录网站

5.3.1 分析网站

以国内著名的问答社区网站"知乎"（www.zhihu.com）为例，通过 Python 编写一个程序来模拟对知乎的登录。首先手动访问其首页并登录，进入用户信息界面后，可以看到这里有"基本资料"选项卡，其中比较重要的信息包括用户名、个性域名等，详情如图 5-11 所示。

图 5-11　知乎中的"基本资料"界面

接下来，为了获知知乎 Cookies 的字段信息，打开 Chrome 开发者工具的"Application"选项卡，在"Storage"→"Cookies"节点下就能够看到当前网站的 Cookie 信息，"Name"和"Value"分别是字段名和值，如图 5-12 所示。

图 5-12　查看知乎 Cookie 的字段内容

第 5 章　表单与模拟登录

可以设想一下模拟登录的基本思路，第一种就是直接在爬虫程序中提交表单（包括用户名和密码等），通过 Requests 的 Session 来保持会话，成功进行登录，之前登录 1point3acres.com 时就是实现了这种思路；第二种则是通过浏览器来进行辅助，先通过一次手工的登录来获取并保存 Cookie，在之后的抓取或者访问中直接加载保存的 Cookie，使得网站方"认为""用户"已经登录。显然，第二种方法在应对一些登录过程比较复杂（尤其是登录表单复杂且存在验证码）的情况时比较合适，理论上说，只要本地的 Cookie 信息仍在过期期限内，就一直能够模拟出登录状态。再想象一下，其实无论是通过模拟浏览器还是其他方法，只要能够成功还原出登录后的 Cookie 状态，那么模拟登录状态就不再困难了。

5.3.2　通过 Cookie 模拟登录

根据上面讨论的第二条思路，即可着手利用 Selenium 模拟浏览器来保存知乎登录后的 Cookie 信息。Selenium 的相关使用方法之前的章节已经介绍过，这里需要考虑的是如何保存 Cookie。一种比较简便的方法是通过 Webdriver 对象的 get_cookies()方法在内存中获得 Cookie，接着用 pickle 工具保存到文件中即可，见例 5-2。

【例 5-2】　使用 Selenium 保存知乎登录后的 Cookie 信息。

```python
import selenium.webdriver
import pickle, time, os


class SeleZhihu():
  _path_of_chromedriver = 'chromedriver'
  _browser = None
  _url_homepage = 'https://www.zhihu.com/'
  _cookies_file = 'zhihu-cookies.pkl'
  _header_data = {'Accept': 'text/html,application/xhtml+xml,application/xml;q=0.9,image/webp,*/*;q=0.8',
                  'Accept-Encoding': 'gzip, deflate, sdch, br',
                  'Accept-Language': 'zh-CN,zh;q=0.8',
                  'Connection': 'keep-alive',
                  'Cache-Control': 'max-age=0',
                  'Upgrade-Insecure-Requests': '1',
                  'User-Agent': 'Mozilla/5.0 (Windows NT 6.1; WOW64) AppleWebKit/537.36 (KHTML, like Gecko) Chrome/36.0.1985.125 Safari/537.36',
                  }

  def __init__(self):
    self.initial()

  def initial(self):
    self._browser = selenium.webdriver.Chrome(self._path_of_chromedriver)
```

```python
    self._browser.get(self._url_homepage)

    if self.have_cookies_or_not():
      self.load_cookies()
    else:
      print('Login first')
      time.sleep(30)
      self.save_cookies()

    print('We are here now')

  def have_cookies_or_not(self):
    if os.path.exists(self._cookies_file):
      return True
    else:
      return False

  def save_cookies(self):
    pickle.dump(self._browser.get_cookies(), open(self._cookies_file, "wb"))
    print("Save Cookies successfully!")

  def load_cookies(self):
    self._browser.get(self._url_homepage)
    cookies = pickle.load(open(self._cookies_file, "rb"))
    for cookie in cookies:
      self._browser.add_cookie(cookie)
    print("Load Cookies successfully!")

  def get_page_by_url(self, url):
    self._browser.get(url)

  def quit_browser(self):
    self._browser.quit()


if __name__ == '__main__':
  zh = SeleZhihu()
  zh.get_page_by_url('https://www.zhihu.com/')

  time.sleep(10)
  zh.quit_browser()
```

运行上面的程序，将会打开 Chrome 浏览器。如果此前没有本地 Cookie 信息，将会提示用户"login first"，并等待 30s，在此期间需要手动输入用户名和密码等信息，执行登录操作,之后程序将会自行存储登录成功后的 Cookie 信息。代码中还为这个 SeleZhihu 类添加了 load_cookies()方法,在之后访问网站时,如果发现本地已经存在 Cookie 信息文件,就直接加载。这个逻辑主要通过 initial()方法来实现,而 initial()方法会在 __init__()中被调用。__init__()是所谓的"初始化"函数,类似于 C++中的构造函数,会在类的实例初始化时被调用。"zhihu-cookies.pkl"是本地的 Cookie 信息文件名,使用 pickle 序列化保存,关于这方面的详细内容参见第 3 章内容。

保存 Cookie 后,就可以"移花接木"了。"移花接木"就是将 Selenium 为我们保存的 Cookie 信息拿到其他工具中(比如 Requests)使用,毕竟 Selenium 模拟浏览器的抓取方式时效率十分低下,且性能也成问题。使用 Requests 来加载本地的 Cookie,并通过解析网页元素来获取个性域名时,如果模拟登录成功,就能够看到对应的域名信息。这部分的程序见例 5-3。

【例 5-3】 使用 Requests 加载 Cookie,进入知乎登录状态并抓取个性域名。

```
import requests, pickle
from bs4 import BeautifulSoup
from pprint import pprint

headers = {
    'User-Agent': 'Mozilla/5.0 (Macintosh; Intel Mac OS X 10_13_3) '
                  'AppleWebKit/537.36 (KHTML, like Gecko) Chrome/66.0.3359.139 Safari/537.36'}
sess = requests.Session()
with open('zhihu-cookies.pkl', 'rb') as f:
    cookie_data = pickle.load(f) # 加载 Cookie 信息

for cookie in cookie_data:
    sess.cookies.set(cookie['name'], cookie['value']) # 为 Session 设置 Cookie 信息

res = sess.get('https://www.zhihu.com/settings/profile', headers=headers).text # 访问并获得页面信息
ht = BeautifulSoup(res, 'lxml')
# pprint(ht)
node = ht.find('div', {'id': 'js-url-preview'}) # 获得<div>节点的信息
print(node.text)
```

运行程序后,顺利的话将会输出个性域名。该程序的抓取目标相对比较简单,"https://www.zhihu.com/settings/profile"这个地址所对应的网页也没有使用大量动态内容(指那些经过 JavaScript 刷新或更改的页面元素)。如果想要抓取其他页面,在保持模拟登录机制的基础上改进抓取机制即可,可以结合第 4 章的内容进行更复杂的抓取。关于结合实际网站的模拟登录程序,可见第 11 章豆瓣登录的相关内容。

最后要提到的是处理 HTTP 基本认证(HTTP Basic Access Authentication)的情形,这种

验证用户身份的方式一般不会在公开的商业性网站上使用，但在公司内网或者一些面向开发者的网页 API 中较为常见。与目前普遍的通过表单提交登录信息的方式不同，HTTP 基本认证会使浏览器弹出要求用户输入用户名和口令（密码）的窗口，并根据输入的信息进行身份验证。现在通过一个例子来说明这个概念。https://www.httpwatch.com/httpgallery/ authentication/提供了一个 HTTP 基本认证的示例（见图 5-13），需要用户输入用户名"httpwatch"作为"Username"，并输入一个自定义的密码作为"Password"，单击"Sign in"按钮登录后，将会显示一个包含之前输入信息的图片。通过检查元素可以得知，该认证的 URL 地址为 https://www.httpwatch.com/httpgallery/authentication/authenticatedimage/default.aspx，根据以上信息，通过 requests.auth 模块中的 HTTPBasicAuth 类即可通过该认证并下载最终显示的图片到本地，见例 5-4。

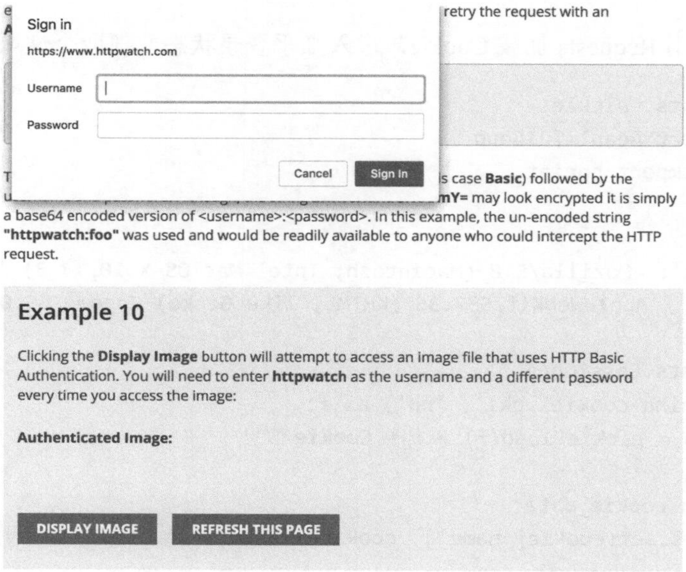

图 5-13　基本认证的界面，需要输入"Username"和"Password"

【例 5-4】 使用 Requests 来通过 HTTP 基本认证并下载图片。

```
import requests
from requests.auth import HTTPBasicAuth

url = 'https://www.httpwatch.com/httpgallery/authentication/authenticatedimage/default.aspx'

auth = HTTPBasicAuth('httpwatch', 'pw123') # 将用户名和密码作为对象初始化的参数
resp = requests.post(url, auth=auth)

with open('auth-image.jpeg','wb') as f:
```

```
f.write(resp.content)
```

运行程序后,即可在本地看到这个 auth-image.jpeg 图片(见图 5-14),说明已成功使用程序通过验证。

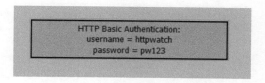

图 5-14　下载到本地的图片

5.4　验证码

5.4.1　图片验证码

学会模拟表单提交和使用 Cookie 可以说解决了登录上的主要难点,但不幸的是,目前的网站在验证用户身份这个问题上总是精益求精,不惜下大力气防范非人类的访问,对于大型商业性网站而言尤其如此。其中最大的障碍在于验证码,不夸张地说,验证码问题始终是程序模拟登录过程中最为头疼的一环,也可能是所有爬虫程序所要面对的最大问题之一。人们在日常生活中总会碰到要求输入验证码的情况,某种意义上来说,验证码其实是一种图灵测试,这从它的英文名 CAPTCHA 的全称 "Completely Automated Public Turing Test to Tell Computers and Humans Apart"(完全自动化的将电脑与人类分辨开来的公开图灵测试)就能看出来。从之前模拟知乎登录的过程中可以看到,开发者可以通过手工登录并加载 Cookie 的方式"避开"验证码,但只是抓取程序避开了验证码,开发者实际并未真正"避开",毕竟还需要手动输入验证码)。另外,由于验证码形式多变、网站页面结构各异,试图用程序全自动破解验证码的投入产出比确实太大,因此处理验证码的确十分棘手。考虑到攻克验证码始终是爬虫开发中的一个重要问题,本节将简要介绍一下验证码处理的种种思路。

图片验证码(狭义上说,就是一类图片中存在字母或数字,需要用户输入对应文字的验证方式)是比较简单的一类验证码(见图 5-15)。在爬虫程序中对付这样的验证码一般会有几种不同的思路:一是通过程序识别图片,转换为文字并输入;二是手动打码,等于直接避开程序破解验证码的环节;三是使用一些人工打码平台的服务。有关处理图片验证码的讨论很多,以下将对这几种方式进行一些简要的介绍。

首先是识别图片并转换到文字的思路。传统上这种方式会借助 OCR(文字光学识别)技术,步骤包括对图像进行降噪、二值化、分割和识别,这要求验证码图片的复杂度不高,否则很可能识别失败。近年来随着机器学习技术的发展,目前这种图片转文字的方式拥有了更多的可能性,比如,使用卷积神经网络(CNN),只要拥有足够多的训练数据,通过训练神经网络模型,就能够实现很高的验证码识别准确度。

图 5-15 典型的图片验证码

手动打码是指在验证码出现时,通过解析网页元素的方式将验证码图片下载下来,由开发者自行输入验证码内容,再通过编写好的函数填入对应的表单字段中(或者是网站对应的 HTTP API),从而完成后续抓取工作。这种方式最为简单,在开发中也最为常用,优点是完全没有经济成本,但其缺点也很突出,即需要开发者自身劳动,自动化程度低。不过,如果只是应对登录情形的话,配合 Cookie 数据的使用,就可以做到"毕其功于一役",初次登录填写验证码后在一段时间内便可以摆脱验证码的烦恼。

使用人工打码服务则是直接将验证码识别的任务"外包"到第三方服务。图 5-16 所示为某人工打码平台。在实际的使用中,对这种打码服务的需求并不大,除非遇到需要频繁通过验证的情形。有一些打码平台开放了免费打码的 API(一般会有使用次数和频率的限制),可以用来在抓取程序中进行调用,满足调试和开发的需要。

图 5-16 某人工验证码打码服务平台

5.4.2 滑动验证

与图片验证码不同,目前被广泛使用的滑动验证则不仅需要验证用户的视觉能力,还会通过要求拖动元素的方式防止验证关卡被暴力破解(见图 5-17)。对于这类滑动验证码,其实也存在通过程序进行破解的方式,基本思路就是通过模拟浏览器来实现对指定元素的自动拖动,尽可能模仿人类用户的拖动行为通过验证。这种方式可以分为几个主要步骤:1、获取验证码图像；2、获取背景图片与缺失部分；3、计算滑动距离；4、操纵浏览器进行滑动；5、等待验证完成。这里主要存在两个难点，其一是如何获得背景图片与缺失部分轮廓，背景图片往往是由一组剪切后的小图拼接而成的，因此在程序抓取元素的过程中，可能需要使用 PIL 库做更复杂的拼接等工作；其二是模拟人类的滑动动作，过于机械式的滑动（比如严格的匀速滑动或加速度不变的滑动）可能就会被系统识别为机器人。

图 5-17　某滑动验证服务

现在用户登录某个网站时就经常需要在输入用户名和密码后通过这种类似的滑动验证。针对这种情况，可以编写一个综合上述步骤的模拟完成滑动验证的程序，见例 5-5。

【例 5-5】　通过 Selenium 模拟浏览器方式通过滑动验证的示例。

```python
# 模拟浏览器通过滑动验证的程序示例，目标是在登录时通过滑动验证
import time
from selenium import webdriver
from selenium.webdriver import ActionChains
from PIL import Image

def get_screenshot(browser):
    browser.save_screenshot('full_snap.png')
    page_snap_obj = Image.open('full_snap.png')
    return page_snap_obj


# 在一些滑动验证中，获取背景图片可能需要更复杂的机制
# 原始的 HTML 图片元素需要经过拼接整理才能拼出最终想要的效果
# 为了避免这样的麻烦，一个思路就是直接对网页截图，而不是去下载元素中的 img src


def get_image(browser):
    img = browser.find_element_by_class_name('geetest_canvas_img')  # 根据元素的 class 名定位
    time.sleep(2)
    loc = img.loc
    size = img.size

    left = loc['x']
```

```python
    top = loc['y']
    right = left + size['width']
    bottom = top + size['height']

    page_snap_obj = get_screenshot(browser)
    image_obj = page_snap_obj.crop((left, top, right, bottom))
    return image_obj

# 获取滑动距离
def get_distance(image1, image2, start=57, thres=60, bias=7):
    # 比对 RGB 的值
    for i in range(start, image1.size[0]):
        for j in range(image1.size[1]):
            rgb1 = image1.load()[i, j]
            rgb2 = image2.load()[i, j]
            res1 = abs(rgb1[0] - rgb2[0])
            res2 = abs(rgb1[1] - rgb2[1])
            res3 = abs(rgb1[2] - rgb2[2])

            if not (res1 < thres and res2 < thres and res3 < thres):
                return i - bias
    return i - bias

# 计算滑动轨迹
def gen_track(distance):
    # 也可通过随机数来获得轨迹

    # 将滑动距离增大一点，即先滑过目标区域，再滑动回来，有助于避免被判定为机器人
    distance += 10
    v = 0
    t = 0.2
    forward = []

    current = 0
    mid = distance * (3 / 5)
    while current < distance:
        if current < mid:
            a = 2.35
            # 使用浮点数，避免机器人判定
        else:
            a = -3.35
        s = v * t + 0.5 * a * (t ** 2)  # 使用加速直线运动公式
        v = v + a * t
        current += s
```

第 5 章 表单与模拟登录

```python
        forward.append(round(s))

    backward = [-3, -2, -2, -2, ]

    return {'forward_tracks': forward, 'back_tracks': backward}


def crack_slide(browser):    # 破解滑动认证
    # 单击验证按钮,得到图片
    button = browser.find_element_by_class_name('geetest_radar_tip')
    button.click()
    image1 = get_image(browser)

    # 单击滑动,得到有缺口的图片
    button = browser.find_element_by_class_name('geetest_slider_button')
    button.click()
    # 获取有缺口的图片
    image2 = get_image(browser)
    # 计算位移量
    distance = get_distance(image1, image2)
    # 计算轨迹
    tracks = gen_track(distance)
    # 在计算轨迹方面,还可以使用一些鼠标采集工具事先采集人类用户的正常轨迹,将采集到的轨迹
数据加载到程序中

    # 执行滑动
    button = browser.find_element_by_class_name('geetest_slider_button')
    ActionChains(browser).click_and_hold(button).perform()   # 单击并保持

    for track in tracks['forward']:
        ActionChains(browser).move_by_offset(xoffset=track, yoffset=0).perform()
    time.sleep(0.95)
    for back_track in tracks['backward']:
        ActionChains(browser).move_by_offset(xoffset=back_track, yoffset=0).perform()

    # 在滑动终点区域进行小范围的左右移动,模仿人类的行为
    ActionChains(browser).move_by_offset(xoffset=-2, yoffset=0).perform()
    ActionChains(browser).move_by_offset(xoffset=2, yoffset=0).perform()

    time.sleep(0.5)
    ActionChains(browser).release().perform()   # 松开

def worker(username, password):
    browser = webdriver.Chrome('your chrome driver path')
```

```python
try:
    browser.implicitly_wait(3)  # 隐式等待
    browser.get('your target login url')

    # 在实际使用时需要根据当前网页的情况定位元素
    username = browser.find_element_by_id('username')
    password = browser.find_element_by_id('password')
    login = browser.find_element_by_id('login')
    username.send_keys(username)
    password.send_keys(password)
    login.click()

    crack_slide(browser)

    time.sleep(15)
finally:
    browser.close()

if __name__ == '__main__':
    worker(username='yourusername', password='yourpassword')
```

程序的一些说明可详见上方代码中的注释。值得一提的是，这种破解滑动验证的方式使用了 Selenium 自动化 Chrome 作为基础。为了在一定程度上降低性能开销，还可以使用 PhantomJS 这样的无头浏览器来代替 Chrome。这种模式的缺点在于无法离开浏览器环境，但退一步说，如果需要自动化控制滑动验证，没有 Selenium 这样的浏览器自动化工具可能是难以想象的。网络上也出现了一些针对滑动验证的打码 API，但总体上看其实用性和可靠性都不高，上面这种模拟鼠标拖动的方案虽然耗时长，但至少能够取得应有的效果。

将上述程序有针对性地进行填充和改写，运行程序后即可看到程序成功模拟出了滑动验证并通过验证（见图 5-18）。

图 5-18 滑动验证结果

另外要提到的是，有一些滑动验证服务的数据接口设计较为简单，JavaScript 传输数据的安全性也不高，针对这种验证码完全可以采取破解 API 的方式来通过验证，不过这种方式普适性不高，往往需要花费大量精力分析对应的数据接口，并且具有一定的道德和法律问题，因此暂不赘述。

现在，除了传统的图形验证码（典型的例子就是单词验证码），新式的验证码（或类验证码）手段正在成为主流，如滑动验证、拼图验证、短信验证（一般用于手机号快速登录的情形）以及 Google 大名鼎鼎的 reCAPTCHA（据称该解决方案甚至会将用户鼠标在页面内的移动方式作为一条判定依据）等。不仅在登录环节会遇到验证码，很多时候如果抓取程序运行频率较高，网站方也会通过弹出验证码的方式进行"拦截"，不夸张地说，要做到程序模拟通过验证码的完全自动化很不容易。但无论如何，总体上看，针对图形验证码而言，通过 OCR、人工打码或者神经网络识别等方式至少能够降低一部分时间和精力成本，因此它们算是比较可行的方案。而针对滑动验证方式，也可以使用模拟浏览器的方法来应对。从省时省力的角度来说，先进行一次人工登录，记录 Cookie，再使用 Cookie 加载登录状态进行抓取也是可取的选择。

5.5 本章小结

表单、登录以及验证码识别是爬虫程序编写中相对不那么"愉快"的部分，但对提高爬虫的实用性有着很大作用，因此，本章中的内容也是开发者编写更复杂、更强大的爬虫程序的必备要点。如果读者对模拟登录比较感兴趣，可以多研究一些 JavaScript 与表单的配合使用方法。在很多网页中用户填写的表单信息实际上会经过页面中 JavaScript 的一层"再加工"才会发送至服务器。在图片验证码破解方面，网络上有很多利用 OCR 手段识别验证码文字的例子，如果对基于神经网络的图像文字识别感兴趣，可以通过斯坦福大学的 CS231 课程（http://cs231n.stanford.edu/）入门图像识别领域。

第 6 章 数据的进一步处理

网络爬虫抓取到的数值、文本等各类信息，在经过存储和预处理后，可以通过 Python 进行更深层次的分析，这一章就以 Python 应用最为广泛的文本分析和数据统计等领域为例，介绍一些对数据做进一步处理的方式方法。

6.1 Python 与文本分析

6.1.1 什么是文本分析

文本分析，也就是通过计算机对文本数据进行分析。其实这不是一个很新的话题，但是近年来随着 Python 在数据分析和自然语言处理领域的广泛应用，使用 Python 进行文本分析也变得十分热门。

【提示】 结构化数据一般是指能够存储在数据库里，可以用二维逻辑表结构来表达的数据。与之相反，不适合通过数据库二维逻辑表来表现的数据就称为非结构化数据，包括所有格式的办公文档、文本、图片、XML、HTML、各类报表、图像和音频/视频信息等。这种数据的特征在于，其数据是多种信息的混合，通常无法直接知道其内部结构，只有经过识别及一定的存储分析后才能体现其价值。

由于文本数据是非结构化数据（或者半结构化数据），所以一般都需要对其进行某种预处理，这时可能遇到的问题包括：①数据量问题，这是任何数据预处理过程中都可能碰到的一个问题，由于现在人们在网络上进行文字信息交流十分广泛，文本数据规模往往也非常大；②在文本挖掘时，往往会将文本（词语等）转换为文本向量，但一般在数据处理后，向量都会面临维度过高和过于稀疏的问题，如果希望进行进一步的文本挖掘，可能需要一些特定的降维处理；③文本数据的特殊性，由于人类语言的复杂性，计算机目前对文本数据在逻辑和情感上的分析能力还很有限。近年来机器学习技术火热发展，但在语言处理方面的能力尚不如图像视觉方面的成就。

一般来说，文本分析（有时候也称为文本挖掘）的主要内容包括以下几个方面。
- 语言处理。虽然一些文本数据分析会涉及较高级的统计方法，但是部分分析还是会更多地涉及自然语言处理过程，如分词、词性标注、句法分析等。
- 模式识别。文本中可能会出现像电话号码、邮箱地址这样的有统一表示方式的实体，通过这些特殊的表示方式或者其他模式来识别这些实体的过程就是模式识别。
- 文本聚类。即运用无监督机器学习手段归类文本，适用于海量文本数据的分析，在发现文本话题、筛选异常文本资料方面应用广泛。
- 文本分类。即在给定分类体系下，根据文本特征构建有监督机器学习模型，达到识别文本类型或内容主旨的目的。

丰富的 Python 第三方库提供了一些文本分析的实用工具。这里要说的是，文本分析与字符串处理并不是一个含义，字符串处理更多的是指对一个字符串在形式上进行一些变换和更改，而文本分析则更多地强调对文本内容进行语义、逻辑上的分析和处理。在整个分析的过程中需要使用一些基本的概念和方法，在各种实现文本挖掘的工具中，一般都会有所体现，它们包括以下几项。
- 分词。是指将由连续字符组成的句子或段落按照一定规则划分成独立词语的过程。在英文中，由于单词之间是以空格作为自然分界符的，因此可以直接使用空格（Space）符作为分词标记，而中文句子内部一般没有分界符，所以中文分词比英文要更为复杂。
- 停用词。是指在文本中不影响核心语义的"无用"字词，通常为在自然语言中常见但没有具体意义的助词、虚词、代词，如"的""了""啊"等。停用词的存在直接增加了文本数据的特征维度和文本数据分析过程中的成本，因此一般都需要先设置停用词，再对其进行筛选。
- 词向量。为了能够使用计算机和数学方式分析文本信息，就要使用某种方法把文字转变为数学形式，这方面比较常见的解决方法就是将自然语言中的字词通过数学中向量的形式进行表示。
- 词性标注。就是说对每个字词进行词性归类（标签），比如"苹果"为名词、"吃"为动词等，以便于后续的处理。不过中文语境下词性本身就比较复杂，因此词性标注也是一个值得深入探索的领域。
- 句法分析。指根据给定的语法体系分析句子的句法结构，划分句子中词语的语法功能，并判断词语之间的句法关系。在语义分析的基础上，这是对文本逻辑进行分析的关键。
- 情感分析。是指在文本分析和挖掘过程中对内容中体现的主观情感进行分析和推理的过程，情感分析与舆论分析、意见挖掘等领域有着十分密切的联系。

6.1.2 jieba 与 SnowNLP

首先通过 jieba 和 SnowNLP 两个中文文本分析工具来熟悉一下文本分析的简单用途。其中，jieba 是一个国内开发的中文分词与文本分析工具，可以实现很多实用的文本分析处理功能。和其他模块一样，通过"pip install jieba"指令安装后，用"import jieba"导入模块后即可使用。接下来通过一些例子来介绍具体的细节。

使用 jieba 进行分词非常方便，jieba.cut()方法接收三个输入参数，即待处理的字符串、cut_all（是否采用全模式）和 HMM（是否使用 HMM 模型）。jieba.cut_for_search()方法接收两个参数，即待处理的字符串和 HMM。这个方法适合用于搜索引擎构建倒排索引的分词，粒度比较细，使用频率不高。

```
import jieba

seg_list = jieba.cut("这里曾经有一座大厦", cut_all=True)
print(" / ".join(seg_list))  # 全模式

seg_list = jieba.cut("欢迎使用Python语言", cut_all=False)
print(" / ".join(seg_list))  # 精确模式

seg_list = jieba.cut("我喜欢吃苹果，不喜欢吃香蕉。")  # 默认是精确模式
print(" / ".join(seg_list))
```

输出为：

```
这里 / 曾经 / 有 / 一座 / 大厦
欢迎 / 使用 / Python / 语言
我 / 喜欢 / 吃 / 苹果 / ， / 不 / 喜欢 / 吃 / 香蕉 / 。
```

cut()与 cut_for_research()方法返回生成器，而 jieba.lcut()以及 jieba.lcut_for_search()方法会直接返回 list。

【提示】 迭代器和生成器是 Python 中很重要的概念，实际上 list 本身就是一个可迭代对象。它们的具体关系可以简单理解为：迭代器就是一个可以迭代（遍历）的对象，而生成器是一种特殊的迭代器，更适用于对海量数据的操作。

jieba 还支持关键词提取，比如基于 TF-IDF 算法（Term Frequency–Inverse Document Frequency）的关键词提取方法 jieba.analyse.extract_tags(sentence, topK=20, withWeight=False, allowPOS=())，其中的各参数意义如下。

- sentence 为待提取的文本。
- topK 为返回几个 TF/IDF 权重最大的关键词，默认值为 20。
- withWeight 用于指定是否一并返回关键词权重值，默认值为 False。
- allowPOS 仅包括指定词性的词，默认值为空，即不筛选。

```
import jieba.analyse
import jieba

sentence = '''
```

上海市（Shanghai），简称"沪"或"申"，有"东方巴黎"的美称，是中国四个中央直辖市之一，也是中国第一大城市。

作为中国大陆的经济、金融、贸易和航运中心，上海创造和打破了中国世界纪录协会多项世界之最、中国之最。

上海位于中国大陆海岸线中部的长江口，拥有中国最大的外贸港口、最大的工业基地。
'''
res = jieba.analyse.extract_tags(sentence, topK=5, withWeight=False, allowPOS=())
print(res)
```

输出为：['中国', '大陆', '中国之最', 'Shanghai', '世界之最']。

jieba.posseg.POSTokenizer(tokenizer=None) 方法可以新建自定义分词器，其中 tokenizer 参数可指定内部使用的 jieba.Tokenizer 分词器。

jieba.posseg.dt 则为默认词性标注分词器：

```
from jieba import posseg
words = posseg.cut("我不明白你这句话的意思")
for word, flag in words:
    print('{}:\t{}'.format(word, flag))
```

tokenize()方法会返回分词结果中词语在原文的起止位置：

```
result = jieba.tokenize('它是站在海岸遥望海中已经看得见桅杆尖头了的一只航船')
for tk in result:
    print("word %s\t\t start: %d \t\t end:%d" % (tk[0],tk[1],tk[2]))
```

部分输出如下：

```
word 遥望         start: 6        end:8
word 海           start: 8        end:9
word 中           start: 9        end:10
word 已经         start: 10       end:12
word 看得见       start: 12       end:15
```

另外，jieba 模块还支持自定义词典、调整词频等，这里就不赘述了。

SnowNLP 是一个主打简洁实用的中文处理类 Python 库，与 jieba 分词不同的是，SnowNLP 模仿 TextBlob 编写，拥有更多的功能，但是 SnowNLP 并非基于 NLTK（Natural Language Toolkit）库，在使用上也存在一些不足。

【提示】 TextBlob 是基于 NLTK 和 Pattern 封装的英文文本处理工具包，同时提供了很多文本处理功能的接口，包括词性标注、名词短语提取、情感分析、文本分类、拼写检查等，还包括翻译和语言检测功能。

SnowNLP 中的主要方法如下。

```
from snownlp import SnowNLP
```
```

```python
s = SnowNLP('我来自中国,喜欢吃饺子,爱好是游泳。')
# 分词
print(s.words)
# 输出:['我', '来自', '中国', ',', '喜欢', '吃', '饺子', ',', '爱好', '是', '游泳', '。']

# 输出:
# 情感极性概率
print(s.sentiments)    # positive 的概率,输出:0.9959503726200969

# 文字转换为拼音
print(s.pinyin)
# 输出:
# ['wo', 'lai', 'zi', 'zhong', 'guo', ',', 'xi', 'huan',
# 'chi', 'jiao', 'zi', ',', 'ai', 'hao', 'shi', 'you', 'yong', '。']


s = SnowNLP(u'「繁體中文」的叫法在臺灣也很常見。')

# 繁简转换
print(s.han)
# 输出:「繁体中文」的叫法在台湾也很常见。

text = u'''
深圳,简称"深",别称"鹏城",古称南越、新安、宝安,是中国四大一线城市之一,
为广东省省辖市、计划单列市、副省级市、国家区域中心城市、超大城市。
深圳地处广东南部,珠江口东岸,与香港一水之隔,东临大亚湾和大鹏湾,西濒珠江口和伶仃洋,
南隔深圳河与香港相连,北部与东莞、惠州接壤。
'''

s = SnowNLP(text)
# 关键词提取
print(s.keywords(3))
# 输出:['南', '深圳', '珠江']

# 文本摘要
print(s.summary(5))
# 输出:['南隔深圳河与香港相连', '珠江口东岸', '西濒珠江口和伶仃洋',
# '为广东省省辖市、计划单列市、副省级市、国家区域中心城市、超大城市', '是中国四大一线城市之一']

# 分句
print(s.sentences)
```

第6章 数据的进一步处理

```
# 输出: ['深圳', '简称"深"', '别称"鹏城"', '古称南越、新安、宝安', '是中国四大一线城市之一',
# '为广东省省辖市、计划单列市、副省级市、国家区域中心城市、超大城市', '深圳地处广东南部',
# '珠江口东岸', '与香港一水之隔', '东临大亚湾和大鹏湾', '西濒珠江口和伶仃洋', '南隔深圳河与香港相连', '北部与东莞、惠州接壤']
```

以上是两个比较简单的中文处理工具,如果只是想要对文本信息进行初步的分析,并且对于准确性要求不很高,那么它们足以满足开发者的需求。与 jieba 和 SnowNLP 相比,在文本分析领域 NLTK 是比较成熟的库,本章接下来将对此进行一些简单的介绍。

6.1.3 NLTK

NLTK 是一个比较完备的提供 Python API 的语言处理工具,提供了丰富的语料和词典资源接口以及一系列的文本处理库,支持分词、标记、语法分析、语义推理、分文本类等文本数据分析需求。NLTK 来源于美国宾夕法尼亚大学对英语自然语言处理课题的研究,包括词性标注、词法分析等重要功能。

NLTK 提供了对语料与模型等的内置管理器(见图6-1),使用下面的语句就可以管理安装包:

```
import nltk
nltk.download()
```

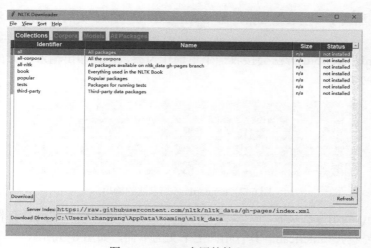

图 6-1　NLTK 内置的管理器

安装需要的语料或模型之后,可以看一下 NLTK 的一些基本用法,首先是基础的文本解析。

基本的 tokenize 操作(英文分词):

```
import nltk
sentence = "Susie got your number and Susie says it's right."
tokens = nltk.word_tokenize(sentence)
```

```
print(tokens)
```

输出为：['Susie', 'got', 'your', 'number', 'and', 'Susie', 'said', 'it', '"s"', 'right', '.']。

这里需要注意的是，如果是首次在计算机上运行这段 NLTK 的代码，会提示安装 punkt 包（punkt tokenizer models），这时通过上面提到的 download()方法安装即可。笔者建议在包管理器里同时也安装 books，之后通过"from nltk.book import*"可以导入这些内置文本。导入成功后结果如下。

```
*** Introductory Examples for the NLTK Book ***
Loading text1, ..., text9 and sent1, ..., sent9
Type the name of the text or sentence to view it.
Type: 'texts()' or 'sents()' to list the materials.
text1: Moby Dick by Herman Melville 1851
text2: Sense and Sensibility by Jane Austen 1811
text3: The Book of Genesis
text4: Inaugural Address Corpus
text5: Chat Corpus
text6: Monty Python and the Holy Grail
text7: Wall Street Journal
text8: Personals Corpus
text9: The Man Who Was Thursday by G . K . Chesterton 1908
```

这实际上是加载了一些书籍数据，而 text1~text9 为 Text 类的实例对象名称，对应内置的书籍。

Text::concordance(word)方法会接收一个单词作为参数，打印出输入单词在文本中出现的上下文，如图 6-2 所示。

```
In[6]: text1.concordance('america')
Displaying 12 of 12 matches:
 of the brain ." -- ULLOA ' S SOUTH AMERICA ." " To fifty chosen sylphs of speci
, in spite of this , nowhere in all America will you find more patrician - like
hree pirate powers did Poland . Let America add Mexico to Texas , and pile Cuba
, how comes it that we whalemen of America now outnumber all the rest of the b
mocracy in those parts . That great America on the other side of the sphere , A
f age ; though among the Red Men of America the giving of the white belt of wam
and fifty leagues from the Main of America , our ship felt a terrible shock ,
```

图 6-2　concordance()方法的输出

Text::similar(word)方法接收一个单词字符串，会打印出和输入单词具有相同上下文的其他单词，比如寻找与"american"具有相同上下文的单词，如图 6-3 所示。

```
In[4]: text1.similar('american')
english sperm whale entire great last same ancient right oars that
famous old he greenland before beheaded whole particular trumpa
```

图 6-3　similar()方法的输出

common_contexts()方法则返回多个单词的共用上下文，如图 6-4 所示。

Text::dispersion_plot(words)方法接收一个单词列表作为参数，绘制每个单词在文本中的分布情况，效果如图 6-5 所示。

```
In[15]: text1.common_contexts(['english','american'])
the_whalers the_whale and_whale of_whalers
```

图 6-4　common_contexts()方法的输出

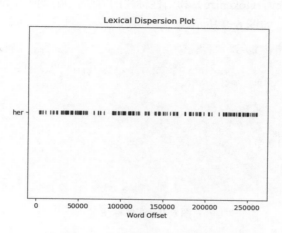

图 6-5　“her”在文本中的分布情况

还可以使用 count()方法进行词频计数，如“text1.count('her')”输出为“329”，即这个单词在 text1 中出现了 329 次。

FreqDict 也是十分常用的对象，可以使用 fd1 = FreqDist(text1) 语句来创建。接着，使用 most_common() 方法查看高频词，比如查看文本中出现次数最多的 20 个词（见图 6-6）。

FreqDict 也自带绘图方法，如绘制高频词折线图，查看出现最多的前 15 项，语句为：fd1.plot(15)，绘图效果如图 6-7 所示。

```
In[14]: fd1.most_common(20)
Out[14]:
[(',', 18713),
 ('the', 13721),
 ('.', 6862),
 ('of', 6536),
 ('and', 6024),
 ('a', 4569),
 ('to', 4542),
 (';', 4072),
 ('in', 3916),
 ('that', 2982),
 ('"', 2684),
 ('-', 2552),
 ('his', 2459),
 ('it', 2209),
 ('I', 2124),
 ('s', 1739),
 ('is', 1695),
 ('he', 1661),
 ('with', 1659),
 ('was', 1632)]
```

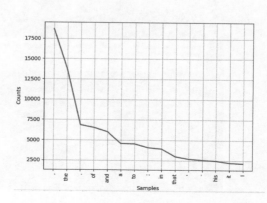

图 6-6　查看文本中出现最多的词

图 6-7　绘制结果

除了图形方式外，还可以用表格方式呈现高频词，可使用 tabulate()方法，如图 6-8 所示。

```
In[16]: fd1.tabulate(15)
    ,    the      .     of    and      a     to      ;     in   that      '      -    his     it      I
18713  13721   6862   6536   6024   4569   4542   4072   3916   2982   2684   2552   2459   2209   2124
```

图 6-8　tabulate()方法的使用

NLTK 中也提供了分词（tokenize）和词性标注的方法，可以使用 nltk.word_tokenize() 方法和 nltk.pos_tag() 方法，如图 6-9 所示。

```
In[17]: words = nltk.word_tokenize('There is something different with this girl.')
In[18]: words
Out[18]: ['There', 'is', 'something', 'different', 'with', 'this', 'girl', '.']
In[19]: tags = nltk.pos_tag(words)
In[20]: tags
Out[20]:
[('There', 'EX'),
 ('is', 'VBZ'),
 ('something', 'NN'),
 ('different', 'JJ'),
 ('with', 'IN'),
 ('this', 'DT'),
 ('girl', 'NN'),
 ('.', '.')]
```

图 6-9　词性标注

词性标注一般需要先借助语料库进行训练，除了西方文字，还可以使用中文语料库实现对中文句子的词性标注。

以上就是 NLTK 中的一些最基础的方法。另外需要提到的是，除了下载到本地的 Python 类库之外，还有必要提到一些基于并行计算系统和分布式爬虫构建的中文语义开放平台，其中的基本功能是免费使用的，用户可以通过 API 实现搜索、推荐、舆情、挖掘等语义分析应用。国内比较有名的平台有哈工大语言云、腾讯文智（见图 6-10）等。

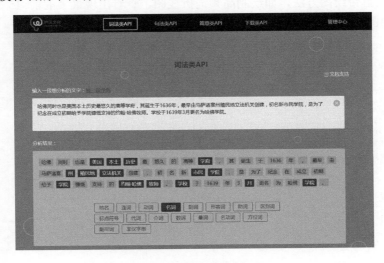

图 6-10　在线文本分析 API

6.1.4 文本分类与聚类

分类和聚类是数据挖掘领域非常重要的概念，在文本数据分析的过程中，分类和聚类也有举足轻重的意义。文本分类可以用于判断文本的类别，广泛用于垃圾邮件的过滤、网页分类、推荐系统等，而文本聚类主要用于用户兴趣识别、文档自动归类等。

分类和聚类最核心的区别在于训练样本是否有类别标注。分类模型的构建基于有类别标注的训练样本，属于有监督学习，即每个训练样本的数据对象已经有对应的类（标签）。通过分类学习，可以构建出一个分类函数或分类模型，这也就是常说的分类器，分类器会把数据项映射到已知的某一个类别中。数据挖掘中的分类方法一般都适用于文本分类，这方面常用的方法有：决策树、神经网络、朴素贝叶斯、支持向量机（SVM）等。

与分类不同，聚类是一种无监督学习。换句话说，聚类任务预先并不知道类别（标签），所以会根据信息相似度的衡量来进行信息处理。聚类的基本思想是使得属于同类别项之间的"差距"尽可能小，同时使得不同类别项的"差距"尽可能大。常见的聚类算法包括：K-means 算法、K-中心点聚类算法、DBSCAN 等。如果需要通过 Python 实现文本聚类和分类的任务，推荐使用 scikit-learn 库，这是一个非常强大的库，提供了包括朴素贝叶斯、KNN、决策树、K-means 等在内的各种工具。

这里可以使用 NLTK 做一个简单的分类任务。由于 NLTK 中内置了一些统计学习函数，所以操作并不复杂。比如，借助内置的 names 语料库，可以通过朴素贝叶斯分类来判断一个输入的名字是男名还是女名，见例 6-1。

【例 6-1】 NLTK 使用朴素贝叶斯分类判断姓名对应的性别。

```
def gender_feature(name):
    return {'first_letter': name[0],
            'last_letter': name[-1],
            'mid_letter': name[len(name) // 2]}
    # 提取姓名中的首字母、中位字母、末尾字母为特征


import nltk
import random
from nltk.corpus import names

# 获取名字-性别的数据列表
male_names = [(name, 'male') for name in names.words('male.txt')]
female_names = [(name, 'female') for name in names.words('female.txt')]
names_all = male_names + female_names
random.shuffle(names_all)

# 生成特征集
feature_set = [(gender_feature(n), g) for (n, g) in names_all]
```

```
# 拆分为训练集和测试集
train_set_size = int(len(feature_set) * 0.7)
train_set = feature_set[:train_set_size]
test_set = feature_set[train_set_size:]

classifier = nltk.NaiveBayesClassifier.train(train_set)
for name in ['Ann','Sherlock','Cecilia']:
    print('{}:\t{}'.format(name,classifier.classify(gender_feature(name))))
```

程序中使用"Ann"(女名)、"Sherlock"(男名)、"Cecilia"(女名)作为输入,输出为:

```
Ann:        female
Sherlock:   male
Cecilia:    female
```

最后,使用 classifier.show_most_informative_features()方法可以查看影响最大的一些特征值,部分输出如下。

```
Most Informative Features
         mid_letter = 'w'              male : female =      5.8 : 1.0
       first_letter = 'W'              male : female =      4.7 : 1.0
       first_letter = 'U'              male : female =      3.3 : 1.0
         mid_letter = 'f'              male : female =      2.9 : 1.0
```

可见,通过简单的训练,已经获得了相对满意的预测结果。

最后要说明的是,NLTK 在文本分析和自然语言处理方面拥有很丰富的沉淀,语料也支持用户定义和编辑。如上所述,NLTK 在配合一些统计学习方法(这里可以笼统地称之为"机器学习")处理文本时能获得非常好的效果,上面的姓名-性别分类就是一个小例子。统计学习方法涉及的数学知识和 Python 工具较为复杂,已经超出了本书的讨论范围,在此就不再赘述了。NLTK 还有很多其他功能,包括分块、实体识别等,都可以帮助人们获得更多、更丰富的文本挖掘结果。

6.2 数据处理与科学计算

6.2.1 从 MATLAB 到 Python

MATLAB 是什么?官方说法是,"MATLAB 是一种用于算法开发、数据分析、数据可视化以及数值计算的高级技术计算语言和交互式环境"(官网介绍见图 6-11)。MATLAB 凭借着在科学计算与数据分析领域强大的表现,被学术界和工业界接纳为主流的技术工具。不过,MATLAB 也有一些劣势。首先是价格,与 Python 这种下载即用的语言不同,MATLAB 软件的正版价格不菲,这一点导致其受众并不十分广泛。其次,MATLAB 的可移植性与可扩展性都不强,比起在这方面得天独厚的 Python,可以说是没有任何长处。随着 Python 语言的发展，由于其简洁和易于编码的特性，使用 Python 进行科研和数据分析的人越来越多。另外，由于 Python 活跃的开发者社区和日新月异的第三方扩展库市场，Python 在这一领域也逐渐与 MATLAB 并驾齐驱，成为中流砥柱。Python 中用于这方面的著名工具如下所列。

- NumPy。这个库提供了很多关于数值计算的工具，如矢量与矩阵处理，以及精密的计算。
- SciPy。科学计算函数库，包括线性代数模块、统计学常用函数、信号和图像处理等。
- Pandas。Pandas 可以视为 NumPy 的扩展包，在 NumPy 的基础上提供了一些标准的数据模型（比如二维数组）和实用的函数（方法）。
- Matplotlib。有可能是 Python 中最负盛名的绘图工具，模仿 MATLAB 的绘图包。

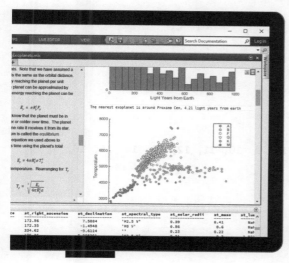

图 6-11　MATLAB 官网中的介绍

作为一门通用的程序语言，Python 比 MATLAB 的应用范围更广泛，有更多程序库（尤其是一些十分实用的第三方库）的支持。这里就以 Python 中常用的科学计算与数值分析库为例，简单介绍一下 Python 在这个方面的一些应用方法。篇幅所限，此处将注意力主要放在 NumPy、Pandas 和 Matplotlib 这三个最为基础的工具上。

6.2.2　NumPy

NumPy 这个名字一般被认为是 "numeric python" 的缩写，它的使用方法和使用其他库一样。使用中还可以在 import 扩展模块时给它起一个 "外号"，就像这样：

```
import numpy as np
```

NumPy 中的基本操作对象是 ndarray，与原生 Python 中的 list（列表）和 array（数组）不同，ndarray 的名字就暗示了这是一个 "多维" 的对象。首先创建一个这样的 ndarray：

```
raw_list = [i for i in range(10)]
a = numpy.array(raw_list)
pr(a)
```

输出为：array([0, 1, 2, 3, 4, 5, 6, 7, 8, 9])，这只是一个一维的数组。

还可以使用 arange() 方法完成等效的构建过程（提醒一下，Python 中的计数是从 0 开始的），之后，通过函数 reshape() 重新构造这个数组。例如，可以构造一个三维数组，其中 reshape() 的参数表示各维度的大小，且按各维顺序排列：

```
from pprint import pprint as pr
a = numpy.arange(20) # 构造一个数组
pr(a)
a = a.reshape(2,2,5)
pr(a)
pr(a.ndim)
pr(a.size)
pr(a.shape)
pr(a.dtype)
```

输出为：

```
array([ 0,  1,  2,  3,  4,  5,  6,  7,  8,  9, 10, 11, 12, 13, 14, 15, 16,
       17, 18, 19])
array([[[ 0,  1,  2,  3,  4],
        [ 5,  6,  7,  8,  9]],

       [[10, 11, 12, 13, 14],
        [15, 16, 17, 18, 19]]])
3
20
(2, 2, 5)
dtype('int32')
```

上面通过 reshape() 方法将原来的数组构造成了 2*2*5 的数组（三个维度），之后，还可进一步查看 a（ndarray 对象）的相关属性：ndim 表示数组的维度；shape 属性则为各维度的大小；size 属性表示数组中全部元素的个数（等于各维度大小的乘积）；dtype 表示数组中元素的数据类型。

创建数组的方法比较多样，可以直接以列表（list）对象为参数创建，还可以通过一些特殊的方式创建，np.random.rand() 就会创建一个 0~1 区间内的随机数组：

```
a = numpy.random.rand(2,4)
pr(a)
```

输出为：

```
array([[ 0.61546266,  0.51861284,  0.04923905,  0.84436196],
       [ 0.98089299,  0.21496841,  0.23208293,  0.81651831]])
```

ndarray 也支持四则运算：

```
a = numpy.array([[1, 2], [2, 4]])
b = numpy.array([[3.2, 1.5], [2.5, 4]])
pr(a+b)
pr((a+b).dtype)
pr(a-b)
pr(a*b)
pr(10*a)
```

上面代码演示了 ndarray 对象基本的数学运算，其输出为：

```
array([[ 4.2,  3.5],
       [ 4.5,  8. ]])
dtype('float64')
array([[-2.2,  0.5],
       [-0.5,  0. ]])
array([[ 3.2,  3. ],
       [ 5. , 16. ]])
array([[10, 20],
       [20, 40]])
```

在两个 ndarray 做运算时要求维度满足一定条件（比如加减时维度相同），另外，a+b 的结果作为一个新的 ndarray，其数据类型已经变为 float64，这是因为 b 数组的类型为浮点，在执行加法时 a 自动转换成了浮点类型。

另外，ndarray 还提供了十分方便的求和、找最大\最小值的方法：

```
ar1 = numpy.arange(20).reshape(5,4)
pr(ar1)
pr(ar1.sum())
pr(ar1.sum(axis=0))
pr(ar1.min(axis=0))
pr(ar1.max(axis=1))
```

"axis=0"表示按行，"axis=1"表示按列。输出结果为：

```
array([[ 0,  1,  2,  3],
       [ 4,  5,  6,  7],
       [ 8,  9, 10, 11],
       [12, 13, 14, 15],
       [16, 17, 18, 19]])
190
array([40, 45, 50, 55])
```

```
array([0, 1, 2, 3])
array([ 3,  7, 11, 15, 19])
```

众所周知,在科学计算中常常用到矩阵的概念,NumPy 中也提供了基础的矩阵对象(numpy.matrixlib.defmatrix.matrix)。矩阵和数组的不同之处在于,矩阵一般是二维的,而数组却可以是任意维度(正整数)。另外,矩阵进行的乘法是真正的矩阵乘法(数学意义上的),而数组中的"*"则只是将每一对应元素的数值相乘。

创建矩阵对象也非常简单,可以通过 asmatrix()方法把 ndarray 转换为矩阵。

```
ar1 = numpy.arange(20).reshape(5,4)
pr(numpy.asmatrix(ar1))
mt = numpy.matrix('1 2; 3 4',dtype=float)
pr(mt)
pr(type(mt))
```

输出为:

```
matrix([[ 0,  1,  2,  3],
        [ 4,  5,  6,  7],
        [ 8,  9, 10, 11],
        [12, 13, 14, 15],
        [16, 17, 18, 19]])
matrix([[ 1.,  2.],
        [ 3.,  4.]])
<class 'numpy.matrixlib.defmatrix.matrix'>
```

对两个符合要求的矩阵可以进行乘法运算:

```
mt1 = numpy.arange(0,10).reshape(2,5)
mt1 = numpy.asmatrix(mt1)
mt2 = numpy.arange(10,30).reshape(5,4)
mt2 = numpy.asmatrix(mt2)
mt3 = mt1 * mt2
pr(mt3)
```

输出为:

```
matrix([[220, 230, 240, 250],
        [670, 705, 740, 775]])
```

访问矩阵中的元素仍然使用类似于列表索引的方式:

```
pr(mt3[[1],[1,3]])
```

输出为:

```
matrix([[705, 775]])
```

第 6 章 数据的进一步处理

对于二维数组以及矩阵,还可以进行一些更为特殊的操作,具体包括转置、求逆、求特征向量等:

```
import numpy.linalg as lg
a = numpy.random.rand(2,4)
pr(a)
a = numpy.transpose(a) # 转置数组
pr(a)
b = numpy.arange(0,10).reshape(2,5)
b = numpy.mat(b)
pr(b)
pr(b.T) # 转置矩阵
```

上面代码的输出为:

```
array([[ 0.73566352,  0.56391464,  0.3671079 ,  0.50148722],
       [ 0.79284278,  0.64032832,  0.22536172,  0.27046815]])
array([[ 0.73566352,  0.79284278],
       [ 0.56391464,  0.64032832],
       [ 0.3671079 ,  0.22536172],
       [ 0.50148722,  0.27046815]])
import numpy.linalg as lg

a = numpy.arange(0,4).reshape(2,2)
a = numpy.mat(a) # 将数组构造为矩阵(方阵)
pr(a)
ia = lg.inv(a) # 矩阵求逆
pr(ia)
pr(a*ia) # 验证 ia 是否为 a 的逆矩阵,相乘结果应该为单位矩阵
eig_value, eig_vector = lg.eig(a) # 求特征值与特征向量
pr(eig_value)
pr(eig_vector)
```

上面代码的输出为:

```
matrix([[0, 1],
        [2, 3]])
matrix([[-1.5,  0.5],
        [ 1. ,  0. ]])
matrix([[ 1.,  0.],
        [ 0.,  1.]])
array([-0.56155281,  3.56155281])
matrix([[-0.87192821, -0.27032301],
        [ 0.48963374, -0.96276969]])
```

另外,可以对二维数组进行拼接操作,包括横纵两种拼接方式:

```
import numpy as np
```

```
a = np.random.rand(2,2)
b = np.random.rand(2,2)
pr(a)
pr(b)
c = np.hstack([a,b])
d = np.vstack([a,b])
pr(c)
pr(d)
```

输出为:

```
array([[ 0.39433009,  0.61635481],
       [ 0.90390343,  0.58251318]])
array([[ 0.48100629,  0.89721558],
       [ 0.07523263,  0.33338738]])
array([[ 0.39433009,  0.61635481,  0.48100629,  0.89721558],
       [ 0.90390343,  0.58251318,  0.07523263,  0.33338738]])
array([[ 0.39433009,  0.61635481],
       [ 0.90390343,  0.58251318],
       [ 0.48100629,  0.89721558],
       [ 0.07523263,  0.33338738]])
```

最后，可以使用布尔屏蔽（boolean mask）来筛选需要的数组元素并绘图:

```
import matplotlib.pyplot as plt
a = np.linspace(0, 2 * np.pi, 100)
b = np.cos(a)
plt.plot(a,b)
mask = b >= 0.5
plt.plot(a[mask], b[mask], 'ro')
mask = b <= - 0.5
plt.plot(a[mask], b[mask], 'bo')
plt.show()
```

最终的绘图效果如图 6-12 所示。

6.2.3 Pandas

Pandas 一般被认为是基于 NumPy 设计的，由于其丰富的数据对象和强大的函数功能，Pandas 成为数据分析与 Python 结合的最好范例之一。Pandas 中主要的高级数据结构是 Series 和 DataFrame，帮助人们用 Python 更为方便简单地处理数据，其受众也愈发广泛。

由于一般需要配合 NumPy 使用，因此可以这样导入两个模块:

```
import pandas
import numpy as np
```

```
from pandas import Series, DataFrame
```

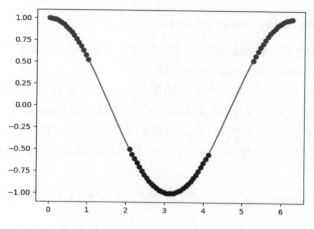

图 6-12　结合 Numpy 与 Matplotlib 绘图

Series 可以看作一般的数组（一维数组），不过，Series 这个数据类型具有索引（index），这是与普通数组十分不同的一点：

```
s = Series([1,2,3,np.nan,5,1]) # 从 list 创建
print(s)

a = np.random.randn(10)
s = Series(a, name='Series 1') # 指明 Series 的 name
print(s)

d = {'a': 1, 'b': 2, 'c': 3}
s = Series(d,name='Series from dict') # 从 dict 创建
print(s)

s = Series(1.5, index=['a','b','c','d','e','f','g']) # 指明 index
print(s)
```

需要注意的是，如果在使用字典创建 Series 时指定 index，那么 index 的长度要和数据（数组）的长度相等。如果不相等，会用 NaN 填补，类似这样：

```
d = {'a': 1, 'b': 2, 'c': 3}
s = Series(d,name='Series from dict',index=['a','c','d','b']) # 从 dict 创建
print(s)
```

输出为：

```
a    1.0
c    3.0
```

```
d    NaN
b    2.0
Name: Series from dict, dtype: float64
```

注意,这里索引的顺序是和创建时索引的顺序一致的,"d"索引是"多余的",因此被分配了 NaN(not a number,表示数据缺失)值。

当创建 Series 时的数据只是一个恒定的数值时,会为所有索引分配该值,因此,"s = Series(1.5, index=['a','b','c','d','e','f','g'])"会创建一个所有索引都对应 1.5 的 Series。另外,如果需要查看 index 或者 name,可以使用 Series.index 或 Series.name 来访问。

访问 Series 的数据仍然是使用类似列表的下标方法,或者是直接通过索引名访问。不同的访问方式包括:

```
s = Series(1.5, index=['a','b','c','d','e','f','g']) # 指明 index
print(s[1:3])
print(s['a':'e'])
print(s[[1,0,6]])
print(s[['g','b']])
print(s[s < 1])
```

输出为:

```
b    1.5
c    1.5
dtype: float64
a    1.5
b    1.5
c    1.5
d    1.5
e    1.5
dtype: float64
b    1.5
a    1.5
g    1.5
dtype: float64
g    1.5
b    1.5
dtype: float64
Series([], dtype: float64)
```

想要单纯访问数据值的话,使用 values 属性:

```
print(s['a':'e'].values)
```

输出为:

```
[ 1.5  1.5  1.5  1.5  1.5]
```

第 6 章 数据的进一步处理

除了 Series，Pandas 中另一个基础的数据结构就是 DataFrame。粗略地说，DataFrame 是将一个或多个 Series 按列逻辑合并后的二维结构，也就是说，每一列单独取出来是一个 Series。DataFrame 这种结构听起来很像是 MySQL 数据库中的表（table）结构。代码中仍然可以通过字典（dict）来创建一个 DataFrame，比如通过一个值是列表的字典来创建：

```
d = {'c_one': [1., 2., 3., 4.], 'c_two': [4., 3., 2., 1.]}
df = DataFrame(d, index=['index1', 'index2', 'index3', 'index4'])
print(df)
```

输出：

```
        c_one  c_two
index1    1.0    4.0
index2    2.0    3.0
index3    3.0    2.0
index4    4.0    1.0
```

但其实，从 DataFrame 的定义出发，应该从 Series 结构来创建。DataFrame 有一些基本的属性可供访问：

```
d = {'one': Series([1., 2., 3.], index=['a', 'b', 'c']),
     'two': Series([1, 2, 3, 4], index=['a', 'b', 'c', 'd'])}
df = DataFrame(d)
print(df)
print(df.index)
print(df.columns)
print(df.values)
```

输出为：

```
   one  two
a  1.0    1
b  2.0    2
c  3.0    3
d  NaN    4
Index(['a', 'b', 'c', 'd'], dtype='object')
Index(['one', 'two'], dtype='object')
[[  1.   1.]
 [  2.   2.]
 [  3.   3.]
 [ nan   4.]]
```

由于 "one" 这一列对应的 Series 数据个数少于 "two" 这一列，因此其中有一个 NaN 值，表示数据空缺。

创建 DataFrame 的方式多种多样，还可以通过二维的 ndarray 来直接创建：

```
d = DataFrame(np.arange(10).reshape(2,5),columns=['c1','c2','c3','c4','c5'],index=['i1','i2'])
print(d)
```

输出为:

```
    c1  c2  c3  c4  c5
i1   0   1   2   3   4
i2   5   6   7   8   9
```

也可以将各种方式结合起来去创建 DataFrame。利用 describe() 方法可以获得 DataFrame 的一些基本特征信息：

```
df2 = DataFrame({ 'A' : 1., 'B': pandas.Timestamp('20120110'), 'C': Series(3.14, index=list(range(4))), 'D' : np.array([4] * 4, dtype='int64'), 'E' : 'This is E' })
print(df2)
print(df2.describe())
```

输出为:

```
     A          B     C  D          E
0  1.0 2012-01-10  3.14  4  This is E
1  1.0 2012-01-10  3.14  4  This is E
2  1.0 2012-01-10  3.14  4  This is E
3  1.0 2012-01-10  3.14  4  This is E
         A     C    D
count  4.0  4.00  4.0
mean   1.0  3.14  4.0
std    0.0  0.00  0.0
min    1.0  3.14  4.0
25%    1.0  3.14  4.0
50%    1.0  3.14  4.0
75%    1.0  3.14  4.0
max    1.0  3.14  4.0
```

DataFrame 中包括了两种形式的排序。一种是按行列排序，即按照索引（行名）或者列名进行排序。指定 axis=0 表示按索引（行名）排序，指定 axis=1 表示按列名排序，并可指定升序或降序。第二种排序是按值排序，同样，也可以自由指定列名和排序方式：

```
d = {'c_one': [1., 2., 3., 4.], 'c_two': [4., 3., 2., 1.]}
df = DataFrame(d, index=['index1', 'index2', 'index3', 'index4'])
print(df)
print(df.sort_index(axis=0,ascending=False))
print(df.sort_values(by='c_two'))
print(df.sort_values(by='c_one'))
```

第 6 章 数据的进一步处理

在 DataFrame 中访问（以及修改）数据的方法也非常多样化，最基本的是使用类似列表索引的方式：

```
dates = pd.date_range('20140101', periods=6)
df = pd.DataFrame(np.arange(24).reshape((6,4)),index=dates, columns=['A','B','C','D'])
print(df)
print(df['A']) # 访问 A 列
print(df.A) # 同上，另外一种方式
print(df[0:3]) # 访问前三行
print(df[['A','B','C']]) # 访问前三列
print(df['A']['2014-01-02']) # 按列名行名访问元素
```

除此之外，还有很多更复杂的访问方法，主要如下。

```
print(df.loc['2014-01-03']) # 按照行名访问
print(df.loc[:,['A','C']]) # 访问所有行中的 A、C 两列
print(df.loc['2014-01-03',['A','D']]) # 访问 '2014-01-03' 行中的 A 和 D 列
print(df.iloc[0,0]) # 按照下标访问，访问第 1 行第 1 列元素
print(df.iloc[[1,3],1]) # 按照下标访问，访问第 2、4 行的第 2 列元素
print(df.ix[1:3,['B','C']]) # 混合索引名和下标两种访问方式，访问第 2 到第 3 行的 B、C 两列
print(df.ix[[0,1],[0,1]]) # 访问前两行前两列的元素（共 4 个）
print(df[df.B>5]) # 访问 B 列所有数值大于 5 的数据
```

对于 DataFrame 中的 NaN 值，Pandas 也提供了实用的处理方法。为了演示对 NaN 的处理，首先为目前的 DataFrame 添加 NaN 值：

```
df['E'] = pd.Series(np.arange(1,7),index=pd.date_range('20140101',periods=6))
df['F'] = pd.Series(np.arange(1,5),index=pd.date_range('20140102',periods=4))
print(df)
```

这时的 df 是：

```
             A   B   C   D  E    F
2014-01-01   0   1   2   3  1  NaN
2014-01-02   4   5   6   7  2  1.0
2014-01-03   8   9  10  11  3  2.0
2014-01-04  12  13  14  15  4  3.0
2014-01-05  16  17  18  19  5  4.0
2014-01-06  20  21  22  23  6  NaN
```

接着通过 dropna()（丢弃 NaN 值，可以选择按行或按列丢弃）和 fillna() 方法来处理（填充 NaN 部分）：

```
print(df.dropna())
```

```
print(df.dropna(axis=1))
print(df.fillna(value='Not NaN'))
```

两个 DataFrame 可以进行拼接（或者说合并），拼接时可以指定一些参数：

```
df1 = pd.DataFrame(np.ones((4,5))*0, columns=['a','b','c','d','e'])
df2 = pd.DataFrame(np.ones((4,5))*1, columns=['A','B','C','D','E'])
pd3 = pd.concat([df1,df2],axis=0) # 按行拼接
print(pd3)
pd4 = pd.concat([df1,df2],axis=1) # 按列拼接
print(pd4)
pd3 = pd.concat([df1,df2],axis=0,ignore_index=True) # 拼接时丢弃原来的 index
print(pd3)
pd_join = pd.concat([df1,df2],axis=0,join='outer') # 类似 SQL 中的外连接
print(pd_join)
pd_join = pd.concat([df1,df2],axis=0,join='inner') # 类似 SQL 中的内连接
print(pd_join)
```

对于"拼接"，其实还有另一种方法"append"，不过 append()和 concat()之间有一些小差异，有兴趣的读者可以做进一步了解，这里不再赘述。最后，要提到的是 Pandas 自带的绘图功能（其中导入 Matplotlib 只是为了使用 show()方法显示图表）：

```
from matplotlib import pyplot as plt

df = DataFrame(abs(np.random.randn(4,5)),
               columns=['Students','Doctors','Teachers','Drivers','Trader'],
               index = ['Beijing','Shanghai','Hangzhou','Shenzhen'])
df.plot(kind='bar')
plt.show()
```

绘图结果如图 6-13 所示。

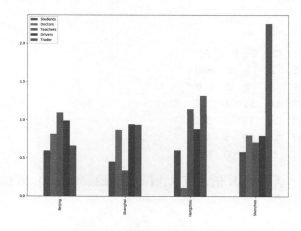

图 6-13　绘制 DataFrame 柱状图

6.2.4 Matplotlib

matplotlib.pyplot 是 Matplotlib 中最常用的模块，几乎就是一个从 MATLAB 的风格"迁移"过来的 Python 工具包。不同绘图函数对应不同功能，比如创建图形、创建绘图区域、设置绘图标签等。

```
from matplotlib import pyplot as plt
import numpy as np

x = np.linspace(-np.pi, np.pi)
plt.plot(x,np.cos(x), color='red')
plt.show()
```

这就是一段最基本的绘图代码，plot() 方法会进行绘图工作，然后还需要使用 show() 方法将图表显示出来。最终的绘制结果如图 6-14 所示。

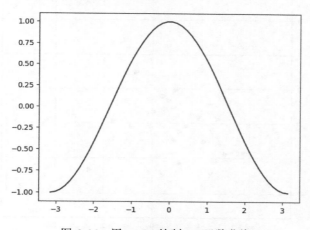

图 6-14　用 pyplot 绘制 cos 函数曲线

在绘图时，可以通过一些参数设置图表的样式，比如颜色可以使用英文字母（表示对应颜色）、RGB 数值、十六进制颜色等方式来设置，线条样式可设置为"：" （表示点状线）、"-"（表示实线）等，点样式还可设置为"."（表示圆点）、"s"（方形）、"o"（圆形）等。这三种默认提供的样式可以进行组合设置，这里使用一个参数字符串，第一个字母为颜色，第二个字符为线条样式，最后是点样式：

```
x = np.linspace(0, 2*np.pi, 50)
plt.plot(x, np.sin(x),'c:',
        x, np.sin(x-np.pi/2),'b-.')
plt.show()
```

另外，还可以添加 x、y 轴标签、函数标签、图表名称等，效果如图 6-15 所示。

```
x=np.random.randn(20)
```

```
y=np.random.randn(20)
x1=np.random.randn(40)
y1=np.random.randn(40)
# 绘制散点图
plt.scatter(x,y,s=50,color='b',marker='<',label='S1') # s 表示散点尺寸
plt.scatter(x1,y1,s=50,color='y',marker='o',alpha=0.2,label='S2')  # alpha 表示透明度
plt.grid(True) # 为图表打开网格效果
plt.xlabel('x axis')
plt.ylabel('y axis')
plt.legend() # 显示图例
plt.title('My Scatter')
plt.show()
```

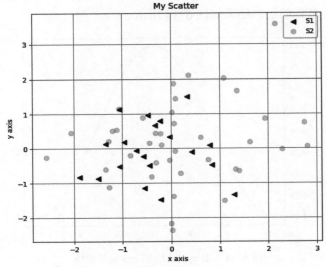

图 6-15　为散点图添加标签与名称

为了在一张图表中使用子图，需要添加一个额外的语句：在调用 plot() 函数之前先调用 subplot()。该函数的第一个参数代表子图的总行数，第二个参数代表子图的总列数，第三个参数代表子图的活跃区域。绘图效果如图 6-16 所示。

```
x = np.linspace(0, 2 * np.pi, 50)
plt.subplot(2, 2, 1)
plt.plot(x, np.sin(x), 'b',label='sin(x)')
plt.legend()
plt.subplot(2, 2, 2)
plt.plot(x, np.cos(x), 'r',label='cos(x)')
plt.legend()
plt.subplot(2, 2, 3)
```

```python
plt.plot(x, np.exp(x), 'k',label ='exp(x)')
plt.legend()
plt.subplot(2, 2, 4)
plt.plot(x, np.arctan(x), 'y',label='arctan(x)')
plt.legend()
plt.show()
```

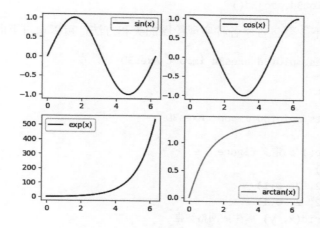

图 6-16 绘制子图

另外几种常用的图表绘图方式如下。

```python
# 条形图
x=np.arange(12)
y=np.random.rand(12)
labels=['Jan','Feb','Mar','Apr','May','Jun','Jul','Aug','Sep','Oct','Nov','Dec']
plt.bar(x,y,color='blue',tick_label=labels) # 条形图（柱状图）
# plt.barh(x,y,color='blue',tick_label=labels) # 横条
plt.title('bar graph')
plt.show()


# 饼图
size=[20,20,20,40] # 各部分占比
plt.axes(aspect=1)
explode=[0.02,0.02,0.02,0.05] # 突出显示
plt.pie(size,labels=['A','B','C','D'],autopct='%.0f%%',explode=explode,shadow=True)
plt.show()

# 直方图
x = np.random.randn(1000)
plt.hist(x, 200)
plt.show()
```

最后要提到的是 3D 绘图功能。绘制三维图像主要通过 mplot3d 模块来实现，它主要包含四个大类：

```
mpl_toolkits.mplot3d.axes3d()
mpl_toolkits.mplot3d.axis3d()
mpl_toolkits.mplot3d.art3d()
mpl_toolkits.mplot3d.proj3d()
```

其中，axes3d() 下主要包含了各种实现绘图的类和方法，可以通过下面的语句导入。

```
from mpl_toolkits.mplot3d.axes3d import Axes3D
```

导入后开始绘图：

```
from mpl_toolkits.mplot3d import Axes3D

fig = plt.figure() # 定义 figure
ax = Axes3D(fig)
x = np.arange(-2, 2, 0.1)
y = np.arange(-2, 2, 0.1)
X, Y = np.meshgrid(x, y) # 生成网格数据
Z = X**2 + Y**2
ax.plot_surface(X, Y, Z ,cmap = plt.get_cmap('rainbow')) # 绘制 3D 曲面
ax.set_zlim(-1, 10) # Z 轴区间
plt.title('3d graph')
plt.show()
```

运行代码后绘制出的图表如图 6-17 所示。

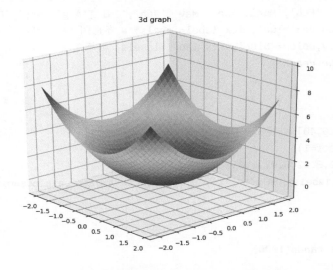

图 6-17　3D 绘图下的 z＝x^2+y^2 函数曲线

Matplotlib 中还有很多实用的工具和细节用法（如等高线图、图形填充、图形标记等），读者在有需求的时候查询其用法和 API 即可。掌握上面的内容即可绘制一些基础的图表，以便于进一步的数据分析或者数据可视化应用。如果需要更多图表样例，可以参考官方页面：https://matplotlib.org/gallery.html，其中提供了十分丰富的图表示例。

6.2.5 SciPy 与 SymPy

SciPy 也是基于 NumPy 的库，它包含众多数学、科学工程计算中常用的函数，例如线性代数、常微分方程数值求解、信号处理、图像处理、稀疏矩阵等。SymPy 是数学符号计算库，可以进行数学公式的符号推导，比如求定积分：

```
from sympy import integrate
from sympy.abc import a,x,y
a = integrate(x,
              (x,0,2.0)
              )
print(a) # 输出为 2.0
```

Scipy 和 SymPy 在信号处理、概率统计等方面还有其他更复杂的应用，已超出本书主题范围，在此就不做讨论了。

6.3 本章小结

Python 在数据挖掘和科学计算等领域发展十分迅猛，除了本章中关注的文本分析和数据统计等领域，它还可以对抓取到的多媒体数据进行处理（比如使用 Python 中的图像处理包进行一些基本的处理）。另外，Python 与机器学习的紧密结合使得在大量数据集上进行高准确度、高智能化的分析成为可能。下一章的介绍将回到抓取本身，讨论更多的抓取思路和方式。

第 7 章
更灵活的爬虫

有些时候，一个小小的爬虫程序的出发点可能并不是抓取某些"网页"上的信息，而是"曲线救国"，将本无法通过爬虫解决的需求转化为爬虫问题。爬虫程序本身就是十分灵活的，只要结合合适的应用场景和开发工具，就能获得意想不到的效果。本章将拓宽思路，从各个角度讨论爬虫程序的更多可能性，讲解新的网页数据定位工具，并介绍在线爬虫平台和爬虫部署等各个方面的内容。

7.1 更灵活的爬虫——以微信数据抓取为例

7.1.1 用 Selenium 抓取 Web 微信信息

微信群聊功能是微信中十分常用的一个功能，但与 QQ 不同的是，微信群聊并没有显示群成员性别比例的选项，开发者如果对所在群聊的成员性别分布感兴趣，就无法得到直观的（类似图 7-1 所示）的信息。对于人数很少的群，可以自行统计，但如果群成员太多，那就很难方便地得到性别分布结果。这个问题也可以使用一种灵活的爬虫方法来解决：利用微信的网页端版本，通过 Selenium 操控浏览器，解析其中的群成员信息来进行成员性别的分析。

首先疏理一下整体思路：通过 Selenium 访问网页版微信（wx.qq.com），在网页中打开群聊并查看其成员头像，通过头像旁的性别分类图标来完成对群成员性别的统计，最终通过统计出的数据来绘制性别比例图。

在 Selenium 访问 wx.qq.com 时，首先需要扫码登录，登录成功后还要调出想要统计的群聊子页面，这些操作都需要时间，因此在抓取正式开始之前，需要让程序等待一段时间，其最简单的实现方法就是使用 time.sleep()方法。

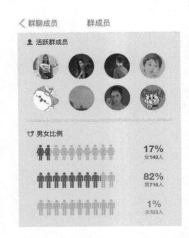

图 7-1 查看 QQ 群成员性别比例

第 7 章 更灵活的爬虫

通过 Chrome 工具分析网页，可以发现群成员头像的 XPath 路径都是类似于 "//*[@id="mmpop_chatroom_members"]/div/div/div[1]/div[3]/img" 这样的格式。通过 XPath 定位元素后，通过 click()方法模拟一次单击，之后再定位成员的性别图标，便能够获取性别信息，将这些数据保存在 dict 结构的变量中（由于网页版微信的更新，读者在分析网页时得到的 XPath 可能与上面不一致，但整个爬取的框架与例 7-1 是一致的。对于变更了的网页，进行一些细节上的修改即可得到新的程序）。最终，再通过已保存的 dict 数据绘图，见例 7-1。

【例 7-1】 WechatSelenium.py，使用 Selenium 工具分析微信群成员的性别。

```python
from selenium import webdriver
import selenium.webdriver, time, re
from selenium.common.exceptions import WebDriverException
import logging
import matplotlib.pyplot as pyplot
from collections import Counter

path_of_chromedriver = 'your path of chromedriver'
driver = webdriver.Chrome(executable_path=path_of_chromedriver)
logging.getLogger().setLevel(logging.DEBUG)

if __name__ == '__main__':

  try:
    driver.get('https://wx.qq.com')
    time.sleep(20)  # waiting for scanning QRcode and open the GroupChat page
    logging.debug('Starting traking the webpage')
    group_elem = driver.find_element_by_xpath('//*[@id="chatArea"]/div[1]/div[2]/div/span')
    group_elem.click()
    group_num = int(str(group_elem.text)[1:-1])
    # group_num = 64
    logging.debug('Group num is {}'.format(group_num))

    gender_dict = {'MALE': 0, 'FEMALE': 0, 'NULL': 0}
    for i in range(2, group_num + 2):
      logging.debug('Now the {}th one'.format(i-1))
      icon = driver.find_element_by_xpath('//*[@id="mmpop_chatroom_members"]/div/div/div[1]/div[%s]/img' % i)
      icon.click()
      gender_raw = driver.find_element_by_xpath('//*[@id="mmpop_profile"]/div/div[2]/div[1]/i').get_attribute('class')
      if 'women' in gender_raw:
        gender_dict['FEMALE'] += 1
```

```
      elif 'men' in gender_raw:
        gender_dict['MALE'] += 1
      else:
        gender_dict['NULL'] += 1

      myicon = driver.find_element_by_xpath('/html/body/div[2]/div/div[1]/div[1]/div[1]/img')
      logging.debug('Now click my icon')
      myicon.click()
      time.sleep(0.7)
      logging.debug('Now click group title')
      group_elem.click()
      time.sleep(0.3)

    print(gender_dict)
    print(gender_dict.items())
    counts = Counter(gender_dict)

    pyplot.pie([v for v in counts.values()],
               labels=[k for k in counts.keys()],
               pctdistance=1.1,
               labeldistance=1.2,
               autopct='%1.0f%%')
    pyplot.show()

  except WebDriverException as e:
    print(e.msg)
```

在上面的代码中需要解释的主要是 Matplotlib 的使用和 Counter 这个对象。pyplot 是 Matplotlib 的一个子模块，这个模块提供了和 MATLAB 类似的绘图 API，可以使得用户快捷地绘制二维图表。其中一些主要参数的意义如下。

- labels：定义饼图的标签（文本列表）。
- labeldistance：文本的位置离圆心有多远，比如 1.1 就指 1.1 倍半径的位置。
- autopct：百分比文本的格式。
- shadow：饼是否有阴影。
- pctdistance：百分比形式的文本离圆心的距离。
- startangle：开始绘制的角度。默认是从 x 轴正方向逆时针旋转的角度，一般会设定为 90°，即从 y 轴正方向画起。
- radius：饼图半径。

Counter 可以用来跟踪值出现的次数，这是一个无序的容器类型，它以字典的键值对形式存储计数结果，其中元素作为 key，其计数（出现次数）作为 value，计数值可以是任意非负整数。Counter 的常用方法如下：

第 7 章　更灵活的爬虫

```python
from collections import Counter

# 以下是几种初始化 Counter 的方法
c = Counter()  # 创建一个空的 Counter 对象
print(c)
c = Counter(
  ['Mike','Mike','Jack','Bob','Linda','Jack','Linda']
)  # 从一个可迭代对象（list、tuple、字符串等）创建
print(c)
c = Counter({'a': 5, 'b': 3})  # 从一个字典对象创建
print(c)
c = Counter(A=5, B=3, C=10)  # 从一组键值对创建
print(c)

# 获取一段文字中出现频率前 10 的字符
s = 'I love you, I like you, I need you'.lower()
ct = Counter(s)
print(ct.most_common(3))

# 返回一个迭代器。元素被重复了多少次，在该迭代器中就包含多少个该元素
print(list(ct.elements()))

# 使用 Counter 对文件计数
with open('tobecount', 'r') as f:
    line_count = Counter(f)
print(line_count)
```

上面代码的输出是：

```
Counter()
Counter({'Mike': 2, 'Jack': 2, 'Linda': 2, 'Bob': 1})
Counter({'a': 5, 'b': 3})
Counter({'C': 10, 'A': 5, 'B': 3})
[(' ', 8), ('i', 4), ('o', 4)]
['i', 'i', 'i', 'i', ' ', ' ', ' ', ' ', ' ', ' ', ' ', ' ', 'l', 'l', 'o', 'o', 'o', 'o', 'v', 'e', 'e', 'e', 'e', 'y', 'y', 'y', 'u', 'u', 'u', ',', ',', 'k', 'n', 'd']
Counter({'dog\n': 3, 'cat\n': 2, 'whale\n': 2, 'lion\n': 1, 'tiger\n': 1, 'dolphin\n': 1, 'cat': 1})
```

【提示】 collections 模块是 Python 的一个内置模块，其中包含了 dict、set、list、tuple 以外的一些特殊的容器类型，比如：

- OrderedDict 类：有序字典，是字典的子类。
- namedtuple()函数：命名元组，是一个工厂函数。

- Counter 类：计数器，是字典的子类。
- deque：双向队列。
- defaultdict：使用工厂函数创建字典，带有默认值。

运行例 7-1 的 Selenium 抓取程序并扫码登录微信，打开希望统计分析的群聊页面，等待程序运行完毕后，就会看到图 7-2 所示的饼图，图中显示了当前群聊的性别比例，实现了和 QQ 群类似的效果。

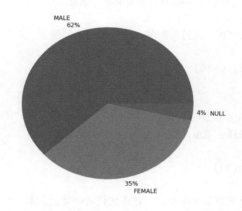

图 7-2　pyplot 绘制的微信群成员性别分布饼图

7.1.2　基于 Python 的微信 API 工具

虽然上面的程序实现了想要达到的目的，但总体来看来还很简陋，如果需要对微信中的其他数据进行分析，就很可能需要重构绝大部分代码。另外使用 Selenium 模拟浏览器的速度毕竟很慢，如果结合微信提供的开发者 API，就可以达到更好的效果。如果能够直接访问 API，这个时候的"爬虫"抓取的就是纯粹的网络通信信息，而不是网页的元素了。

itchat 是一个简洁高效的开源微信个人号接口库，仍然是通过 pip 安装（当然，也可以直接在 PyCharm 中使用 GUI 安装）。itchat 的设计非常简便，比如使用 itchat 给微信文件助手发信息：

```
import itchat
itchat.auto_login()
itchat.send('Hello', toUserName='filehelper')
```

auto_login()方法即微信登录，可附带 hotReload 参数和 enableCmdQR 参数。如果设置为 true 即分别开启短期免登录和命令行显示二维码功能。具体来说，如果给 auto_login()方法传入值为真的 hotReload 参数，即使程序关闭，一定时间内重新开启也可以不用重新扫码。该方法会生成一个静态文件 itchat.pkl，用于存储登录的状态。如果给 auto_login()方法传入值为真的 enableCmdQR 参数，那么就可以在登录的时候使用命令行显示二维码。这里需要注意的是，默认情况下控制台背景色为黑色，如果背景色为浅色（白色），可以将 enableCmdQR 赋值为负值。

get_friends()方法可以帮助开发者轻松获取所有的好友（其中好友首位是自己，如果不设置 update 参数会返回本地的信息）：

```
friends = itchat.get_friends(update=True)
```

借助 pyplot 模块以及上面介绍的 itchat 使用方法，就能够编写一个简洁实用的微信好友性别分析程序：

【例 7-2】 itchatWX.py，使用第三方库分析微信数据。

```python
import itchat
from collections import Counter
import matplotlib.pyplot as plt
import csv
from pprint import pprint


def anaSex(friends):
    sexs = list(map(lambda x: x['Sex'], friends[1:]))
    counts = list(map(lambda x: x[1], Counter(sexs).items()))
    labels = ['Unknow', 'Male', 'Female']
    colors = ['Grey', 'Blue', 'Pink']
    plt.figure(figsize=(8, 5), dpi=80) # 调整绘图大小
    plt.axes(aspect=1)
    # 绘制饼图
    plt.pie(counts,
            labels=labels,
            colors=colors,
            labeldistance=1.1,
            autopct='%3.1f%%',
            shadow=False,
            startangle=90,
            pctdistance=0.6
            )
    plt.legend(loc='upper right',)
    plt.title('The gender distribution of {}\'s WeChat Friends'.format (friends[0]
['NickName']))
    plt.show()

def anaLoc(friends):
    headers = ['NickName', 'Province', 'City']
    with open('location.csv', 'w', encoding='utf-8', newline='', ) as csvFile:
        writer = csv.DictWriter(csvFile, headers)
```

```
    writer.writeheader()
    for friend in friends[1:]:
        row = {}
        row['NickName'] = friend['RemarkName']
        row['Province'] = friend['Province']
        row['City'] = friend['City']
        writer.writerow(row)

if __name__ == '__main__':
    itchat.auto_login(hotReload=True)
    friends = itchat.get_friends(update=True)
    anaSex(friends)
    anaLoc(friends)
    pprint(friends)
    itchat.logout()
```

其中 anaLoc()、anaSex()分别为分析好友性别与分析好友地区的函数。anaSex()会将性别比例绘制为饼图，而 anaLoc()函数则将好友及其所在地区信息保存至 csv 文件中。这里需要简单说明的可能是下面的代码：

```
sexs = list(map(lambda x: x['Sex'], friends[1:]))
counts = list(map(lambda x: x[1], Counter(sexs).items()))
```

这里的 map()是 Python 中的一个特殊函数，其原型为：map(func, *iterables)，函数执行时对*iterables（可迭代对象）中的 item 依次执行 function(item)，返回一个迭代器，之后再使用 list()将其转化为列表对象。lambda 可以理解为"匿名函数"，即输入 x, 返回 x 的 Sex 字段值。

friends 是一个以 dict 为元素的列表，由于其首位元素是开发者自己的微信账户，所以使用 friends[1:]获得所有好友的列表。因此，"list(map(lambda x: x['Sex'], friends[1:]))"就将获得一个所有好友性别的列表，微信中好友的性别值包括"Unkown""Male"和"Female"三种，其对应的数值分别为 0、1、2。如果输出该性别列表，得到的结果如下：

[1, 2, 1, 1, 1, 1, 0, 1…]

第二行通过 collections 模块中的 Counter()对这三种不同的取值进行统计。Counter 对象的 items()方法返回的是一个元组的集合，该元组的第一维元素表示键，即 0、1、2，第二维元素表示对应的键的数目，且该元组的集合是排序过的，即其键按照 0、1、2 的顺序排列，最终，通过 map()方法的匿名函数执行，就可以得到这三种不同性别的数目。

main 中的 itchat.logout()表示注销登录状态。执行该程序后，绘制出的性别比例图如图 7-3 所示。

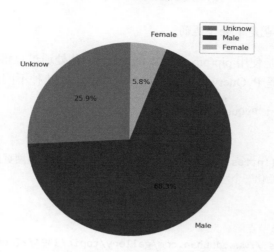

图 7-3 微信好友性别分布分析结果

在本地查看 location.csv 文件，结果类似这样：

……

王小明，北京，海淀

李小狼，江苏，无锡

陈小刚，陕西，延安

张辉，北京，

刘强，北京，西城

……

至此，性别分析和地区分析都已经圆满完成。仅就微信接口而言，除了 itchat，Python 开发社区还有很多不错的工具。国内开发的 wxPy、wxBot 等工具在使用上也非常方便。对微信接口感兴趣的读者可以在网上做更深入的了解。

7.2 更多样的爬虫

7.2.1 在 BeautifulSoup 和 XPath 之外

PyQuery 这个 Python 库，从名字就能够猜到，这是一个类似于 jQuery 的东西。实际上，PyQuery 的主要用途就是以类 jQuery 的形式来解析网页，并且支持 CSS 选择器，使用起来与 XPath 和 BeautifulSoup 一样简洁方便。前面的内容主要介绍使用 XPath（Python 中的 lxml 库）和 BeautifulSoup（bs4 库）来解析网页和寻找元素，接下来将介绍如何使用 PyQuery 这一尚未接触的工具。

【提示】jQuery 是目前最为流行的 JavaScript 函数库，它的基本思想是"选择某个网页元素，对其进行一些操作"，其语法和使用也基本都基于这个思路，因此将 jQuery 的形式迁移到 Python 网页解析中也是十分合适的。

安装 PyQuery 依然是使用 pip(pip install pyquery)，此处通过豆瓣网首页的例子来介绍它的基本使用方法，首先是 PyQuery 对象的初始化，这里存在几种不同的初始化方式：

```
from pyquery import PyQuery as pq
import requests

ht = requests.get('https://www.douban.com/').text # 获取网页内容
doc = pq(ht) # 初始化一个网页文档对象

print(doc('a'))
# 输出所有的<a></a>节点
# <a href = "https://www.douban.com/gallery/topic/3394/?from=hot_topic_anony_sns" class ="rec_topics_name" > 你人生中哪件小事产生了蝴蝶效应？ < / a >
# <a href = "https://www.douban.com/gallery/topic/892/?from=hot_topic_anony_sns" class ="rec_topics_name" > 哪些关于书的书是值得一看的 < / a >
# ...

# 使用本地文件初始化
doc = pq(filename='h1.html')

# 直接使用一个 URL 来初始化
doc1 = pq('https://www.douban.com')
print(doc1('title'))
# 输出：<title>豆瓣</title>
```

通过 jQuery 的形式，以 CSS 选择器（可使用 Chrome 开发者工具得到，见图 7-4）来定位网页中的元素：

图 7-4　通过 Chrome 开发者工具复制选择器

第 7 章　更灵活的爬虫

```
# 元素选择
print(doc1('#anony-sns > div > div.main > div > div.notes > ul > li.first > div.title > a'))
# 一种简便的选择器表达式获取方式是在 Chrome 的开发者工具中选中元素，复制得到（Copy selector）

print(doc1('div.notes').find('li.first').find('div.author').text())
# 在<div class="notes">节点下寻找 class 为 "first" 的<li>节点，输出其文本
# find() 方法会将符合条件的所有节点选择出来
```

上面的语句输出是：

```
<a href="https://www.douban.com/note/669285810/">猫咪会如何与你告别</a>
皇后大道西的日记
```

通过定位到的一个节点来获取其子节点：

```
# 查找子节点
print(doc1('div.notes').children())
# 在子节点中查找符合 class 为 "title" 这个条件的节点
print(doc1('div.notes').children().find('.title'))
```

执行上面的语句会获得所有<div class="notes"></div>节点下的子节点，第二句则将获得子节点中 class 为 "title" 的节点，输出为：

```
<ul>
    <li class="first">
    <div class="title">
        <a href="https://www.douban.com/note/669285810/">猫咪会如何与你告别</a>
    </div>
    <div class="author">
        皇后大道西的日记
    </div>
    <p>2018 年 5 月 11 日，星期五，一周里最清闲的一天。上午没有课，下午的课正好轮到不是我...</p>
    </li>
    ...
</ul>

<div class="title">
        <a href="https://www.douban.com/note/669285810/">猫咪会如何与你告别</a>
</div>
```

同样，可以获取某个节点的兄弟节点，通过 text()方法来获取元素的文本内容：

```
# 查找兄弟节点，获取文本
```

```
print(doc1('div.notes').find('li.first').siblings().text())
```

输出为:

一周豆瓣热门图书 | 《斯通纳》之后,他用这部书信体小说重塑了罗马皇帝的一生 今晚我有空 | 豆瓣 9.1 分,本尼的演技可以说是超神了 谁都可以指责一个不够善良的人 猫咪会如何与你告别 一周豆瓣热门图书 | 他曾是嬉皮一代的文化偶像,代表作在沉寂半世纪后首出中文版 如何欣赏一座哥特式教堂 明明想写作的你,为什么迟迟没有动笔? 海内文章谁是我——关于我所理解的汪曾祺及其作品 乡村旧闻录 | 母亲的青春之影与苍老之门

最后,除了子节点、兄弟节点,还可以获取父节点:

```
# 查找父节点
print(type(doc1('div.notes').find('li.first').parent()))
# 输出: <class 'pyquery.pyquery.PyQuery'>
# 父节点、子节点、兄弟节点都可以使用 find()方法
```

当需要遍历节点时,使用 items()方法来获取一组节点的列表结构:

```
# 使用 items()方法获取节点的列表
li_list = doc1('div.notes').find('li').items()
for li in li_list:
    print(li.text())
    # 选取<li>节点中的<a>节点,获取其属性
    print(li('a').attr('href'))
    # 另外一种等效的获取属性的方法
    # print(li('a').attr.href)
```

输出为:

除了意指"上海",英文 shanghai 一词,竟然还有另一个恐怖的含义
benshuier 的日记
上海开埠后,随着"贩卖猪仔"事件的不断反升,Shanghai 一词,除了作"上海"地名...
https://www.douban.com/note/668572260/
一周豆瓣热门图书 | 《斯通纳》之后,他用这部书信体小说重塑了罗马皇帝的一生
https://www.douban.com/note/670570293/
今晚我有空 | 豆瓣 9.1 分,本尼的演技可以说是超神了
https://www.douban.com/note/670345306/
谁都可以指责一个不够善良的人
https://www.douban.com/note/669885213/
……

PyQuery 还支持所谓的伪类选择器,其语法非常友好:

```python
# 其他的一些选择方式
from pyquery import PyQuery as pq
doc1 = pq('https://www.douban.com')
# 获取<div class="notes">节点的第一个子节点下的的第一个<li>节点中的第一个子节点
print(doc1.find('div.notes').find(':first-child').find('li.first').find(':first-child'))
print('-*'*20)
print(doc1.find('div.notes').find('ul').find(':nth-child(3)'))
# :nth-child(3)获取第三个子节点
print('-*'*20)
print(doc1('p:contains("上海")')) # 获取内容包含"上海"的<p>节点
```

输出为:

```
<div class="title">
        <a href="https://www.douban.com/note/668572260/">除了意指"上海",英文 shanghai 一词,竟然还有另一个恐怖的含义</a>
        </div>
        <a href="https://www.douban.com/note/668572260/">除了意指"上海",英文 shanghai 一词,竟然还有另一个恐怖的含义</a>

-*-*-*-*-*-*-*-*-*-*-*-*-*-*-*-*-*-*-*-*
<p>上海开埠后,随着"贩卖猪仔"事件的不断反升,Shanghai 一词,除了作"上海"地名...</p>
    <li><a href="https://www.douban.com/note/670345306/">今晚我有空 | 豆瓣 9.1 分,本尼的演技可以说是超神了</a></li>

-*-*-*-*-*-*-*-*-*-*-*-*-*-*-*-*-*-*-*-*
<p>上海开埠后,随着"贩卖猪仔"事件的不断反升,Shanghai 一词,除了作"上海"地名...</p>
```

由上面的基本用法可见,PyQuery 拥有着不输 BeautifulSoup 的简洁性,其函数接口设计也十分方便,可以将它作为与 lxml、BeautifulSoup 并列的几大爬虫网页解析工具之一。

7.2.2 在线爬虫应用平台

随着爬虫技术的广泛应用,目前还出现了一些旨在提供网络数据采集服务或爬虫辅助服务的在线应用平台,这些服务在一定程度上能够帮助开发者减少编写复杂抓取程序的成本,其中的一些优秀产品也具有很强大的功能。国外的 import.io 就是一个提供网络数据采集服务的平台,允许用户通过 Web 页面来筛选并收集对应的网页数据。另外一款产品 ParseHub 则提供了能够下载到 Windows、Mac OS 的桌面应用,这个应用基于 Firefox 开发,支持页面结构分析、可视化元素抓取等多种功能,如图 7-5 所示。

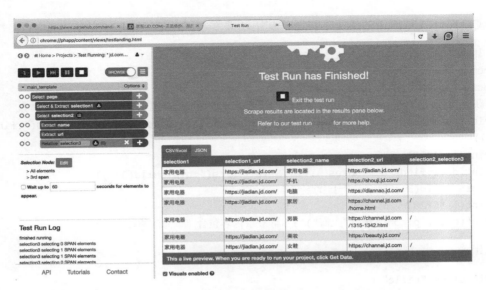

图 7-5　使用 ParseHub 应用抓取京东首页的商品分类

在 Chrome 浏览器上，甚至还出现了一些用于网页数据抓取的插件（比如比较主流的 Web Scraper）。

国内的网络数据采集平台也可以说方兴未艾，八爪鱼（见图 7-6）、神箭手采集平台（见图 7-7）、集搜客等都是相对具有一定市场的服务平台，其中神箭手主打面向开发者的服务（官方介绍是"一个大数据和人工智能的云操作系统"），提供了一系列具有很强实用价值的 API，同时还提供有针对性的云爬虫服务，对于开发者而言是非常方便的。

图 7-6　八爪鱼网站

第 7 章 更灵活的爬虫

图 7-7 神箭手平台的腾讯数码新闻采集爬虫服务

这些在线爬虫应用平台往往能够很方便地解决一些简单的爬虫需求,而一些 API 服务则能够大大简化编写爬虫的流程,有兴趣的读者可对此做深入了解。随着机器学习、大数据技术的逐渐发展,数据采集服务也会迎来更广阔的市场和更大的利好。

7.2.3 使用 urllib

虽然在爬虫编写中大量使用的是 Requests,但由于 urllib 是经典的 HTTP 库,而网络上使用 urllib 来编写爬虫的样例也十分繁多,因此这里有必要讨论一下 urllib 的具体使用方法。在 Python 中,urllib 算是一个比较特殊的库了。从功能上说,urllib 库是用于操作 URL(主要就是访问 URL)的 Python 库,在 Python 2.x 版本中,分为 urllib 和 urllib2。这两个名称十分相近的库的关系比较复杂,但简单地说就是,urllib2 作为 urllib 的扩展而存在。它们的主要区别在于:

- urllib2 可以接收 Request 对象为 URL 设置头信息、修改用户代理、设置 Cookie 等。与之对比,urllib 只能接收一个普通的 URL。
- urllib 会提供一些比较原始、基础的方法,但在 urllib2 中并不存在这些,比如 urlencode()方法。

Python 2.x 中的 urllib 库可以实现基本的 GET 和 POST 操作,下面的这段代码根据 params 发送 POST 请求:

```
import urllib
params = urllib.urlencode({'spam': 1, 'eggs': 2, 'bacon': 0})
f = urllib.urlopen("http://www.musi-cal.com/cgi-bin/query", params)
print f.read()
```

而在 Python 2.x 版本的 urllib2 中，urlopen()方法也是最为常用且最简单的方法，它打开一个 URL 网址，url 参数可以是一个字符串或者是一个 Request 对象：

```
import urllib2
response = urllib2.urlopen('http://www.baidu.com/')
html = response.read()
print html
```

urlopen()还可以以一个 Request 对象为参数。调用 urlopen()函数后，对请求的 URL 返回一个 Response 对象，可以用 read()方法操作这个对象。

```
import urllib2
req = urllib2.Request('http://www.baidu.org/')
response = urllib2.urlopen(req)
the_page = response.read()

print the_page
```

上面代码中的 Request 类描述了一个 URL 请求，它的定义如图 7-8 所示。其中 url 是一个字符串，代表一个有效的 URL。data 指定了发送到服务器的数据，使用 data 时的 HTTP 请求是唯一的，即 POST，没有 data 时默认为 GET。headers 是字典类型，这个字典可以作为参数在 Request 中直接传入，也可以把每个键和值作为参数调用 add_header()方法来添加：

```
class Request:
    def __init__(self, url, data=None, headers={},
                 origin_req_host=None, unverifiable=False):
        # unwrap('<URL:type://host/path>') --> 'type://host/path'
        self.__original = unwrap(url)
        self.__original, self.__fragment = splittag(self.__original)
        self.type = None
        # self.__r_type is what's left after doing the splittype
        self.host = None
        self.port = None
        self._tunnel_host = None
        self.data = data
```

图 7-8 Request 类

```
import urllib2
req = urllib2.Request('http://www.baidu.com/')
req.add_header('User-Agent', 'Mozilla/5.0')
r = urllib2.urlopen(req)
```

当不能正常处理一个 Response 时，urlopen()方法会抛出一个 URLError，另外一种异常 HTTPError 则是在特别的情况下被抛出的 URLError 的一个子类。URLError 通常是因为没有网络连接也就是没有路由到指定的服务器，或是当指定的服务器不存在时抛出的，比如下面这段代码：

```
import urllib2
req = urllib2.Request('http://www.wikipedia123.org/')
try:
```

```
        response=urllib2.urlopen(req)
except urllib2.URLError, e:
    print e.reason
```

其输出是:

```
[Errno 8] nodename nor servname provided, or not known
```

另外，因为每个来自服务器的响应都有一个"status code"（状态码），有时，对于不能处理的请求，urlopen()将抛出 HTTPError 异常。典型的错误有"404"（没有找到页面）、"403"（禁止请求）、"401"（需要验证）等。

```
import urllib2
req = urllib2.Request('http://www.wikipedia.org/notfound.html')
try:
    response=urllib2.urlopen(req)
except urllib2.HTTPError,e:
    print e.code
    print e.reason
    print e.geturl()
```

上面代码的输出是:

```
404
Not Found
https://en.wikipedia.org/notfound.html
```

如果需要同时处理 HTTPError 和 URLError 两种异常，应该把捕获处理 HTTPError 的部分放在 URLError 的前面，原因就在于，HTTPError 是 URLError 的子类。

在 Python 3 中，urllib 库整理了 Python 2.x 版本中 urllib 和 urllib2 的内容，合并了它们的功能，并最终以四个不同模块的面貌呈现，它们分别是 urllib.request、urllib.error、urllib.parse 和 urllib.robotparser。Python 3 的 urllib 相对于 Python 2.x 版本就更为简洁了，如果说非要在这些库中做一个选择，当然应该首先考虑使用 urllib（Python 3.x 版本）。

urllib.request 模块主要用于访问网页等基本操作，是最常用的一个模块。比如，模拟浏览器发起一个 HTTP 请求时就需要用到 urllib.request 模块。urllib.request 同时也能够获取请求返回结果，使用 urllib.request.urlopen()方法来访问 url 并获取其内容:

```
import urllib.request

url = "http://www.baidu.com"
response = urllib.request.urlopen(url)
html = response.read()
print(html.decode('utf-8'))
```

这样会输出百度首页的网页源码。在某些情况下，请求可能因为网络原因无法得到响应，因此可以手动设置超时时间，当请求超时时，再采取进一步措施，例如选择直接丢弃该请求：

```
import urllib.request

url = "http://www.baidu.com"
response = urllib.request.urlopen(url,timeout=3)
html = response.read()
print(html.decode('utf-8'))
```

从 URL 下载一个图片也很简单，这里依旧通过 Response 的 read() 方法来完成：

```
from urllib import request

url='https://i.pinimg.com/736x/aa/68/2c/aa682ca9c222b77c74a3875a8607c38d--th-parallel-ontario.jpg'
response = request.urlopen(url)

data = response.read()
with open('pic.jpg', 'wb') as f:
  f.write(data)
```

urlopen() 方法的 API 是这样的：

```
urllib.request.urlopen(url, data=None, [timeout, ]*, cafile=None, capath=None, cadefault=False, context=None)
```

其中 url 为需要打开的网址，data 为 Post 提交的数据（如果没有 data 参数则使用 GET 请求），timeout 即设置访问超时时间。还要注意的是，直接用 urllib.request 模块的 urlopen() 方法获取页面的话，page 的数据格式为 bytes 类型，需要 decode() 解码，转换成字符串类型。

可以通过一些 HTTPResponse 的方法来获取更多信息。

- read(), readline(), readlines(), fileno(), close()：对 HTTPResponse 类型数据进行操作。
- info()：返回 HTTPMessage 对象，表示远程服务器返回的头信息。
- getcode()：返回 HTTP 状态码。如果是 HTTP 请求，200 表示请求成功完成。
- geturl()：返回请求的 URL。

用一段代码试一下：

```
from urllib import request

url = 'http://www.baidu.com'
response = request.urlopen(url)
print(type(response))
print(response.geturl())
print(response.info())
print(response.getcode())
```

第 7 章 更灵活的爬虫

最终的输出如图 7-9 所示

```
<class 'http.client.HTTPResponse'>
http://www.baidu.com
Date: ██████████ ████████ ██████-8
Conte████████████████████████-8
Transfer-Encoding: chunked
Connection: Close
Vary: Accept-Encoding
Set-Cookie: BAIDUID=C80EC1722A5D2AD324F79264513F7ECE:FG=1; expires=█████████████:55:55 GMT; max-age=2147483647; path=/; domain=.baidu.com
Set-Cookie: BIDUPSID=C80EC1722A5D2AD324F79264513F7ECE; expires=Thu,████████:55:55 GMT; max-age=2147483647; path=/; domain=.baidu.com
Set-Cookie: ████████████████████████████████-age=2147483647; path=/; domain=.baidu.com
Set-Cookie: BDSVRTM=0; path=/
Set-Cookie: BD_HOME=0; path=/
Set-Cookie: H_PS_PSSID=14522_25809_21102_17001_20927; path=/; domain=.baidu.com
P3P: CP=" OTI DSP COR IVA OUR IND COM "
Cache-Control: private
Cxy_all: b██████████d91eb6963f0401bh5c0899865
Expires: █████████████████████
X-Powered-By: HPHP
Server: BWS/1.1
X-UA-Compatible: IE=Edge,chrome=1
BDPAGETYPE: 1
BDQID: █████████████
BDUSERID: 0
```

图 7-9 Response 对象相关方法的输出

当然，也可以设置一些 headers 信息，模拟成浏览器去访问网站（像在爬虫开发中常做的那样）。下面设置一下 User-Agent 信息。打开百度主页（或者任意一个网站），然后进入 Chrome 的开发者模式（按下〈F12〉键），这时会出现一个窗口。切换到"Network"选项卡，然后输入某个关键词（这里是"mike"），之后单击网页中的"百度一下"，让网页发生一个动作。此时，下方的窗口中出现了一些数据。将界面右上方的标签切换到"Headers"中，就会看到对应的头信息（见图 7-10）。在这些信息中找到 User-Agent 对应的信息，将其复制出来，作为 urllib.request 执行访问时的 UA 信息，然后就需要用到 request 模块里的 Request 对象来"包装"这个请求。

图 7-10 查看 Headers 信息

编写代码如下：

```
import urllib.request

url='https://www.wikipedia.org'
header={
    'User-Agent':'Mozilla/5.0 (X11; Fedora; Linux x86_64) AppleWebKit/537.36 (KHTML, like Gecko) Chrome/58.0.3029.110 Safari/537.36'
}
request=urllib.request.Request(url, headers=header)
reponse=urllib.request.urlopen(request).read()

fhandle=open("./zyang-htmlsample-1.html","wb")
fhandle.write(reponse)
fhandle.close()
```

上面的代码中首先给出了要访问的网址，然后调用 urllib.request.Request()函数创建一个 Request 对象，第一个参数为要访问的 URL，第二个参数为 headers 信息。最后通过 urlopen() 打开该 Request 对象即可读取并保存网页内容。在本地打开"zyang-htmlsample-1.html"文件，即可看到维基百科的主页，如图 7-11 所示。

图 7-11　本地保存的 HTML 文件（维基百科页面）

除了访问网页（即 HTTP 中的 GET 请求），在进行注册、登录等操作的时候，也会用到 POST 请求。此时仍旧是使用 request 模块中的 Request 对象来构建一个 POST 操作。代码如下：

```
import urllib.request
import urllib.parse
url = 'https://account.example.com/user/signin?'
postdata = {
    'username': 'yourname',
    'password': 'yourpw'
}
post = urllib.parse.urlencode(postdata).encode('utf-8')
req = urllib.request.Request(url, post)
r = urllib.request.urlopen(req)
```

其他请求类型（如 PUT）则可以通过 Request 对象这样实现：

```
import urllib.request
data='some data'
req = urllib.request.Request(url='http://example.com:8080', data=data,method='PUT')
with urllib.request.urlopen(req) as f:
    pass
print(f.status)
print(f.reason)
```

urllib.parse 的目标是解析 URL 字符串，使用它可以分解或合并 URL 字符串。下面试试用它来转换一个包含查询的 URL 地址。

```
import urllib.parse

url = 'https://www.google.com/search?q=mike&oq=mike&aqs=chrome..69i57j69i60l4j69i57.3555j0j7&sourceid=chrome&ie=UTF-8'
result = urllib.parse.urlparse(url)
print(result)
print(result.netloc)
print(result.geturl())
```

这里使用了函数 urlparse()，把一个包含搜索查询"mike"的 Google URL 作为参数传给它。最终，它返回了一个 ParseResult 对象，通过这个对象可以了解更多关于 URL 的信息（如网络位置）。上面代码的输出如下：

```
ParseResult(scheme='https', netloc='www.google.com', path='/search', params='', query='q=mike&oq=mike&aqs=chrome..69i57j69i60l4j69i57.3555j0j7&sourceid=chrome&ie=UTF-8', fragment='')
www.google.com
https://www.google.com/search?q=mike&oq=mike&aqs=chrome..69i57j69i60l4j69i57.3555j0j7&sourceid=chrome&ie=UTF-8
```

urllib.parse 也可以在其他场合发挥作用，比如现在使用 Google 来进行一次搜索：

```
import urllib.parse
import urllib.request
data = urllib.parse.urlencode({'q': 'OSCAR'})
print(data)
url = 'http://google.com/search'
full_url = url + '?' + data
response = urllib.request.urlopen(full_url)
```

开发者使用 urllib 就足以完成一些简单的爬虫，比如通过 urllib 编写一个在线翻译程序。这里使用爱词霸翻译来达成这个目标。首先进入爱词霸网页并通过 Chrome 工具来检查页面。仍旧是选择"Network"选项卡，在左侧输入翻译内容，并观察 POST 请求，如图 7-12 所示。

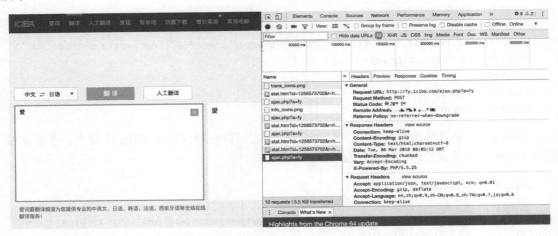

图 7-12　爱词霸页面上的 POST 请求

查看"Form Data"中的数据（见图 7-13），可以发现这个表单的构成较为简单，不难通过程序直接发送。

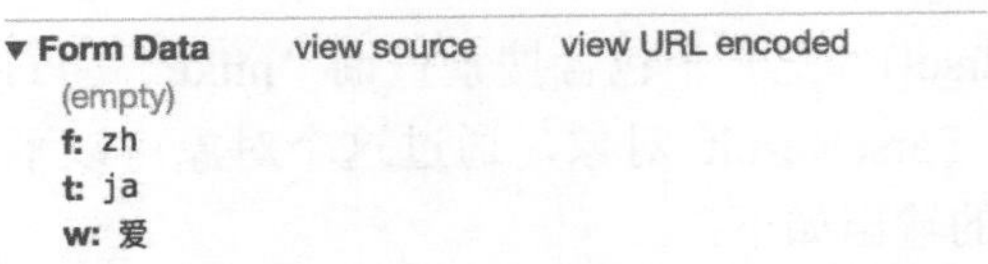

图 7-13　爱词霸翻译的表单数据

有了这些信息，结合之前介绍的 request 和 parse 模块的知识，就可以写出一个简单的翻译程序：

```
import urllib.request as request
import urllib.parse as parse
import json
```

```python
if __name__ == "__main__":
    query_word = input("输入需翻译的内容：\t")
    query_type = input("输入目标语言，英文或日文：\t")
    query_type_map = {
        '英文': 'en',
        '日文': 'ja',
    }
    url = 'http://fy.iciba.com/ajax.php?a=fy'
    headers = {
        'User-Agent': 'Mozilla/5.0 (Macintosh; Intel Mac OS X 10_13_3) AppleWebKit/537.36 (KHTML, like Gecko) Chrome/64.0.3282.186 Safari/537.36'
    }
    formdata = {
        'f': 'zh',
        't': query_type_map[query_type],
        'w': query_word,
    }

    # 使用 urlencode 进行编码
    data = parse.urlencode(formdata).encode('utf-8')
    # 创建 Request 对象
    req = request.Request(url, data, headers)
    response = request.urlopen(req)
    # 读取信息
    content = response.read().decode()
    # 使用 JSON
    translate_results = json.loads(content)

    # 找到翻译结果
    translate_results = translate_results['content']['out']
    # 输出最终翻译结果
    print("翻译的结果是：\t%s" % translate_results.split('<')[0])
```

运行程序，输入对应的信息就能够看到翻译的结果：

输入需翻译的内容：　　　我爱你
输入目标语言，英文或日文：　　日文
翻译的结果是：　　あなたのことが好きです

urllib 还有两个模块，其中 urllib.robotparser 模块则比较特殊，它是由一个单独的 RobotFileParser 类构成的。这个类的目标是网站的 robots.txt 文件。通过使用 robotparser 解析 robots.txt 文件，可以得知网站方面认为网络爬虫不应该访问哪些内容，一般使用 can_fetch() 方法来对一个 URL 进行判断。最后还有 urllib.error 这个模块，它主要负责"由 urllib.request 引发的异常类"（按照官方文档的说法）。urllib.error 有两个方法，URLError 和 HTTPError。

官方文档在介绍 urllib 库的最后推荐大家尝试第三方库 Requests——一个高级的 HTTP 客户端接口。不过熟悉 urllib 库也是值得的，这也有助于读者理解 Requests 的设计。

7.3 爬虫的部署和管理

7.3.1 配置远程主机

使用一些强大的爬虫框架（比如前面曾提到过的 Scrapy 框架）可以开发出效率高、扩展性强的各种爬虫程序。在爬取时，可以使用自己手头的机器来完成整个运行的过程，但问题在于，机器资源是有限的，尤其是在爬取数据量比较大的时候，直接在自己的机器上来运行爬虫不仅不方便，也不现实。这时一个不错的方法就是将本地的爬虫部署到远程服务器上来执行。

在部署之前，首先需要拥有一台远程服务器，购买 VPS 是一个比较方便的选择。所谓的虚拟专用服务器（Virtual Private Server，VPS），是将一台服务器分区成多个虚拟专享服务器的服务，因而每个 VPS 都可分配独立公网 IP 地址、独立操作系统，为用户和应用程序模拟出"独自"使用计算资源的体验。这么听起来，VPS 似乎很像是现在流行的云服务器，但二者也并不相同。云服务器（Elastic Compute Service，ECS）是一种简单高效、处理能力可弹性伸缩的计算服务，特点是能在多个服务器资源（CPU、内存等）中调度，而 VPS 一般只是在一台物理服务器上分配资源。当然，VPS 相比于 ECS 在价格上低廉很多。作为普通开发者，如果只是需要做一些小网站或者简单程序，那么使用 VPS 就已足够满足需求了。接下来就从购买 VPS 服务开始，说明在 VPS 部署普通爬虫的过程。

VPS 提供商众多，这里推荐采用国外（尤其是北美）的提供商，相比较而言，堪称物美价廉。其中有名的包括 Linode、Vultr、Bandwagon 等厂商。方便起见，在此选择 Bandwagon 作为示例（见图 7-14），主要原因是它支持支付宝付款，无需信用卡（其他很多 VPS 服务的支付方式是使用支持 VISA 的信用卡），而且可供选择的服务项目也比较多样化。

图 7-14　Bandwagon 的服务项目

第 7 章 更灵活的爬虫

进入 Bandwagon 的网站（bandwagonhost.com），注册账号并填写相关信息，包括姓名、所在地等，如图 7-15 所示。

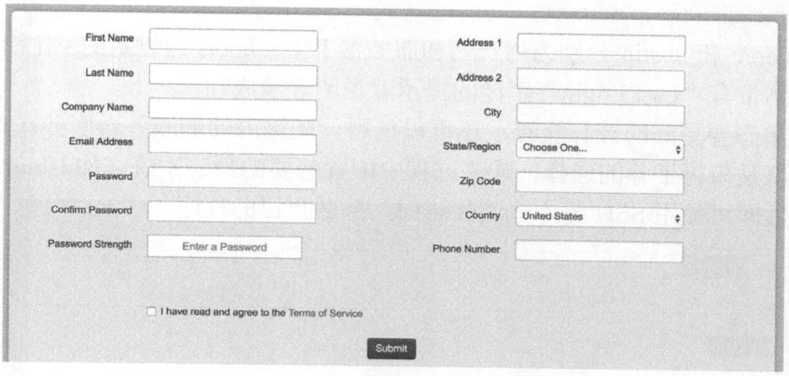

图 7-15 Bandwagon 的注册账号页面

填写相关信息完毕，拿到账号之后，选择合适的 VPS 服务项目并订购。这里需要注意的是订购周期（年度、季度等）和架构（OpenVZ 或者 KVM）两个关键信息。一般而言，如果选择年度周期，平均计算下来会享受更低的价格。至于 OpenVZ 和 KVM，作为不同的架构各有特点。由于 KVM 架构能够提供更好的内核优化，也有不错的稳定性，因此在此选择 KVM。付款成功后回到管理后台，选择"KiviVM Control Panel"进入控制面板。

【提示】 OpenVZ 是基于 Linux 内核和作业系统的虚拟化技术，是操作系统级别的。OpenVZ 的特征就是允许物理机器（一般就是服务器）运行多个操作系统，这被称为虚拟专用服务器（VPS，Virtual Private Server）或虚拟环境（VE, Virtual Environment）。KVM 则是嵌入 Linux 操作系统标准内核中的一个虚拟化模块，是完全虚拟化的。

如图 7-16 所示，在管理后台安装 Cent OS 6 系统，先选择左侧的"Install new OS"，再选择带 bbr 加速的 Cent OS 6 x86 系统，然后单击"Reload"按钮，等待安装完成。这时系统就会提供对应的密码和端口（之后还可以更改），之后开启 VPS（单击"Start"按钮）。

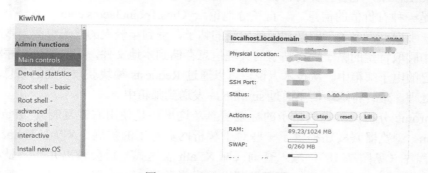

图 7-16 KVM 后台管理面板

成功开启了 VPS 后，在本地机器（比如自己的笔记本电脑上）使用 ssh 命令即可登录 VPS，如下：

ssh username@hostip -p sshport

其中 username 和 hostip 分别为用户名和服务器 IP，sshport 为设定的 ssh 端口。执行 ssh 命令后，若看到带有"Last Login"字样的提示就说明登录成功。

当然，如果想要更好的计算资源，还可以使用一些国内的云服务器服务（见图 7-17），阿里云服务器就是值得推荐的选择，购买过程中配置想要的预装系统（如 Ubuntu 14.04），成功购买并开机后即可使用 SSH 等方式连接访问，部署自己的程序。

图 7-17 阿里云云服务器

7.3.2 编写本地爬虫

这次的爬虫程序，笔者打算将目标着眼于论坛网站，很多时候，论坛网站中的一些用户发表的帖子是一种有价值的信息。一亩三分地论坛（bbs.1point3acres.com）是一个比较典型的国内论坛，上面有很多关于留学和国外生活的帖子，受到年轻人的普遍喜爱。本节目的是在论坛页面中爬取特定的帖子，将帖子的关键信息存储到本地文件，同时通过程序将这些信息发送到自己的电子邮箱中。从技术上说，可以通过 Requests 模块获取页面的信息，通过简单的字符串处理，最终将这些信息通过 smtplib 库发送到邮箱中。

使用 Chrome 分析网页提取帖子的标题信息，这里还是使用右键复制其 XPath 路径。另外，Chrome 浏览器其实还提供了一些对于解析网页有用的扩展。XPath Helper 就是这样一款扩展程序（见图 7-18），输入查询（即 XPath 表达式）后会输出并高亮显示网页中的对应元素（效果类似图 7-19），便可以帮助开发者验证 XPath 路径，保证了爬虫编写的准确性。根据已验证的 XPath，就可以着手编写抓取帖子信息的爬虫了，见例 7-3。

第 7 章　更灵活的爬虫

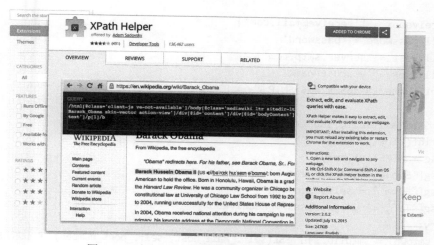

图 7-18　在 Chrome 扩展程序中搜索 XPath Helper

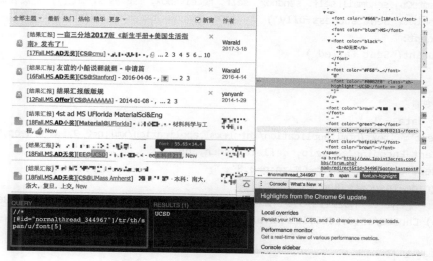

图 7-19　使用 XPath Helper 验证的结果

【例 7-3】 crawl-1p.py，爬取一亩三分地论坛帖子的爬虫。

```python
from lxml import html
import requests
from pprint import pprint
import smtplib
from email.mime.text import MIMEText
import time, logging, random
import os

class Mail163():
    _sendbox = 'yourmail@mail.com'
```

193

```python
    _receivebox = ['receive@mail.com']
    _mail_password = 'password'
    _mail_host = 'server.smtp.com'
    _mail_user = 'yourusername'
    _port_number = 465  # 465 SMTP 服务器的端口号

    def SendMail(self, subject, body):
        print("Try to send...")
        msg = MIMEText(body)
        msg['Subject'] = subject
        msg['From'] = self._sendbox
        msg['To'] = ','.join(self._receivebox)
        try:
            smtpObj = smtplib.SMTP_SSL(self._mail_host, self._port_number)  # 获取服务器
            smtpObj.login(self._mail_user, self._mail_password)  # 登录
            smtpObj.sendmail(self._sendbox, self._receivebox, msg.as_string())  # 发送邮件
            print('Sent successfully')
        except:
            print('Sent failed')


# 全局变量
header_data = {
    'Accept': 'text/html,application/xhtml+xml,application/xml;q=0.9,image/webp,*/*;q=0.8',
    'Accept-Encoding': 'gzip, deflate, sdch, br',
    'Accept-Language': 'zh-CN,zh;q=0.8',
    'Upgrade-Insecure-Requests': '1',
    'User-Agent': 'Mozilla/5.0 (Windows NT 6.1; WOW64) AppleWebKit/537.36 (KHTML, like Gecko) Chrome/36.0.1985.125 Safari/537.36',
}
url_list = [
    'http://www.1point3acres.com/bbs/forum.php?mod=forumdisplay&fid=82&sortid=164&%1=&sortid=164&page={}'.format(i) for i
    in range(1, 5)]
url = 'http://www.1point3acres.com/bbs/forum-82-1.html'
mail_sender = Mail163()
shit_words = ['PhD', 'MFE', 'Spring', 'EE', 'Stat', 'ME', 'Other']
DONOTCARE = 'DONOTCARE'
DOCARE = 'DOCARE'
PWD = os.path.abspath(os.curdir)
RECORDTXT = os.path.join(PWD, 'Record-Titles.txt')
ses = requests.Session()
```

第 7 章　更灵活的爬虫

```python
def SentenceJudge(sent):
    for word in shit_words:
        if word in sent:
            return DONOTCARE

    return DOCARE


def RandomSleep():
    float_num = random.randint(-100, 100)
    float_num = float(float_num / (100))
    sleep_time = 5 + float_num
    time.sleep(sleep_time)
    print('Sleep for {} s.'.format(sleep_time))


def SendMailWrapper(result):
    mail_subject = 'New AD/REJ @ 一亩三分地: {}'.format(result[0])
    mail_content = 'Title:\t{}\n' \
                   'Link:\n{}\n' \
                   '{} in\n' \
                   '{} of\n' \
                   '{}\n' \
                   'Date:\t{}\n' \
                   '---\nSent by Python Toolbox.' \
        .format(result[0], result[1], result[3], result[4], result[5], result[6])

    mail_sender.SendMail(mail_subject, mail_content)


def RecordWriter(title):
    with open(RECORDTXT, 'a') as f:
        f.write(title + '\n')
    logging.debug("Write Done!")

def RecordCheckInList():
    checkinlist = []
    with open(RECORDTXT, 'r') as f:
        for line in f:
            checkinlist.append(line.replace('\n', ''))

    return checkinlist

def Parser():
```

```python
final_list = []
for raw_url in url_list:
  RandomSleep()
  pprint(raw_url)
  r = ses.get(raw_url, headers=header_data)
  text = r.text
  ht = html.fromstring(text)
  for result in ht.xpath('//*[@id]/tr/th'):
    # pprint(result)
    # pprint('------')
    content_title = result.xpath('./a[2]/text()')  # 0
    content_link = result.xpath('./a[2]/@href')  # 1
    content_semester = result.xpath('./span[1]/u/font[1]/text()')  # 2
    content_degree = result.xpath('./span[1]/u/font[2]/text()')  # 3
    content_major = result.xpath('./span/u/font[4]/b/text()')  # 4
    content_dept = result.xpath('./span/u/font[5]/text()')  # 5
    content_releasedate = result.xpath('./span/font[1]/text()')  # 6

    if len(content_title) + len(content_link) >= 2 and content_title[0] != '预览':
      final = []
      final.append(content_title[0])
      final.append(content_link[0])

      if len(content_semester) > 0:
        final.append(content_semester[0][1:])
      else:
        final.append('No Semester Info')
      if len(content_degree) > 0:
        final.append(content_degree[0])
      else:
        final.append('No Degree Info')
      if len(content_major) > 0:
        final.append(content_major[0])
      else:
        final.append('No Major Info')
      if len(content_dept) > 0:
        final.append(content_dept[0])
      else:
        final.append('No Dept Info')
      if len(content_releasedate) > 0:
        final.append(content_releasedate[0])
      else:
        final.append('No Date Info')
      # print('Now :\t{}'.format(final[0]))
```

```
        if SentenceJudge(final[0]) != DONOTCARE and \
                        SentenceJudge(final[3]) != DONOTCARE and \
                        SentenceJudge(final[4]) != DONOTCARE and \
                        SentenceJudge(final[2]) != DONOTCARE:
            final_list.append(final)
        else:
            pass

    return final_list

if __name__ == '__main__':

    print("Record Text Path:\t{}".format(RECORDTXT))
    final_list = Parser()
    pprint('final_list:\tThis time we have these results:')
    pprint(final_list)
    print('*' * 10 + '-' * 10 + '*' * 10)
    sent_list = RecordCheckInList()
    pprint("sent_list:\tWe already sent these:")
    pprint(sent_list)
    print('*' * 10 + '-' * 10 + '*' * 10)
    for one in final_list:
      if one[0] not in sent_list:
          pprint(one)
          SendMailWrapper(one)  # Send this new post
          RecordWriter(one[0])  # Write New into The RECORD TXT
          RandomSleep()

    RecordWriter('-' * 15)

    del mail_sender
    del final_list
    del sent_list
```

在上面的代码中，Mail163 类是一个邮件发送类，其对象可以被理解为一个抽象的发信操作。负责发信的是 SendMail() 方法，shit_words 是一个包含了屏蔽词的列表，SentenceJudge() 方法通过该列表判断信息是否应该保留。SendMailWrapper() 方法包装了 SendMail() 方法，最终可以在邮件中发出格式化的文本。RecordWriter() 方法负责将抓取的信息保存到本地中，RecordCheckInList() 则用于读取本地已保存的信息，如果本地已保存（即旧帖子），便不再将帖子添加到发送列表 sent_list（见 main 中的语句）。

Parser 是负责解析网页和爬虫逻辑的主要部分，其中连续的 if-else 判断部分则是为了判断帖子是否包含需要的信息。爬虫编写完毕后，可以先使用自己的邮箱账号在本地测试一下，发送邮箱和接收邮箱都设置为自己的邮箱。

7.3.3 部署爬虫

编辑并调试好爬虫程序后,使用"scp –P"可以将本地的脚本文件传输(实际上是一种远程拷贝)到服务器上。实际上,scp 是"secure copy"的简写,这个命令用于在 Linux 下进行远程拷贝文件,和它类似的命令有 cp,不过 cp 是在本机进行拷贝。

将文件从本地机器复制到远程机器的命令如下:

scp local_file remote_username@remote_ip:remote_file

将 remote_username 和 remote_ip 等参数替换为自己想要的内容(比如将 remote_username 换为"root",因为 VPS 的用户名一般就是"root"),执行命令并输入密码即可。如果需要通过端口号传输,命令为:

scp -P port local_file remote_username@remote_ip:remote_file

当 scp 执行完毕,远程机器上便有了一份本地爬虫程序的拷贝。这时可以选择直接手动执行这个爬虫程序,只要远程服务器的运行环境能够满足要求,就能够成功运行这个爬虫。也就是说,一般只要安装好爬虫所需的 Python 环境与各个扩展库等,有时可能还需要配置数据库。本例中爬虫较为简单,数据通过文件存取,故暂不需要这一环节。不过,编程还可以使用一些简单的命令将爬虫变得更"自动化"一些,其中 Linux 系统下的 crontab 定时命令就是一个很方便的工具。

【提示】 crontab 是一个控制计划任务的命令,而 crond 是 Linux 下用来周期性地执行某种任务或等待处理某些事件的一个守护进程。如果发现机器上没有 crontab 服务,可以通过"yum install crontabs"来进行安装。crontab 的基本命令行格式是:crontab [-u user] [-e | -l | -r],其中"-u user"表示用来设定某个用户的 crontab 服务;"-e"表示编辑某个用户的 crontab 文件内容。如果不指定用户,则表示编辑当前用户的 crontab 文件。"-l"表示显示某个用户的 crontab 文件内容,如果不指定用户,则表示显示当前用户的 crontab 文件内容。"-r"表示从/var/spool/cron 目录中删除某个用户的 crontab 文件,如果不指定用户,则默认删除当前用户的 crontab 文件,等于是一个归零操作。

在用户所建立的 crontab 文件中,每一行都代表一项任务,每行的每个字段代表一项设置,它的格式共分为六个字段,前五段是时间设定段,第六段是要执行的命令段。

执行 crontab 命令的时间格式一般如图 7-20 所示。

```
# .---------------- minute (0 – 59)
# |  .------------- hour (0 – 23)
# |  |  .---------- day of month (1 – 31)
# |  |  |  .------- month (1 – 12) OR jan,feb,mar,apr ...
# |  |  |  |  .---- day of week (0 – 6) (Sunday=0 or 7)  OR
#sun,mon,tue,wed,thu,fri,sat
# |  |  |  |  |
# *  *  *  *  *  command to be executed
```

图 7-20 crontab 的时间格式

第 7 章 更灵活的爬虫

在远程服务器上执行"crontab –e"命令，添加一行：

```
0 * * * * python crawl-1p.py
```

保存并退出（对于 vi 编辑器而言，即按下〈Esc〉键后输入":wq"），使用"crontab–l"命令可查看这条定时任务，之后要做的就是等待程序每隔一小时运行一次，并将爬取到的格式化信息发送到设定好的邮箱了。不过这里要说明的是，在这个程序中将邮箱用户名和密码等信息直接写入程序是不可取的行为，正确的方式是在执行程序时通过参数传递，这里为了重点展示远程爬虫，省去了数据安全性这一考虑。

7.3.4 查看运行结果

根据在 crontab 中设置的时间间隔，等待程序自动运行后，进入自己的邮箱，可以看到远程自动发送来的邮件（见图 7-21），其内容即爬取到的论坛数据（见图 7-22）。这个程序还没有考虑性能上的问题，另外，在爬取的帖子数据较多时应该考虑使用数据库进行存储。

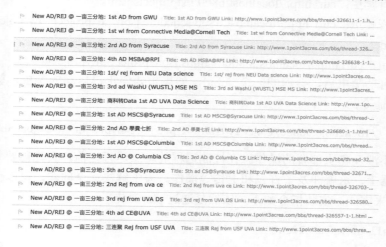

图 7-21　邮件列表

```
Title:  2rd AD from Syracuse
Link:   ...
MS in
CS of
Syracuse University
Date:   ...
---
Sent by Python Toolbox.
```

图 7-22　邮件正文内容示例

这样的结果说明，本次对爬虫程序的远程部署已经成功。本例中的爬虫较为简单，如果涉及更复杂的内容，可能还需要用到一些专为此设计的工具。

7.3.5 使用爬虫管理框架

Scrapy 作为一个非常强大的爬虫框架受众广泛，正因如此，在被大家作为基础爬虫框架进行开发的同时，它也衍生出了一些其他的实用工具。Scrapyd 就是这样一个库，它能够用来方便地部署和管理 Scrapy 爬虫。

如果在远程服务器上安装 Scrapyd，启动服务，就可以将自己的 Scrapy 项目直接部署到远程主机上。另外，Scrapyd 还提供了一些便于操作的方法和 API，可以借此控制 Scrapy 项目的运行。Scrapyd 的安装依然是通过 pip 命令：

```
pip install scrapyd
```

安装完成后，在 shell 中通过 scrapyd 命令直接启动服务，在浏览器中根据 shell 中的提示输入地址，即可看到 Scrapyd 已在运行中。

Scrapyd 的常用命令（在本地机器的命令）包括：
- 列出所有爬虫：curl http://localhost:6800/listprojects.json。
- 启动远程爬虫：curl http://localhost:6800/schedule.json -d project=myproject -d spider=somespider。
- 查看爬虫：curl http://localhost:6800/listjobs.json?project=myproject。

另外，在启动爬虫后，会返回一个 jobid，如果想要停止已启动的爬虫，就需要通过这个 jobid 执行新命令：

```
curl http://localhost:6800/cancel.json -d project=myproject -d job=jobid
```

但这些都不涉及爬虫部署的操作。在控制远程的爬虫运行之前，首先需要将爬虫代码上传到远程服务器上，这就涉及了打包和上传等操作。为了解决这个问题，可以使用另一个包 Scrapyd-Client 来完成。安装指令如下，依然是通过 pip 安装：

```
pip3 install scrapyd-client
```

熟悉 Scrapy 爬虫的读者可能会知道，每次创建 Scrapy 新项目之后，会生成一个配置文件 scrapy.cfg，如图 7-23 所示。

```
# Automatically created by: scrapy startproject
#
# For more information about the [deploy] section see:
# https://scrapyd.readthedocs.org/en/latest/deploy.html

[settings]
default = newcrawler.settings

[deploy]
#url = http://localhost:6800/
project = newcrawler
```

图 7-23 Scrapy 爬虫中的 scrapy.cfg 文件内容

打开此配置文件进行一些配置：

```
# scrapyd 的配置名
[deploy:scrapy_cfg1]
#启动 scrapyd 服务的远程主机 ip，localhost 默认为本机
url = http://localhost:6800/
#url = http:xxx.xxx.xx.xxx:6800    # 服务器的 IP
username = yourusername
password = password
# 项目名称
project = ProjectName
```

完成之后，就能够省略 scp 等繁琐操作，通过"scrapyd-deploy"命令实现一键部署。如果还要实时监控服务器上 Scrapy 爬虫的运行状态，可以通过请求 Scrapyd 的 API 来实现。Scrapyd-API 库就能完美地满足这个要求，安装这个工具后，通过简单的 Python 语句就能查看远程爬虫的状态（如下面的代码），得到的输出结果就是以 JSON 形式呈现的爬虫运行情况。

```
from scrapyd_api import ScrapydAPI
scrapyd = ScrapydAPI('http://host:6800')
scrapyd.list_jobs('project_name')
```

当然，在爬虫的部署和管理方面，还有一些更为综合性、在功能上更为强大的工具，比如国内开发的 Gerapy(https://github.com/Gerapy/Gerapy)。这是一个基于 Scrapy、Scrapyd、Scrapyd-Client、Scrapy-Redis、Scrapyd-API、Scrapy-Splash、django、Jinjia2 等众多强大工具的库，能够帮助用户通过网页 UI 查看并管理爬虫。

安装 Gerapy 仍然是通过 pip：

```
pip3 install gerapy
```

pip3 指明为 Python 3 安装，当电脑中同时存在 Python 2 与 Python 3 环境时，使用 pip2 和 pip3 便能够区分这一点。

安装完成之后，就可以马上使用 gerapy 命令。初始化命令是：

```
gerapy init
```

该命令执行完毕之后，就会在本地生成一个 Gerapy 的文件夹，进入该文件夹（cd 命令），可以看到有一个 projects 文件夹（ls 命令）。之后执行数据库初始化命令：

```
gerapy migrate
```

它会在 Gerapy 目录下生成一个 SQLite 数据库，同时建立数据库表。之后执行启动服务的命令（结果见图 7-24）：

```
gerapy runserver
```

```
Django version 2.0.2, using settings 'gerapy.server.server.settings'
Starting development server at http://127.0.0.1:8000/
Quit the server with CONTROL-C.
```

图 7-24 runserver 命令的结果

最后在浏览器中打开 http://localhost:8000/，就可以看到 Gerapy 的主界面，如图 7-25 所示。

图 7-25 Gerapy 显示的主机和项目状态

Gerapy 的主要功能就是项目管理，通过它可以配置、编辑和部署 Scrapy 爬虫。如果想要对一个 Scrapy 项目进行管理和部署，将项目移动到刚才 Gerapy 运行目录的 projects 文件夹下即可。

接下来，通过单击"部署"按钮进行打包和部署，再单击"打包"按钮，即可发现 Gerapy 会提示打包成功，之后便可以开始部署。当然，对于已经部署的项目，Gerapy 也能够提供监控器状态。Gerapy 甚至提供了基于 GUI 的代码编辑页面，如图 7-26 所示。

图 7-26 Gerapy 中的程序编辑功能

众所周知，Scrapy 中的 CrawlSpider 是一个非常常用的模板，前面已经看到，CrawlSpider 通过一些简单的规则来完成爬虫的核心配置（如爬取逻辑等），因此，基于这个模板，如果要新创建一个爬虫，只需要写好对应的规则即可。Gerapy 利用了 Scrapy 的这一特性，用户如果写好规则，Gerapy 就能够自动生成 Scrapy 项目代码。

单击项目页面右上角的按钮，就能够增加一个可配置爬虫，然后在此处添加提取实体、爬取规则和抽取规则（详见图 7-27）。配置完所有相关规则后生成代码，最后只需要继续在

Gerapy 的 Web 页面操作,对项目进行部署和运行,也就是说,通过 Gerapy 完成了从创建到运行完毕所有的工作。

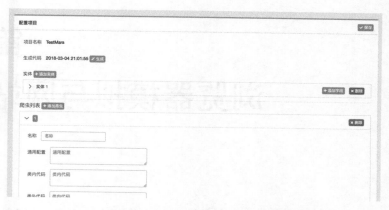

图 7-27　Gerapy 通过 UI 编辑爬虫(实体和规则等)

7.4　本章小结

本章介绍了不同应用领域的爬虫,还讨论了对爬虫的远程部署和管理。接下来的章节内容将转向爬虫的另一个应用领域,那就是利用爬虫进行网站测试。

第 8 章 浏览器模拟与网站测试

爬虫程序是天生为采集网络数据而生的，不过作为与网站进行交互的程序，爬虫还可以扮演网站测试的角色。对于很多 Web 应用而言，通常会将注意力放在后端的各项测试之上，前端界面测试一般会由一个程序员自行完成。使用爬虫程序，尤其是浏览器模拟，开发者可以轻松地使用 Python 来对网站进行测试，将可能需要手动完成的 GUI 操作使用代码自动化。事实上，Selenium 这个工具本身就是为网页测试而开发的，使用 Selenium WebDriver 可以使得网站开发者十分方便地进行 UI 测试。其丰富的 API 可以帮助开发者访问 DOM、模拟键盘输入，甚至运行 JavaScript。

8.1 关于测试

8.1.1 什么是测试

在人们提到"测试"这个概念时，很多时候所指代的就是"单元测试"。单元测试（有时候也叫模块测试）就是开发者所编写的一段代码，用于检验被测代码的一个较小的、明确的功能是否正确。所以通常而言，一个单元测试是用于判断某个特定条件（或者场景）下某个特定函数的行为，而一个小模块的所有单元测试都会被集中到同一个类（class）中，并且每个单元测试都能够独立地运行。当然，单元测试的代码与生产代码也是独立的，一般会被保存在独立的项目和目录中。

作为程序开发中的重要一环，单元测试的作用包括确保代码质量、改善代码设计、保证代码重构不会引入新问题（以函数为单位进行重构的时候，只需要重新跑测试就基本可以保证重构没有引入新问题）。

除了单元测试，有时还会听到"集成测试""系统测试"等其他名词。集成测试就是在软件系统集成过程中所进行的测试，一般安排在单元测试完成之后，目的是检查模块之间的接口是否正确。系统测试则是对已经集成好的软件系统进行彻底的测试，目标在于验证软件系统的正确性和确保性能等满足要求。本章将主要讨论单元测试。

8.1.2 什么是 TDD

按照理解，测试似乎是在代码完成之后再实现的部分，毕竟测试的是代码，但是测试却可以先行，而且还会收到更加良好的效果，这就是所谓的测试驱动开发（TDD）。换句话说，TDD 就是先写测试，再写代码。《代码大全》中的描述如下。

- 在开始写代码之前先写测试用例，并不比之后再写要少花多少功夫，只是调整了一下测试用例编写活动的工作顺序而已。
- 假如你首先编写测试用例，那么你将可以更早发现缺陷，同时也更容易修正它们。
- 首先编写测试用例，将迫使你在开始写代码之前至少思考一下需求和设计，而这往往会催生更高质量的代码。
- 在编写代码之前先编写测试用例，能更早地把需求上的问题暴露出来。

实际上，《代码整洁之道》中还描述了 TDD 三定律。

- 定律一：在编写不能通过的单元测试前，不可编写生产代码。
- 定律二：只可编写刚好无法通过的单元测试，不能编译也算不通过。
- 定律三：只可编写刚好足以通过当前失败测试的生产代码。产品代码能够让当前失败的单元测试成功通过即可，不要多写。

无论是先写测试还是后写测试，测试都是需要重视的环节，而开发者的最终目的是提供可用的、完善的程序模块。

8.2 Python 的单元测试

8.2.1 使用 unittest

在 Python 中，开发者可以使用自带的 unittest 模块编写单元测试，见例 8-1。

【例 8-1】 TestStringMethods.py，unittest 简单示例。

```
import unittest

class TestStringMethods(unittest.TestCase):

    def test_upper(self):
        self.assertEqual('test'.upper(), 'TEST')      # 判断两个值是否相等

    def test_isupper(self):
        self.assertTrue('TEST'.isupper())             # 判断值是否为 True
        self.assertFalse('Test'.isupper())            # 判断值是否为 False
```

在 PyCharm IDE 中运行这个程序，可以看到结果与普通的脚本不同，这个程序被作为一

个测试来执行，如图 8-1 所示。

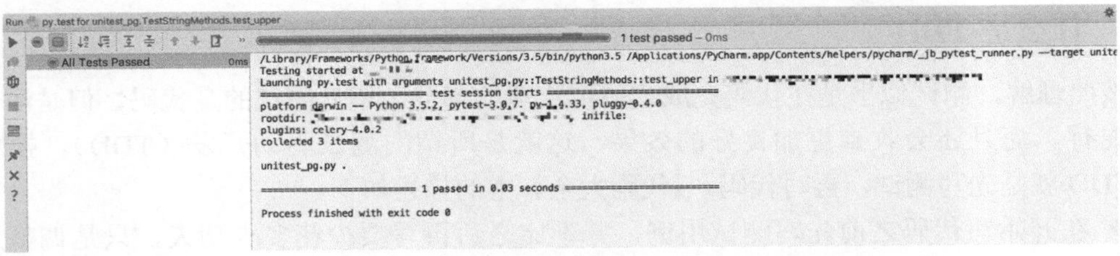

图 8-1　在 PyCharm IDE 中运行 TestStringMethods

当然，也可以使用命令行来运行：

```
python3 -m unittest TestStringMethods
```

输出为：

```
..
----------------------------------------------------------------------
Ran 2 tests in 0.000s

OK
```

使用-v 参数执行命令可以获得更多信息，如图 8-2 所示。

```
test_isupper (TestStringMethods.TestStringMethods) ... ok
test_upper (TestStringMethods.TestStringMethods) ... ok

----------------------------------------------------------------------
Ran 2 tests in 0.000s

OK
```

图 8-2　运行 TestStringMethods 的信息

以上输出说明该测试已通过。如果还想换一种方式，可以使用运行普通脚本的方式来执行测试，就像这样：python3 TestStringMethods.py，那么就还需要在脚本末尾增加两行代码：

```
if __name__ == '__main__':
    unittest.main()
```

这个示例中创建了一个 TestStringMethods 类，并继承了 unittest.TestCase。其中的方法命名都以"test"开头，表明该方法是测试方法。实际上，不以"test"开头的方法在测试的时候就不会被 Python 解释器执行。因此，如果添加这样的一个方法：

```
def nottest_isupper(self):
```

```
self.assertEqual('TEST'.upper(),'test')
```

虽然'TEST'.upper()与'test' 并不相等，但是这个测试仍然会通过，因为 nottest_isupper()方法不会被执行。上述的各个方法里面使用了断言（assert）来判断运行的结果是否和预期相符。其中的方法含义如下。

- assertEqual：判断两个值是否相等。
- assertTrue/assertFalse：判断表达式的值是 True 还是 False。

断言方法主要就分为三种类型。

- 检测两个值的大小关系：相等、大于、小于等。
- 检查逻辑表达式的值：True/Flase。
- 检查异常。

实践中常用的断言方法见表 8-1。

表 8-1 常见的 unittest 断言方法

断言方法	意　义
assertEqual(a, b)	判断 a==b
assertNotEqual(a, b)	判断 a！=b
assertTrue(x)	bool(x) is True
assertFalse(x)	bool(x) is False
assertIs(a, b)	a is b
assertIsNot(a, b)	a is not b
assertIsNone(x)	x is None
assertIsNotNone(x)	x is not None
assertIn(a, b)	a in b
assertNotIn(a, b)	a not in b
assertIsInstance(a, b)	isinstance(a, b)
assertNotIsInstance(a, b)	not isinstance(a, b)

有时候还需要在每个测试方法执行前和执行后做一些操作，比如，在每个测试方法执行前连接数据库，执行后断开连接。此时可以使用 setUp()（启动）和 teardown()（退出）方法，这样就不需要再在每个测试方法中编写重复的代码。下面来改写一下刚才的测试类：

```
import unittest

class TestStringMethods(unittest.TestCase):
  def setUp(self):
    print("set up the test")

  def tearDown(self):
    print("tear down the test")
```

```python
def test_upper(self):
    self.assertEqual('test'.upper(), 'TEST')      # 判断两个值是否相等

def test_isupper(self):
    self.assertTrue('TEST'.isupper())             # 判断值是否为 True
    self.assertFalse('Test'.isupper())            # 判断值是否为 False

def nottest_isupper(self):
    self.assertEqual('TEST'.upper(),'test')
```

再次使用命令"python3 –m unittest –v TestStringMethods"来执行测试，结果图 8-3 所示。

```
test_isupper (TestStringMethods.TestStringMethods) ... set up the test
tear down the test
ok
test_upper (TestStringMethods.TestStringMethods) ... set up the test
tear down the test
ok

----------------------------------------------------------------------
Ran 2 tests in 0.000s

OK
```

图 8-3　再次执行 TestStringMethods 的测试

可见在测试类在执行测试之前和之后会分别执行 setUp()和 tearDown()。注意，这两个函数是在每个测试的开始和结束都运行，而不是把 TestStringMethods 这个测试类作为一个整体而只在开始和结束运行一次。

8.2.2　其他方法

除了 Python 内置的 unittest，开发者还有不少别的选择，pytest 模块就是个不错的选择。pytest 兼容 unittest，目前很多开源项目也都在用。安装也是一如既往的方便：

```
pip install pytest
```

pytest 的功能比较全面而且可扩展，但是语法很简洁，甚至比 unittest 还要简单，见例 8-2。

【例 8-2】　pytestCalculate.py，pytest 模块示例。

```python
def add(a, b):
    return a + b


def test_add():
    assert add(2, 4) == 6
```

使用 pytest pytestCalculate.py 命令来执行测试，如图 8-4 所示。

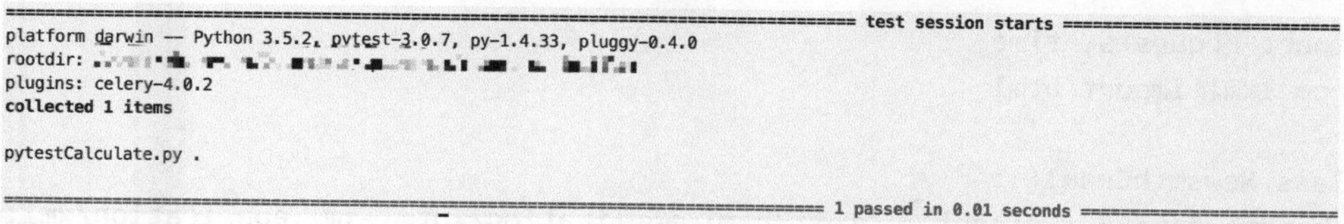

第 8 章 浏览器模拟与网站测试

```
platform darwin -- Python 3.5.2, pytest-3.0.7, py-1.4.33, pluggy-0.4.0
rootdir: ...
plugins: celery-4.0.2
collected 1 items

pytestCalculate.py .

================ 1 passed in 0.01 seconds ================
```

图 8-4 pytestCalculate 的测试结果

当需要编写多个测试样例的时候，可以将其放到一个测试类当中：

```
def add(a, b):
  return a + b

def mul(a, b):
  return a * b

class TestClass():
  def test_add(self):
    assert add(2, 4) == 6

  def test_mul(self):
    assert mul(2,5) == 10
```

编写时需要遵循一些原则：
- 测试类以"Test"开头，并且不能带有 __init__()方法。
- 测试函数以"test"开头。
- 断言使用基本的 assert 来实现。

此时仍然可以使用"pytest pytestCalculate.py"来进行这个测试，输出结果会显示"2 passed in 0.03 seconds"。

当然，除了 unittest 和 pytest，Python 中的单元测试工具还有很多，有兴趣的读者可以自行了解。

8.3 使用 Python 爬虫测试网站

把 Python 单元测试的概念与网络爬虫程序结合起来，就可以实现简单的网站功能测试。现在不妨来测试一下论坛类网站（即以用户发帖和回帖为主要内容的网站）。这里为了简单起见，仅从一个十分基础的功能单元切入——测试顶帖对网站内容排序的影响。也就是说，在众多页面中，被展示在前面的页面（即页码较小）中的帖子的最后回复时间（日期）一定新于后面页面中帖子的最后回复时间，而同一页面的帖子列表中上面帖子的最后回复时间（日期）也一定新于下面的帖子。以著名的水木论坛为例，编写的爬虫类见例 8-3。

【例 8-3】 Newsmth_pg.py，水木论坛的爬虫。

```python
import requests, time
from lxml import html

class NewsmthCrawl():
    header_data = {'Accept': 'text/html,application/xhtml+xml,application/xml;q=0.9,image/webp,*/*;q=0.8',
                   'Accept-Encoding': 'gzip, deflate, sdch, br',
                   'Accept-Language': 'zh-CN,zh;q=0.8',
                   'Connection': 'keep-alive',
                   'Upgrade-Insecure-Requests': '1',
                   'User-Agent': 'Mozilla/5.0 (Windows NT 6.1; WOW64) AppleWebKit/537.36 (KHTML, like Gecko) Chrome/36.0.1985.125 Safari/537.36',
                   }

    def set_startpage(self, startpagenum):
        self.start_pagenum = startpagenum

    def set_maxpage(self, maxpagenum):
        self.max_pagenum = maxpagenum

    def set_kws(self, kw_list):
        self.kws = kw_list

    def keywords_check(self, kws, str):
        if len(kws) == 0 or len(str) == 0:
            return False
        else:
            if any(kw in str for kw in kws):
                return True
            else:
                return False

    def get_all_items(self):
        res_list = []
        ses = requests.Session()

        raw_urls = ['http://www.newsmth.net/nForum/board/Joke?ajax&p={}'.
                    format(i) for i in range(self.start_pagenum, self.max_pagenum)]
        for url in raw_urls:
            resp = ses.get(url, headers=NewsmthCrawl.header_data)
            h1 = html.fromstring(resp.content)
            raw_xpath = '//*[@id="body"]/div[3]/table/tbody/tr'

            for one in h1.xpath(raw_xpath):
```

```
        tup=(one.xpath('./td[2]/a/text()')[0],'http://www.newsmth.net'+one.xpath
('./td[2]/a/@href')[0],one.xpath('./td[8]/a/text()')[0])
        res_list.append(tup)

      time.sleep(1.2)

    return res_list
```

这个爬虫类的核心方法是 get_all_items()，这个方法会返回一个列表（list），列表中的每个元素都是一个元组（tuple），元组中有三个元素：帖子的标题、帖子的链接、帖子的最后回复日期。这段程序会对水木论坛笑话版面（地址是 www.newsmth.net/nForum/#!board/Joke）进行爬取。另外，keywords_check()方法会接收两个参数，即 kws 和 str，用于判断 kws 列表中是否存在某个关键词也在 str 这个字符串中，返回布尔值。不过在目前的 get_all_items()方法中还没有进行关键词检测，这个方法也没有在任何地方被调用。

简单地执行这个爬虫，输出 get_all_items()的结果，如图 8-5 所示。

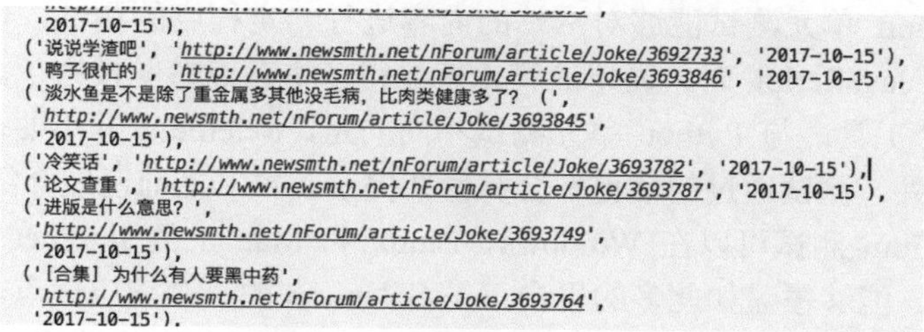
```
 '2017-10-15'),
('说说学渣吧', 'http://www.newsmth.net/nForum/article/Joke/3692733', '2017-10-15'),
('鸭子很忙的', 'http://www.newsmth.net/nForum/article/Joke/3693846', '2017-10-15'),
('淡水鱼是不是除了重金属多其他没毛病，比肉类健康多了？ (',
 'http://www.newsmth.net/nForum/article/Joke/3693845',
 '2017-10-15'),
('冷笑话', 'http://www.newsmth.net/nForum/article/Joke/3693782', '2017-10-15'),
('论文查重', 'http://www.newsmth.net/nForum/article/Joke/3693787', '2017-10-15'),
('进版是什么意思？',
 'http://www.newsmth.net/nForum/article/Joke/3693749',
 '2017-10-15'),
('[合集] 为什么有人要黑中药',
 'http://www.newsmth.net/nForum/article/Joke/3693764',
 '2017-10-15'),
```

图 8-5　get_all_items()方法的结果

对应地，再编写一个测试类，存放在 test_newsmth.py 中，见例 8-4。

【例 8-4】 test_newsmth.py，水木论坛爬虫的测试。

```
import datetime
from newsmth_pg import NewsmthCrawl

class TestClass():
  def test_lastreplydatesort(self):
    Nsc = NewsmthCrawl()
    Nsc.set_startpage(3)
    Nsc.set_maxpage(10)
    tup_list = Nsc.get_all_items()
    for i in range(1, len(tup_list)):
      dt_new = datetime.datetime.strptime(tup_list[i-1][-1], '%Y-%m-%d')
      dt_old = datetime.datetime.strptime(tup_list[i][-1], '%Y-%m-%d')
      assert dt_new >= dt_old
```

这个测试类只有一个测试方法，test_lastreplydatesort()的目标是获取所有“最后回复日期"然后逐个比对。因为多个帖子可能会有同一个回复日期，所以在断言语句中是">="而不是">"。另外，dt_new 和 dt_old 都是使用 strptime()构造的 Datetime 对象，关于 strptime()方法，本书第 10 章也有相关的介绍。

这里同样执行 pytest test_newsmth.py 来进行测试，最终测试通过，如图 8-6 所示。

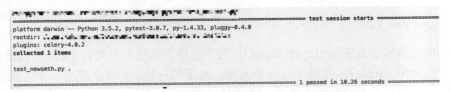

图 8-6　Pytest 测试水木论坛爬虫的结果

8.4　使用 Selenium 测试

虽然使用 Python 单元测试能够对网站的内容进行一定程度的测试，但是对于测试页面功能，尤其是涉及 JavaScript 时，简单的爬虫就显得多少有点黔驴技穷了。十分幸运的是，还有 Selenium 这个工具。与 Python 单元测试不同的是，Selenium 并不要求单元测试必须是一个测试方法，另外，测试通过的话也不会有什么提示。本书之前已经介绍过 Selenium，必须强调的是，Selenium 测试可以在 Windows、Linux 和 Mac 上的 Internet Explorer、Mozilla 和 Firefox 中运行，能够覆盖如此多的平台正是 Selenium 的一个突出优点。毕竟不同于普通的 Python 测试，Selenium 测试可以从终端用户的角度来测试网站。而且，通过在不同平台的不同浏览器中进行测试，也更容易暴露浏览器的兼容性问题。

8.4.1　Selenium 测试常用的网站交互

Selenium 进行网站测试的基础就是浏览器与网站的自动化交互，包括页面操作、数据交互等。之前的章节曾对 Selenium 的基本使用做过简单的说明，有了网站交互（而不是典型爬虫程序避开浏览器界面的策略），开发者就能够完成很多测试工作，比如找出异常表单、HTML 排版错误、页面交互问题。

一般来说页面交互的第一步都是定位元素，即使用 find_element(s)_by_*系列方法。对于一个给定的元素（最好已经定位到了这个元素），Selenium 能够执行的操作也很多，包括单击（click()方法）、双击（double_click()方法）、键盘输入（send_keys()方法）、清除输入（clear()方法）等，甚至是模拟浏览器的前进或后退（使用 driver.forward()和 driver.back()），或者是访问网站弹出的对话框（driver.switch_to_alert()）。

Selenium 中的动作链（action chain）也是一个十分方便的设计用它可以完成多个动作，其效果与对一个元素显式执行多个操作是一致的。例 8-5 是一个使用 Selenium 登录豆瓣的例子。

【例 8-5】　使用 Selenium 登录豆瓣。

```python
from selenium import webdriver
from selenium.webdriver import ActionChains

path_of_chromedriver = 'your path of chrome driver'
driver = webdriver.Chrome(path_of_chromedriver)
driver.get('https://www.douban.com/login')
email_field = driver.find_element_by_id('email')
pw_field = driver.find_element_by_id('password')
submit_button = driver.find_element_by_name('login')

email_field.send_keys('youremail@mail.com')
pw_field.send_keys('yourpassword')
submit_button.click()
```

将最后三行代码改写为:

```python
actions = ActionChains(driver).\
  click(email_field).send_keys('youremail@mail.com') \
  .click(pw_field).send_keys('yourpassword').click(submit_button)

actions.perform()
```

这两种方式的效果是完全一致的。第一种方式在两个字段上调用 send_keys()，然后单击登录按钮。第二种方式则使用一个动作链来单击每个字段并填写信息，最后登录（不要忘了在最后使用 perform() 方法执行这些操作）。实际上，不仅能使用 WebDriver 自带的方法进行交互，还有十分强大 execute_script() 方法可以使用：

```python
last_height = driver.execute_script("return document.body.scrollHeight")
while True:
  # 页面下滚到底部
  driver.execute_script("window.scrollTo(0, document.body.scrollHeight);")
  new_height = driver.execute_script("return document.body.scrollHeight")
  if new_height == last_height:
    break
  last_height = new_height
```

上面的代码就是一个使用 JavaScript 脚本来进行页面交互的例子，其实现的功能是不断下拉到页面底端（即浏览器右侧的滚动条）。

最后，如果使用 PhantomJS 等无界面浏览器来进行测试，就会发现 Selenium 的截图保存是一个十分友好的功能。以下代码都能够完成截屏动作：

```python
driver.save_screenshot('screenshot-douban.jpg')
driver.get_screenshot_as_file('screenshot-douban.png')
```

截屏的意义至少在于，当开发者搞不清楚测试问题所在时，查看此时的网站实时界面总是个不错的选择。

8.4.2 结合 Selenium 进行单元测试

使用 Selenium 可以轻而易举地获取网站的相关信息，而通过单元测试可以评估这些信息是否满足测试条件，因此，结合 Selenium 进行单元测试就成为十分自然的选择。下面的示例对维基百科（en.wikipedia.org/wiki/Main_Page）进行测试，在搜索框搜索"Wikipedia"关键词，检测查找结果，如果没有查询结果则测试不通过，见例 8-6。

【例 8-6】 TestWikipedia.py，一个使用 Selenium 测试 Wikipedia 的程序。

```python
import unittest,time
from selenium import webdriver
from selenium.webdriver.common.keys import Keys

class TestWikipedia(unittest.TestCase):
  path_of_chromedriver = 'your path of chromedriver'

  def setUp(self):
    self.driver = webdriver.Chrome(executable_path=TestWikipedia.path_of_chromedriver)

  def test_search_in_python_org(self):
    driver = self.driver
    driver.get("https://en.wikipedia.org/wiki/Main_Page")
    self.assertIn("Wikipedia", driver.title)
    elem = driver.find_element_by_name("search")
    elem.send_keys('Wikipedia')
    elem.send_keys(Keys.RETURN)
    time.sleep(3)
    assert "no results" not in driver.page_source

  def tearDown(self):
    print("Wikipedia test done.")
    self.driver.close()

if __name__ == "__main__":
  unittest.main()
```

在上面的代码中，测试类继承自 unittest.TestCase。继承 TestCase 类是告诉 unittest 模块该类是一个测试用例。setUp()方法中创建了 Chrome WebDriver 的一个实例，下面一行使用 assert 断言的方法判断在页面标题中是否包含"Wikipedia"：

```python
self.assertIn("Wikipedia", driver.title)
```

使用 find_element_by_name()方法找到搜索框后，发送 keys 输入，这和使用键盘输入

keys 是同样的效果。其中，一些特殊的按键可以通过导入 selenium.webdriver.common.keys 的 Keys 类来输入（正如代码开头那样），之后再检测网页中是否存在 "no results" 这个字符串。整个测试类的逻辑基本如上所述。

在 IDE 中运行这个测试程序，可见维基百科网站通过了这次测试（见图 8-7）。对于 "Wikipedia" 这个关键字，搜索是不会查询不到结果的。

图 8-7　IDE 运行 TestWikipedia.py 的结果

当然，如果把搜索内容改为其他的"冷门"关键字，该测试可能就无法通过，如搜索 "CANNOTSEARCH" 这个理应不会有什么结果的关键字，测试的结果如图 8-8 所示。

图 8-8　更改搜索关键字后的测试结果

不夸张地说，任何网站（当然也包括开发者自己创建管理的网站）的内容都可以使用 Selenium 进行单元测试，并且正如上面所看到的那样，测试代码的编写也并不复杂。

8.5　本章小结

这一部分重点讨论了 Python 单元测试的概念和方法，之后介绍了使用 Selenium 进行网站测试的思路。本章使用了一个维基百科的小例子来说明测试的具体编写方法，Selenium 测试所能做的远远不止这一点。使用 Selenium 提供的种种功能（主要以 WebDriver 的各种类方法来体现），开发者能够完成很多不同的测试，在这个角度上，网络爬虫与网站测试之间似乎也没有什么太大的区别了。另外，本章提到了两个 Python 单元测试工具：unittest 和 pytest，有兴趣的读者还可以继续了解 PyUnit、Nose 等其他模块。

第 9 章 更强大的爬虫

本章将试图让爬虫程序变得更为强壮，首先介绍主流的爬虫框架，另外还会对网站反爬虫策略、爬虫性能和分布式爬虫几个方面进行讨论。

9.1 爬虫框架

9.1.1 Scrapy 是什么

按照官方的说法，Scrapy 是一个"为了爬取网站数据，提取结构性数据而编写的 Python 应用框架，可以应用在包括数据挖掘、信息处理或存储历史数据等各种程序中"。Scrapy 最初是为了网页抓取而设计的，也可以应用在获取 API 所返回的数据或者通用的网络爬虫开发之中。用户可以根据自己的需求十分方便地使用 Scrapy 编写出自己的爬虫程序。爬虫程序的编写要从使用 Requests（或者 urllib）访问 URL 开始编写，然后把网页解析、元素定位等功能一行一行写进去，再编写爬虫的循环抓取策略和数据处理机制等其他功能，这些流程做下来，工作量其实也是不小的。使用特定的框架可以帮助开发者更高效地定制爬虫程序。在各种 Python 爬虫框架中，Scrapy 因其合理的设计、简便的用法和十分广泛的资料等优点脱颖而出，成为比较流行的选择，本节将对它进行比较详细的介绍。当然，深入了解一个 Python 库相关知识最好的方式就是去查看它的官网或官方文档。Scrapy 的官网是 https://scrapy.org/，读者可以随时访问并查看最新消息。

作为可能是目前最流行的 Python 爬虫框架，掌握 Scrapy 爬虫编写是开发者在爬虫开发中迈出的重要一步。当然，Python 爬虫框架有很多，相关资料也比较庞杂。

从构件上看，Scrapy 这个爬虫框架主要由以下组件组成。

- 引擎（Scrapy）：用来处理整个系统的数据流处理及触发事务，是框架的核心。
- 调度器（Scheduler）：用来接收引擎发过来的请求，将请求放入队列中，并在引擎再次请求的时候返回。它决定下一个要抓取的网址，同时担负着网址去重这一重要工作。

第 9 章 更强大的爬虫

- 下载器（Downloader）：用于下载网页内容，并将网页内容返回给爬虫。下载器的基础是 twisted——一个 Python 网络引擎框架。
- 爬虫（Spiders）：用于从特定的网页中提取自己需要的信息，即 Scrapy 中所谓的实体(Item)。也可以从中提取出链接，让 Scrapy 继续抓取下一个页面。
- 管道（Pipeline）：负责处理爬虫从网页中抽取的实体，主要的功能是持久化信息、验证实体的有效性、清洗信息等。当页面被爬虫解析后，将被发送到管道，并经过特定的程序来处理数据。
- 下载器中间件（Downloader Middlewares）：Scrapy 引擎和下载器之间的框架，主要用于处理 Scrapy 引擎与下载器之间的请求及响应。
- 爬虫中间件（Spider Middlewares）：Scrapy 引擎和爬虫之间的框架，主要工作是处理爬虫的响应输入和请求输出。
- 调度中间件（Scheduler Middewares）：Scrapy 引擎和调度之间的中间件，主要负责处理从 Scrapy 引擎发送到调度的请求和响应。

它们之间的关系如图 9-1 所示。

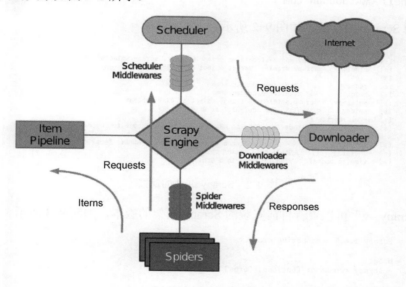

图 9-1 Scrapy 架构

具体地说，一个 Scrapy 爬虫的工作流程如下：第一步，引擎打开一个网站，找到处理该网站的爬虫（spider），并向该爬虫请求第一个要爬取的 URL；第二步，引擎从爬虫中获取到第一个要爬取的 URL 并在调度器（scheduler）中以 Requests 调度；第三步，引擎向调度器请求下一个要爬取的 URL；第四步，调度器返回下一个要爬取的 URL 给引擎，引擎将 URL 通过下载器中间件转发给下载器（Downloader）。

一旦页面下载完毕，下载器会生成一个该页面的 Response，并将其通过下载器中间件发送给引擎。引擎从下载器中接收到 Response 并通过爬虫中间件（Spider Middlewares）发送给爬虫处理。之后爬虫处理 Response 并返回爬取到的 Item 及发送（跟进的）新的 Resquest 给引擎。引擎将爬取到的 Item 传递给 Item Pipeline，将（爬虫返回的）Request 传递给调度器。重复以上从第二步开始的过程直到调度器中没有更多的 Requests，最终引擎关闭网站。

9.1.2 Scrapy 安装与入门

通过 pip 可以十分轻松地安装 Scrapy，为了安装 Scrapy 可能首先需要使用以下命令安装 lxml 库：

```
pip install lxml
```

如果已经安装 lxml，那就可以直接安装 Scrapy：

```
pip install scrapy
```

在终端中执行命令（后面的网址可以是其他域名，比如 www.baidu.com）：

```
scrapy shell www.douban.com
```

可以看到 Scrapy 的反馈，如图 9-2 所示。

```
[s] Available Scrapy objects:
[s]   scrapy     scrapy module (contains scrapy.Request, scrapy.Selector, etc)
[s]   crawler    <scrapy.crawler.Crawler object at 0x1053c0b70>
[s]   item       {}
[s]   request    <GET http://www.douban.com>
[s]   response   <403 http://www.douban.com>
[s]   settings   <scrapy.settings.Settings object at 0x10633b358>
[s]   spider     <DefaultSpider 'default' at 0x106682ef0>
[s] Useful shortcuts:
[s]   fetch(url[, redirect=True]) Fetch URL and update local objects (by default, redirects are followed)
[s]   fetch(req)                  Fetch a scrapy.Request and update local objects
[s]   shelp()           Shell help (print this help)
[s]   view(response)    View response in a browser
```

图 9-2 Scrapy shell 的反馈

使用"scrapy -v"可以查看目前安装的 Scrapy 框架的版本，如图 9-3 所示。

```
Scrapy 1.4.0 - no active project

Usage:
  scrapy <command> [options] [args]

Available commands:
  bench         Run quick benchmark test
  fetch         Fetch a URL using the Scrapy downloader
  genspider     Generate new spider using pre-defined templates
  runspider     Run a self-contained spider (without creating a project)
  settings      Get settings values
  shell         Interactive scraping console
  startproject  Create new project
  version       Print Scrapy version
  view          Open URL in browser, as seen by Scrapy

  [ more ]      More commands available when run from project directory

Use "scrapy <command> -h" to see more info about a command
```

图 9-3 查看 Scrapy 版本

第 9 章　更强大的爬虫

看到这些信息就说明 Scrapy 已经安装成功。在 PyCharm IDE 中安装 Scrapy 也很简单，在"Preference"→"Project Interpreter"面板中单击"+"按钮，在搜索框中搜索安装包后单击"Install Package"按钮即可。如果有多个 Python 环境的话，在"Project Interpreter"中选择一个即可。

如果要在 Windows 系统中安装 Scrapy，可能需要预先安装一些 Scrapy 依赖的库，首先是 Visual C++ Build Tools，在此过程中可能需要安装较新版本的 .NET Framework。之后需要安装 pywin32，这里直接下载 exe 文件安装[⊖]。另外还需要安装 twisted（如上文所述，twisted 是 Scrapy 的基础之一），使用"pip install twisted"命令即可。

当然，Scrapy 还可以使用 Conda 工具安装，这里就不再赘述了。

为了在终端中创建一个 Scrapy 项目，首先要进入自己想要存放项目的目录下，也可以直接新建一个目录（文件夹）。这里选择在终端中使用命令创建一个新目录并进入：

```
mkdir newcrawler
cd newcrawler/
```

之后执行 Scrapy 框架的对应命令：

```
scrapy startproject newcrawler
```

此时目录下多出了一个新的名为"newcrawler"的目录，这个目录的结构（见图 9-4）是一个标准的 Scrapy 爬虫项目结构。

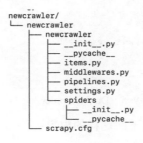

图 9-4　newcrawler 目录结构

【提示】 在 Linux 和 Mac OS 系统中可以使用 tree 命令来查看文件目录的树形结构。在 Linux 下执行命令"apt-get install tree"即可安装这个工具。在 Mac OS 下可以使用 Homebrew 工具并执行"brew install tree"命令来安装。

上述目录中的 items.py 定义了爬虫的"实体"类，middlewares.py 是中间件文件，pipelines.py 是管道文件，spiders 文件夹下是具体的爬虫，scrapy.cfg 则是爬虫的配置文件。

使用 IDE 创建 Scrapy 项目的步骤几乎一模一样，在 PyCharm 中切换到"Terminal"面

⊖ 下载地址是 https://sourceforge.net/projects/pywin32/files/pywin32/Build%20220/。

板（终端），再执行上述各个命令即可。接下来执行新建爬虫的命令：

scrapy genspider DoubanSpider douban.com

输出为：

Created spider 'DoubanSpider' using template 'basic'

不难发现，genspider 命令就是创建一个名为"DoubanSpider"的新爬虫脚本，这个爬虫对应的域为 douban.com。在输出中有一个名为"basic"的模板，这其实是 Scrapy 的爬虫模板，包括 basic、crawl、csvfeed 以及 xmlfeed，后面章节会详细介绍。进入 DoubanSpider.py 中查看其内容（见图 9-5），可见它继承了 scrapy.Spider 类，其中还有一些类属性和方法。name 用来标识爬虫，它在项目中是唯一的，每一个爬虫有一个独特的 name。Parse()是一个处理 Response 的方法，在 Scrapy 中，Response 由每个 Request 下载生成。作为 parse()方法的参数，Response 是一个 TextResponse 的实例，其中保存了页面的内容。start_urls 列表是一个代替 start_requests()方法的捷径，所谓的 start_requests()方法，顾名思义，其任务就是从 URL 生成 scrapy.Request 对象，作为爬虫的初始请求。读者会遇到的 Scrapy 爬虫基本都有着类似这样的结构。

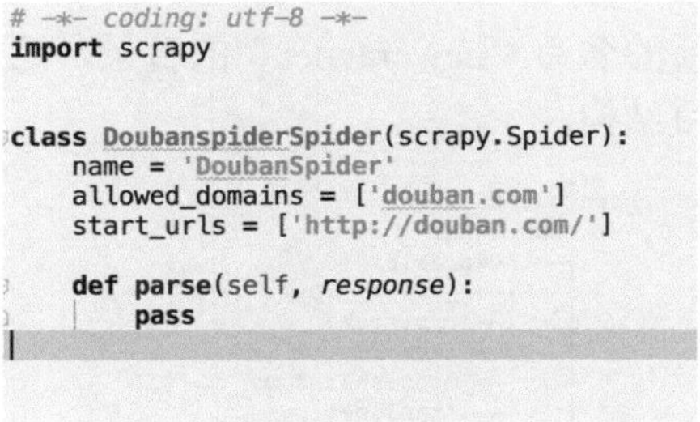

```python
# -*- coding: utf-8 -*-
import scrapy

class DoubanspiderSpider(scrapy.Spider):
    name = 'DoubanSpider'
    allowed_domains = ['douban.com']
    start_urls = ['http://douban.com/']

    def parse(self, response):
        pass
```

图 9-5　DoubanSpider

进入 items.py 文件中，应该会看到下面这样的内容：

```python
# -*- coding: utf-8 -*-

# Define here the models for your scraped items
#
# See documentation in:
# http://doc.scrapy.org/en/latest/topics/items.html

import scrapy

class NewcrawlerItem(scrapy.Item):
    # define the fields for your item here like:
    # name = scrapy.Field()
    pass
```

9.1.3 编写 Scrapy 爬虫

为了定制 Scrapy 爬虫，就需要根据自己的需求定义不同的 Item，比如，现在创建一个针对页面中所有正文文字的爬虫，将 items.py 中的内容改写为：

```python
class TextItem(scrapy.Item):
    # define the fields for your item here like:
    text = scrapy.Field()
```

之后编写 DoubanSpider.py：

```python
# -*- coding: utf-8 -*-
import scrapy
from scrapy.selector import Selector
from ..items import TextItem

class DoubanspiderSpider(scrapy.Spider):
    name = 'DoubanSpider'
    allowed_domains = ['douban.com']
    start_urls = ['https://www.douban.com/']

    def parse(self, response):
        item = TextItem()
        h1text = response.xpath('//a/text()').extract()
        print("Text is"+''.join(h1text))
        item['text'] = h1text
        return item
```

【提示】 对于一个爬虫项目可以有多个不同的爬虫类，因为很多时候开发者会想要在一组网页中收集不同类别的信息（比如一个电影介绍网页的演员表、剧情简介、海报图片等），这时就可以为它们设定独立的 Item 类，再用不同的爬虫进行爬取。

这个爬虫会先进入 start_urls 列表中的页面（在这个例子中就是豆瓣网的首页），收集信息完毕后就会停止。"response.xpath('//a/text()').extract()" 这行语句将从 Response（其中保存着网页信息）中使用 XPath 语句抽取出所有 "a" 标签的文字内容（text）。下一句会将它们逐一打印。

在运行这第一个简单的 Scrapy 爬虫之前，先进入 settings.py 文件中查看其内容，它应该是这样的（部分内容）：

```
# Obey robots.txt rules
ROBOTSTXT_OBEY = True

# Configure maximum concurrent requests performed by Scrapy (default: 16)
# CONCURRENT_REQUESTS = 32
```

```
# Configure a delay for requests for the same website (default: 0)
# See http://scrapy.readthedocs.org/en/latest/topics/settings.html#download-delay
# See also autothrottle settings and docs
# DOWNLOAD_DELAY = 3
```

ROBOTSTXT_OBEY 这个变量相信读者都很熟悉了，如果启用，Scrapy 就会遵循 robots.txt 的内容。CONCURRENT_REQUESTS 设定了并发请求的最大值，在这里是被注释掉的，也就是说没有限制最大值。DOWNLOAD_DELAY 的值设定了下载器在下载同一个网站的每个页面时需要等待的时间间隔。通过设置该选项，可以限制程序的爬取速度，减轻服务器压力。

另外一些 settings.py 中的重要设置如下。

- BOT_NAME: Scrapy 项目的 bot 名称，使用 startproject 命令创建项目时会自动赋值。
- ITEM_PIPELINES: 保存项目中启用的 pipeline 及其对应顺序，使用一个字典结构。字典默认为空，值（value）一般设定在 0~1000 范围内。数字小代表优先级高。
- LOG_ENABLED: 是否启用 logging，默认为 True。
- LOG_LEVEL: 设定 log 的最低级别。
- USER_AGENT: 默认的用户代理。

运行 Scrapy 爬虫脚本后，往往会生成大量的程序调试信息，这对于观察程序的运行状态是很有用的。不过，为了保持输出的简洁，也可以设置 LOG_LEVEL。Python 中的 log 级别一般有 DEBUG、INFO、WARNING、ERROR、CRITICAL 等，其"严重性"逐渐增长，包含的范围逐渐缩小。当把 LOG_LEVEL 设置为"ERROR"时，那么就只有 ERROR 和 CRITICAL 级别的日志会显示出来。补充说明一下，日志不仅可以在终端显示，也可以用 Scrapy 命令行工具输出到文件中。

接着，将目光转向 USER_AGENT，为了让爬虫看起来更像一个浏览器，这样的原生 USER_AGENT 就显得不合适了：

```
# USER_AGENT = 'newcrawler (+http://www.yourdomain.com)'
```

将 USER_AGENT 取消注释并编辑，结果为：

```
USER_AGENT = 'Mozilla/5.0 (Windows NT 6.1; WOW64) AppleWebKit/537.36 (KHTML, like Gecko) Chrome/36.0.1985.125 Safari/537.36'
```

【提示】 为避免被网站屏蔽，爬取网站时经常需要定义和修改 USER_AGENT 值（用户代理），将爬虫程序对网站的访问"伪装"成正常的浏览器请求。关于如何处理网站的反爬虫机制，在后面的章节中会继续讨论。

这些设置做完后，就可以开始运行这个爬虫了。运行爬虫的命令是：

```
scrapy crawl spidername
```

其中，"spidername"是爬虫的名称，即爬虫类中的 name 属性。

程序运行并抓取后，可以看到类似图 9-6 这样的输出，说明 Scrapy 成功进行了抓取：

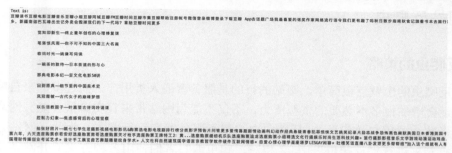

图 9-6　Scrapy 中 DoubanspiderSpider 运行后的输出

除了简单的 scrapy.Spider，Scrapy 还提供了诸如 CrawlSpider、csvfeed 等爬虫模板，其中 CrawlSpider 是最为常用的。另外，Scrapy 的 Pipeline 和 Middleware 都支持扩展，配合主爬虫类使用将取得很流畅的抓取和调试体验。

9.1.4　其他爬虫框架

Python 爬虫框架当然不止 Scrapy 一种，在其他诸多爬虫框架中，比较值得一提的是 PySpider、Portia 等。PySpider 是一个"国产"的框架，由国内开发者编写，拥有一个可视化的 Web 界面来编写调试脚本，使得用户可以进行诸多其他操作，如执行或停止程序、监控执行状态、查看活动历史等。Portia 则是另外一款开源的可视化爬虫编写工具。Portia 也提供 Web UI 页面（见图 9-7），开发者只需要通过单击并标注页面上需要抓取的数据即可完成爬虫。

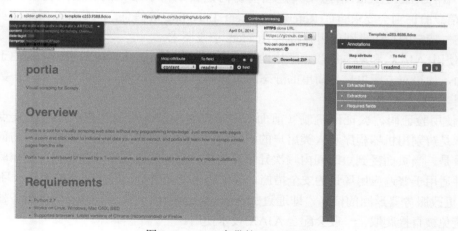

图 9-7　Portia 自带的 Web 界面

除了 Python 外，Java 语言也常常用于爬虫的开发，比较常见的爬虫框架包括 Nutch、Heritrix、WebMagic、Gecco 等。爬虫框架流行的原因，就在于开发者需要"多快好省"地完成一些任务，比如爬虫的 URL 管理、线程池之类的模块，如果自己从零做起，势必需要一段时间的试验、调试和修改。爬虫框架将一些"底层"的事务预先做好，开发者只需要将注意力放在爬虫本身的业务逻辑和功能开发上。

9.2 网站反爬虫

9.2.1 反爬虫的策略

网站反爬虫的出发点很简单，网站的目的是服务普通人类用户，而过多的来自爬虫程序的访问无疑会增加很多不必要的资源压力，不仅不能为网站带来真实流量（能够创造商业效益或社会影响力的用户访问数），反而白白浪费了服务器和运行成本。为此，网站方总是会设计一些机制来进行"反爬虫"，与之相对，爬虫编写者们使用各种方式避开网站反爬虫机制的过程就被称为"反反爬虫"（当然，递归地看，还存在"反反反爬虫"等）。网站反爬虫的机制从简单到复杂各不相同，基本思路就是要识别出一个访问是来自于真实用户还是来自于开发者编写的计算机程序（这么说其实有歧义，实际上真实用户的访问也是通过浏览器程序来实现的，不是吗），因此，一个好的反爬虫机制的最基本需求就是尽量多地识别出真正的爬虫程序，同时尽量少地将普通用户访问误判为爬虫。识别爬虫后要做的事情其实就很简单了，根据其特征限制乃至禁止其对页面的访问即可，但这也导致反爬虫机制本身的一个尴尬局面，那就是当反爬虫力度小的时候，往往会有"漏网之鱼"（爬虫），但当反爬虫力度大的时候，却有可能损失真实用户的流量（即"误伤"）。

从具体手段上看，反爬虫可以包括很多方式。

1）识别 Request Headers 信息。这是一种十分基础的反爬虫手段，主要是通过验证 Headers 中的 User-Agent 信息来判定当前访问是否来自于常见的界面浏览器。更复杂的 Headers 信息验证则会要求验证 Referer、Accept-Encoding 等信息，一些社交网络的页面甚至会根据某一特定的页面类别使用独特的 Headers 字段要求。

2）使用 AJAX 和动态加载。严格地说这不是一种为反爬虫而生的手段，但由于使用了动态页面，如果对方爬虫只是简单的静态网页源码解析程序，那么就能够起到保护数据和流量的作用。

3）使用验证码。验证码机制（前面的章节已经涉及）与反爬虫机制的出发点非常契合，那就是辨别出机器程序和人类用户的不同，因此验证码被广泛用于限制异常访问。一个典型场景是，当页面受到短时间内频次异常高的访问后，就会在下一次访问时弹出验证码。作为一种适用于普遍应用场景的安全措施，验证码无疑是整个反爬虫体系的重要一环。

4）更改服务器返回的信息。即通过加密信息、返回虚假数据等方式保护服务器返回的信息，避免被直接爬取，一般会配合 AJAX 技术使用。

5）限制或封禁 IP。这是反爬虫机制最主要的"触发后动作"，判定为爬虫后就限制乃至封禁来自当前 IP 地址的访问。

6）修改网页或 URL 内容，尽量使得网页或 URL 结构复杂化，乃至通过对普通用户隐藏某些元素和输入等方式来区别用户和爬虫。

7）账号限制。即只有登录账号才能够访问网站数据。

从"反反爬虫"的角度出发，下面将简单介绍几种避开网站反爬虫机制的方法，这些方法可以用来绕过一些普通的反爬虫系统，包括伪装 headers 信息、使用代理 IP、修改访问频率、动态拨号等。

【提示】 从道德和法律的角度出发，开发者应该坚持"友善"的爬虫，不仅仅需要考虑可能会对网站服务器造成的压力（比如，开发者应该至少设置一个不低于几百毫秒的访问间隔时间），更应该考虑自身对爬取到的数据采取的态度。对于很多网站上的数据（尤其是那些由网站用户创作的数据，UGC）而言，滥用这些数据可能会造成侵权行为。如有必要，在尽量避免商业应用的时候，还应该关注网站本身对这些数据的声明。

9.2.2 伪装 headers

正因为 headers 信息是网站方用来识别访问的最基本手段，因此读者可以在这方面下点功夫。headers（头字段）"定义了一个超文本传输协议事务中的操作参数"，仅就在爬虫编写中最常接触的 Request Header（请求头字段）而言，一些常见的字段名和含义见表 9-1。

表 9-1 headers 信息说明（部分）

字段	含义
Accept	指定客户端能够接收的内容类型
Accept-Charset	浏览器可以支持的字符编码集
Accept-Encoding	浏览器可以支持的 Web 服务器返回内容压缩编码类型
Accept-Language	浏览器可支持的语言
Accept-Ranges	可以请求网页实体的一个或者多个子范围字段
Authorization	HTTP 授权的授权证书
Cache-Control	指定请求和响应遵循的缓存机制
Connection	是否需要持久连接
Cookie	Cookie 信息
Date	请求发送的日期和时间
Expect	请求的特定的服务器行为
Host	指定请求的服务器主机的域名和端口号等
If-Unmodified-Since	只有当实体在指定时间之后未被修改时才请求成功
Max-Forwards	限制信息通过代理和网关传送的时间
Pragma	用来包含实现特定的指令
Range	只请求实体的一部分，指定范围
Referer	先前网页的地址
TE	客户端愿意接受的传输编码，并通知服务器接收尾加头信息
Upgrade	向服务器指定某种传输协议以便服务器进行转换（如果支持）
User-Agent	User-Agent 的内容包含发出请求的用户信息，主要是浏览器信息
Via	通知中间网关或代理服务器地址，通信协议

请求头信息很多，上表中其实并未完全列出。其中最为常用的几个是 Host、User-Agent、Referer、Accept、Accept-Encoding、Connection 和 Accept-Language，这些是读者最需要关注的字段。随手打开一个网页，观察 Chrome 开发者工具中显示的 Request Header 信息，就能够大致理解上面的这些含义，如打开百度首页时，访问（GET）www.baidu.com 的请求头信息如下：

```
Accept:text/html,application/xhtml+xml,application/xml;q=0.9,image/webp,image/apng,*/*;q=0.8
Accept-Encoding: gzip, deflate, br
Accept-Language: en,zh;q=0.9,zh-CN;q=0.8,zh-TW;q=0.7,ja;q=0.6
Cache-Control: max-age=0
Connection: keep-alive
Cookie: XXX（此处略去）
Host: www.baidu.com
Referer: http://baidu.com/
Upgrade-Insecure-Requests: 1
User-Agent: Mozilla/5.0 (Macintosh; Intel Mac OS X 10_13_3) AppleWebKit/537.36 (KHTML, like Gecko) Chrome/66.0.3359.181 Safari/537.36
```

使用 Requests 就可以十分快速地自定义请求头信息，Requests 原始 GET 操作的请求头信息是非常"傻瓜"式的，几乎是正大光明地告诉网站"我是爬虫"。WhatIsMyBrowser 是一个能够提供浏览请求识别信息的站点，使用其中的 headers 信息查看页面十分实用（网址为 https://www.whatismybrowser.com/detect/what-http-headers-is-my-browser-sending），这里就通过这个页面来观察 Requests 爬虫的原始 headers 信息。用 Chrome 浏览器访问这个页面时，显示的请求头信息如图 9-8 所示。

图 9-8　WhatIsMyBrowser 网页显示的请求头信息

第 9 章 更强大的爬虫

利用这个网页进行几行 Python 语句的编写，就能够看到 Requests 原生的请求头 UA 信息，只需要简单的网页解析过程即可，代码见例 9-1。

【例 9-1】 输出 Requests 的原始请求头 UA 信息：

```python
import requests
from bs4 import BeautifulSoup

# 一个可以显示当前访问请求头区信息的网页
res = requests.get('https://www.whatismybrowser.com/detect/what-http-headers-is-my-browser-sending')
bs = BeautifulSoup(res.text)
# 定位到网页中的 UA 信息元素
td_list = [one.text for one in bs.find('table',{'class':'table'}).findChildren()]
print(td_list[-1])
```

程序输出为：python-requests/2.18.4。如此"露骨"的 UA 会被很多网站直接拒之门外，为此，就需要利用 Requests 模块提供的方法和参数来修改包括 UA 信息在内的 headers 信息。

下面的例子简单但直观，其中将请求头更换为了 Android 系统（移动端）Chrome 浏览器的请求头 UA，然后利用这个参数通过 Requests 来访问百度贴吧（tieba.baidu.com），将访问到的网页内容保存在本地，然后打开，可以看到这是与 PC 端浏览器所呈现的页面完全不同的手机端页面，见例 9-2。

【例 9-2】 更改 UA 以访问百度贴吧首页。

```python
import requests
from bs4 import BeautifulSoup

header_data = {
    'User-Agent': 'Mozilla/5.0 (Linux; Android 4.0.4; Galaxy Nexus Build/IMM76B) AppleWebKit/535.19 (KHTML, like Gecko) Chrome/18.0.1025.133 Mobile Safari/535.19',
}

r = requests.get('https://tieba.baidu.com',headers=header_data)

bs = BeautifulSoup(r.content)
with open('h2.html', 'wb') as f:
    f.write(bs.prettify(encoding='utf8'))
```

上面的代码通过 headers 参数加载了一个字典结构，其中的数据是 UA 的键值对。运行程序，打开本地的 h2.html 文件，效果如图 9-9 所示。

图 9-9 本地文件显示的贴吧首页

以上结果说明网站方已经认为该程序是来自移动端的访问,从而最终提供了移动端页面的内容。从中可以得到一个灵感,很多时候 UA 信息将会决定网站提供的具体页面内容和页面效果,准确地说,这些不同的布局样式将会为抓取过程提供便利,因为在手机浏览器上浏览很多网站时,它们提供的实际上是一个相当简洁、动态效果较少、关键内容却一个不漏的界面,因此如果有需要的话,可以将 UA 改为移动端浏览器来试试在目标网站上的效果。如果能够获得一个"轻量级"的页面,无疑会简化抓取过程。当然,除了 UA,其他请求头中的字段也可以进行自定义并在 Requests 请求中设置,具体例子可见其他章节中的相关内容。

9.2.3 使用代理

大部分网站会根据 IP 来识别访问,因此,如果来自同一个 IP 的访问过多(如何判定"过多"也是个问题,一般是指在一段较短的时间内对同一个或同一组页面的访问次数较大),那么网站可能就会据此限制或屏蔽访问。对付这种机制的手段就是使用代理 IP。代理 IP 可以通过各种 IP 平台乃至 IP 池服务来获得,这方面的资源网络上非常多,一些开发者也维护着可以公开免费试用的代理 IP 服务(见图 9-10),安装这些服务后即可使用其提供代理 IP 的 API 接口,从而省去自己寻找并解析代理地址的麻烦。

图 9-10 Github 上的某爬虫 IP 代理池

第 9 章　更强大的爬虫

【提示】　代理 IP 应该叫 "代理 IP 服务器"，其目标就是代理用户去获取网络上的信息，类似于中转站的作用。代理服务器是介于客户端（浏览器等）和服务器之间的另一台 "中介" 服务器，代理会访问目标网站，而用户需要通过代理来获取最终所需要的网络信息。

在 Requests 中使用代理 IP 的常见方式是使用方法中的 proxies 参数，例 9-3 是一个使用代理访问 CSDN 博客的例子。

【例 9-3】　使用代理增加 CSDN 的博客访问量。

```python
# 增加博客访问量
import re, random, requests, logging
from lxml import html
from multiprocessing.dummy import Pool as ThreadPool

logging.basicConfig(level=logging.DEBUG)
TIME_OUT = 6    # 超时时间
count = 0
proxies = []
headers = {'Accept': 'text/html,application/xhtml+xml,application/xml;q=0.9,image/webp, */*;q=0.8',
           'Accept-Encoding': 'gzip, deflate, sdch, br',
           'Accept-Language': 'zh-CN,zh;q=0.8',
           'Connection': 'keep-alive',
           'Cache-Control': 'max-age=0',
           'Upgrade-Insecure-Requests': '1',
           'User-Agent': 'Mozilla/5.0 (Windows NT 6.1; WOW64) AppleWebKit/537.36 (KHTML, like Gecko) '
                         'Chrome/36.0.1985.125 Safari/537.36',
           }
PROXY_URL = 'http://www.xicidaili.com/'


def GetProxies():
    global proxies
    try:
        res = requests.get(PROXY_URL, headers=headers)
    except:
        logging.error('Visit failed')
        return

    ht = html.fromstring(res.text)
    raw_proxy_list = ht.xpath('//*[@id="ip_list"]/tbody/tr')
    for item in raw_proxy_list:
        if item.xpath('./td[6]/text()')[0] == 'HTTP':
            proxies.append(
```

```python
        dict(
            http='{}:{}'.format(
                item.xpath('./td[2]/text()')[0], item.xpath('./td[3]/text()')[0])
        )
    )


# 获取博客文章列表
def GetArticles(url):
    res = GetRequest(url, prox=None)
    html = res.content.decode('utf-8')
    rgx = '<li class="blog-unit">[ \n\t]*<a href="(.+?)"" target="_blank">'
    ptn = re.compile(rgx)
    blog_list = re.findall(ptn, str(html))
    return blog_list


def GetRequest(url, prox):
    req = requests.get(url, headers=headers, proxies=prox, timeout=TIME_OUT)
    return req


# 访问博客
def VisitWithProxy(url):
    proxy = random.choice(proxies)   # 随机选择一个代理
    GetRequest(url, proxy)


# 多次访问
def VisitLoop(url):
    for i in range(count):
        logging.debug('Visiting:\t{}\tfor {} times'.format(url, i))
        VisitWithProxy(url)


if __name__ == '__main__':
    global count

    GetProxies()   # 获取代理
    logging.debug('We got {} proxies'.format(len(proxies)))
    BlogUrl = input('Blog Address:').strip(' ')
```

```
logging.debug('Gonna visit{}'.format(BlogUrl))
try:
    count = int(input('Visiting Count:'))
except ValueError:
    logging.error('Arg error!')
    quit()
if count == 0 or count > 200:
    logging.error('Count illegal')
    quit()


article_list = GetArticles(BlogUrl)
if len(article_list) == 0:
    logging.error('No articles, eror!')
    quit()

for each_link in article_list:
    if not 'https://blog.csdn.net' in each_link:
        each_link = 'https://blog.csdn.net' + each_link
    article_list.append(each_link)
# 多线程
pool = ThreadPool(int(len(article_list) / 4))
results = pool.map(VisitLoop, article_list)
pool.close()
pool.join()
logging.DEBUG('Task Done')
```

这段代码中通过 requests.get() 提供的 proxies 参数使用了代理 IP，其他大多数语句都在执行访问网页、解析网页、抓取元素（文本）的任务。保险起见，代码中还为访问设置了伪装的浏览器 headers 数据，其中包括 UA 和 Accep-Encoding 等主要字段。

另外，程序中还使用了 multiprocessing.dummy（dummy 意为"假的""傀儡"）模块。multiprocessing.dummy 这个子模块是为多线程设计的，其所在的 multiprocessing 库主要是为了实现多进程，它们的 API 是相似的，而 dummy 子模块可以看作是对 threading 的一个包装。使用它们实现多进程或多线程的最简单方法如下：

```
from multiprocessing import Pool as ProcessPool
from multiprocessing.dummy import Pool as ThreadPool
# 使用 multiprocessing 实现多进程\多线程

def f(x): # 将被执行的函数
```

231

```
    return x * x

if __name__ == '__main__':
  with ProcessPool(5) as p:      # 进程池
    print(p.map(f, [1, 2, 3]))
  with ThreadPool(5) as p:       # 线程池
    print(p.map(f, [1, 2, 3]))
```

使用这样的更换不同代理 IP 的程序，就会让网站误以为收到了不同的请求，从而达到"刷访问量"的效果，但其背后的技术原理是与躲避反爬虫机制有关的，也就是说，通过伪装不同 IP 的方式让网站方无法"记住"和"识别"这些程序，从而避免被封禁。

9.2.4 访问频率

对于避免"反爬虫"而言，其实最简单有效的手段就是直接降低对目标网站的访问量和访问频次。某种意义上说，没有不喜欢被访问的网站，只有不喜欢被不必要的大量访问打扰的网站。有一些网站可能会阻止用户过快地访问页面或提交数据（如表单数据），因此，如果以一个比普通用户快很多的速度（"速度"一般指频率）访问网站，尤其是访问一些特定的页面，也有可能被反爬虫机制认为是异常活动。从这个最根本的"不打扰"的原则出发，最有效的"反反爬虫"方法是降低访问频率，比如在代码中加入 time.sleep(2)这种暂停几秒的语句。这虽然是一种非常笨拙的方法，但如果目标是实现一个不被网站发现是非人类的爬虫，这有可能是最有效的。

另外一种策略是，在保持高访问频次和大访问量的同时尽量模拟人类的访问规律，减少机械性的迭代式抓取，这可以通过设置随机抓取间隔时间等方式来实现。机械性的间隔时间（比如每次访问都间隔 0.5s）很容易被判定为爬虫，但具有一定随机性的间隔时间（如本次间隔 0.2s，下一次间隔 1.6s）却能够起到一定的作用。另外，结合禁用 Cookie 等方式则可以避免网站"认出"爬虫的访问，服务器将无法通过 Cookie 信息判断爬虫是否已经访问过页面。

大型商业网站往往能够承受很高频次的访问，而一些用户流量不大的非盈利性网站（比如去某大学某学院的新闻页列表中进行抓取）则不会将短时间内的高频次访问视为理所应当。无论如何，结合更换 IP 和设置合适的爬取间隔两种方式，对于"反反爬虫"而言都是至关重要的。更换 IP 其实不一定需要代理这一种手段，对于直接在开发者的机器上运行和调试的爬虫程序而言，通过断线重连的方式也能够获得不同的 IP。如果机器接入的网络服务类似于校园网和 ADSL（非对称数字用户线路宽带接入），都可以实现断线重连拨号更换 IP。

最后要提到的是，反爬虫的目标不仅在于保护网站不被大量非必要访问占用资源，也在于保护一些对于网站方可能有特殊意义的数据。如果在编写爬虫程序时为了与反爬虫机制做斗争而必须花大量时间分析网页中对数据的隐藏和保护（最简单的例子是，页面把本可以写在一个<p></p>节点中的数值信息分散在一个<div></div>块的多个部分中），那么在抓取数据时更应该谨慎考虑。网站使用严谨的反爬虫机制，只能说明它们的确非常讨厌那些慕名而来的爬虫。

9.3 多进程与分布式

9.3.1 多进程编程与爬虫抓取

上文的代理 IP 抓取示例中已经使用到了多线程抓取的机制。对于 Python 而言，多线程提高效率的效果不大（这与 Python 的语言设计有关，感兴趣的读者可自行了解全局解释器锁——GIL 的相关概念），因此多进程是主要使用的性能提升手段。在这里通过一个简单的例子来说明这一点，目标网页是豆瓣某一图书的短评页面，访问该图书的 15 页短评，通过程序开始和结束的时间差来衡量爬虫的速度，见例 9-4。

【例 9-4】 单进程与多进程抓取网页的对比。

```
import requests
import datetime
import multiprocessing as mp

def crawl(url, data): # 访问
  text = requests.get(url=url, params=data).text
  return text

def func(page): # 执行抓取
  url = "https://book.douban.com/subject/4117922/comments/hot"
  data = {
    "p": page
  }
  text = crawl(url, data)
  print("Crawling : page No.{}".format(page))

if __name__ == '__main__':

  start = datetime.datetime.now()
  start_page = 1
  end_page = 15

  # 多进程抓取
  # pages = [i for i in range(start_page, end_page)]
  # p = mp.Pool()
  # p.map_async(func, pages)
  # p.close()
  # p.join()
```

```
# 单进程抓取
page = start_page

for page in range(start_page, end_page):
    url = "https://book.douban.com/subject/4117922/comments/hot"
    # get 参数
    data = {
        "p": page
    }
    content = crawl(url, data)
    print("Crawling : page No.{}".format(page))

end = datetime.datetime.now()
print("Time\t: ", end - start)
```

当使用单进程抓取时,输出为:

```
Time    :  0:00:07.660898
```

当更改代码注释,使用多进程抓取时,输出为:

```
Time    :  0:00:02.134787
```

可见,多进程的方案与单进程存在很大的速度差异,当把目标设定为访问 50 页内容时,这一差异就更加明显了:

```
Time    :  0:00:26.655972 (单进程)
Time    :  0:00:05.402101 (多进程)
```

当访问页码数增加到 50 页时,单进程耗时从 7s 增加到了 26s 多,而多进程方案耗时从 2s 增长到了 5s 多,在速度上优势很大。为了更精确地进行速度对比,还可以在 localhost (127.0.0.1) 上进行访问测试,最终对比效果与之类似。使用多进程抓取时关键是维护抓取任务的队列,对于不复杂的任务,通过 Python 自带的进程同步消息队列(如 multiprocessing 中的 Queue 模块等)实现即可。

以上就是简单的多进程抓取与单进程抓取的一个对比。另外,在提高抓取性能方面,还可以引入异步机制(可通过 Python 中的 asyncio 库、aiohttp 库等实现),这种方式利用了异步的原理,使得程序不必等待 HTTP 请求完成再执行后续任务,在大批量网页抓取中,这种异步的方式对于爬虫性能尤为重要。例 9-5 是一个简单的示例。

【例 9-5】 使用 aiohttp 访问网页进行抓取的基本模板。

```
import aiohttp
import asyncio
# 使用 aiohttp 访问网页的例子
```

```
async def fetch(session, url):
  # 类似于 requests.get
  async with session.get(url) as response:
    return await response.text()


# 通过 async 实现单线程并发 IO
async def main():
  # 类似 requests 中的 Session 对象
  async with aiohttp.ClientSession() as session:
    html = await fetch(session, 'http://httpbin.org/headers')
    print(html)


loop = asyncio.get_event_loop()
loop.run_until_complete(main())
```

9.3.2 分布式爬虫

最后简单介绍一下分布式爬虫。这是个非常"热门"的概念，其实要实现所谓的"分布式爬虫"，用"把大象关进冰箱"的观点来看，只需要三步：1、拥有能够部署程序的机器集群；2、拥有一个爬虫程序；3、拥有一个在这些机器中进行分发的任务队列。分布式爬虫的优点也就在这三个步骤中体现，最主要的优点是能够通过多个 IP（机器）进行访问，以及能够通过多台机器同时运行来提高抓取速率。从这个角度上看，其实分布式就是一种更高级别的多进程爬虫（从一个机器中运行多个进程发展到多个机器运行进程），因此，只要维护好分布式队列，那么爬虫在速度上的提高也是必然的。

分布式爬虫主要涉及网页去重、任务队列管理等问题，但编写其实并不复杂，毕竟开发者不需要"白手起家"，可以使用一些现成的"轮子"，包括各种爬虫扩展库等。一些流行的框架如 Scrapy 本身就提供分布式爬虫功能。一种经典的分布式爬虫方案是通过 Scrapy-Redis 库对目标 URL 进行去重和调度，用 MongoDB 作为底层存储，同时使用 Redis 实现分布式任务队列。

9.4 本章小结

本章突破了传统 Requests 爬虫的思路，以 Scrapy 为例介绍了主流的爬虫框架，并对反爬虫机制进行了一些深入讨论，最后还在提高抓取性能上介绍了一些比较实用的方法，其中分布式爬虫是大型爬虫项目的基础，有兴趣的读者可以对相关资料进行深入的阅读。

第 10 章
爬虫实践：火车票余票实时提醒

这一章将选取一个实用而有趣的主题作为爬虫实践的内容——火车票余票实时提醒。每到节假日的出行高峰，火车票都比较紧张，这时候如果有个小工具能自动查询余票信息并通知到微信，相信大家都会觉得很方便。12306 官网有"开通自动提醒"功能，但是只能每 5s 刷新一次。下面这个案例，将突破这个限制，可以更高频率地查询实时余票信息，让用户在买票的后续操作中能快人一步。此外，除了 12306，市面上见到的一些其他公司的查询余票的功能，都是通过爬虫从 12306 读取数据的，和下面案例的实现方法类似。有兴趣的读者可以在此案例的基础上做进一步的开发，增加更多功能。

10.1 程序设计

请求、解析、处理数据是通用爬虫的三个步骤，在这个案例中，实现起来就是调用 12306 的查询接口，解析返回车次车票数据后，再通过微信发出通知。所以实现这个程序需要做以下一些工作：分析网页，确定用哪种方法爬取，比如，是否要模拟浏览器，或者能直接找到接口请求规则；请求之后数据的解析，这步工作需要理解返回数据的意义；如何通知到微信，这一步将借助一个第三方消息推送工具——Server 酱。

10.1.1 分析网页

打开 12306，并打开浏览器的调试模式，浏览器推荐用 Chrome 或者 Firefox，然后按照自己的使用习惯去查询车票。借助开发调试工具，如网络抓包工具，或者浏览器自带的 DevTools，观察浏览器调试窗口中的网络请求。通过多次观察找到查询余票的请求，发现不是 AJAX 方式的请求，那么就可以基本排除必须用模拟浏览器的方式 Selenium 去实现，而是用 Python 的 Requests 就能实现。

寻找查询接口的具体方法为，在 Chrome 浏览器中按〈F12〉键打开调试模式，可以在"Network"选项卡里面看到每次请求的详细信息，如图 10-1 所示。按〈F5〉键刷新之后，就可以看到请求余票的请求地址和请求结果预览。接着复制请求地址，打开一个浏览器窗口，可以

第 10 章　爬虫实践：火车票余票实时提醒

看到这个地址返回的 JSON 串，说明该接口对 Header、Cookie，以及其他一些请求都没有限制，就是普通的 GET 请求，这样开发者就可以很方便地用 Python 构造这个 GET 请求。一般情况下，对这种 GET 请求用浏览器查看请求结果就够用了，如果遇到 POST 请求，以及需要对 Cookie、Header 等进行限制的话，就可以用 Postman 这个工具，用来调试 POST 请求。

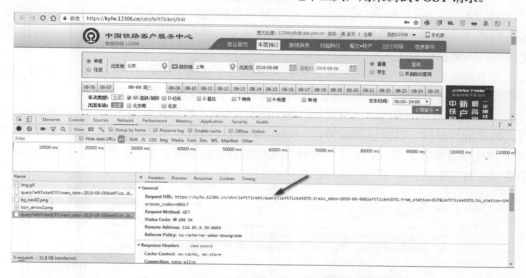

图 10-1　开发者模式下 12306 请求余票数据页面

通过浏览器的调试工具，能找到请求火车票余票信息的接口地址，地址为：https://kyfw.12306.cn/otn/leftTicket/query?leftTicketDTO.train_date=2018-08-08&leftTicketDTO.from_station=BJP&leftTicketDTO.to_station=SHH&purpose_codes=ADULT。

这个请求的参数如图 10-2 所示，从中可以看到，这个请求（Request）需要传入 4 个参数，分别是日期、始发站、终点站和乘客类型。

```
▼ Query String Parameters    view source    view URL encoded
    leftTicketDTO.train_date: 2018-08-08
    leftTicketDTO.from_station: BJP
    leftTicketDTO.to_station: SHH
    purpose_codes: ADULT
```

图 10-2　12306 查询余票请求的参数列表

其中，车站对应的码表可以在浏览器调试模式下找到网站源码，对应的 js 文件是：https://kyfw.12306.cn/otn/resources/js/framework/station_name.js?station_version=1.9061。

请求该 js 文件，得到的结果为：var station_names = '@bjb|北京北|VAP|beijingbei|bjb|0@bjd|北京东|BOP|beijingdong|bjd|1@bji|北京|BJP|beijing|bj|2@bjn|北京南|VNP|beijingnan|bjn|3@bjx|北京西|BXP|beijingxi|bjx| 4@gzn|广州南|IZQ|guangzhounan|gzn|5……包括了 12306 网站上所有的铁路站点及其对应的码表。

237

最后一个参数 purpose_codes 可以通过手动勾选"普通""学生"复选框观察得到，"ADULT"对应成人票，"0X00"对应学生票。

10.1.2 理解返回的 JSON 格式数据的意义

JSON（JavaScript Object Notation）是一种轻量级的数据交换格式，易于阅读和编写。Python 解析 JSON 格式的数据也非常方便。开发者只需要分析出返回数据字段的实际意义就能进行下一步解析存储了。

经过上面这些步骤，读者已经通过分析网站的请求找到了所需的 Request 的 URL 和参数。按照爬虫请求、解析、处理数据三部曲的思路，下一步就先看看怎么解析。

如图 10-3 所示，通过对比页面和 Response JSON，找到所需的车次信息和余票信息，在写代码解析的时候，只需要按规律将 JSON 的 result 用 "|" 符号切割开。从结果中可以发现第 4 段文字是车次，第 8、9 个字段是车次出发和到站时间，第 13 个字段是日期，第 30 个字段表示有无车票。

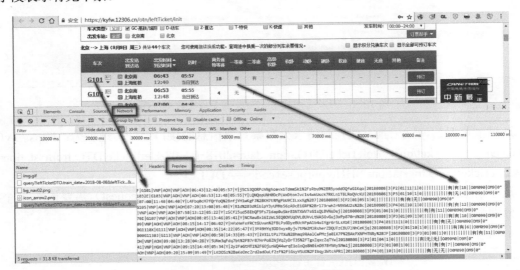

图 10-3　页面和返回结果对应关系

在 Python 3 中解析 JSON 时需要导入 json 库（import json），它包含了两个函数——json.dumps()对数据进行编码，json.loads()对数据进行解码。在 JSON 的编解码过程中，Python 的原始类型与 JSON 类型会相互转换。

【提示】虽然 Python 3 自带了 json 库，但是有时读者会遇到不是很标准的 JSON，这时这个库就无法解析了。比如{0:'v0',1:'v1'}，这个 JSON 串的 key 没有引号，value 有引号，这时候可以用 demjson 来解析。

10.1.3 微信消息推送

当有所需车次的余票时，需要第一时间通知到自己，可选方案有邮箱、手机、QQ、微

第 10 章　爬虫实践：火车票余票实时提醒

信等。在这里，给读者推荐一款方便好用的推送工具——Server 酱，英文名为 ServerChan，它是一个有着 Get 接口的可编程消息接收器，可以将信息推送到微信。如果要实现一对多推送，可以使用 Server 酱的高级版 PushBear，参考其官网：http://sc.ftqq.com/3.version。开通并使用它，只需要一分钟。

1）登录。用 GitHub 账号登录网站，就能获得一个 SCKEY（在"发送消息"页面）。

2）绑定。单击"微信推送"按钮，扫码关注的同时即可完成绑定。

3）发消息。往 http://sc.ftqq.com/SCKEY.send 发 GET 请求，就可以在微信里收到消息。该 URL 接受三个参数。

- sendkey*：通道的 SendKey，必填，登录后可见。在此案例中专门申请了一个 sendkey 用于代码的学习。
- text*：消息标题，最长为 256 字节，必填。
- desp：消息内容，最长 64KB，可空，支持 MarkDown。

最简单的消息发送方式是通过浏览器，在地址栏输入以下 URL，回车后即可发送：

https://sc.ftqq.com/[SCKEY(登入后可见)].send?text=主人有火车票了&desp=

Server 酱消息推送流程图如图 10-4 所示。

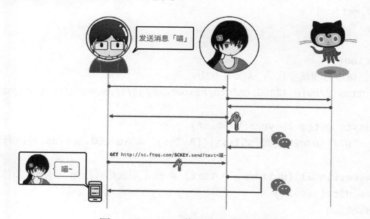

图 10-4　Server 酱消息推送流程图

以下代码将用到高级版的 PushBear 服务，其 API 地址为 https://pushbear.ftqq.com/sub。为了便于读者直接试用学习，可以扫描图 10-5 所示的二维码试用该功能。

图 10-5　Server 酱消息推送读者测试渠道二维码

【提示】 订阅消息将发送给所有扫描过本通道订阅二维码的微信用户。

思路梳理完毕后，就可以着手编写了。最终的爬虫代码见例10-1。

【例10-1】 trainticket.py，火车票实时余票提醒程序。

```python
# -*- coding: utf-8 -*-

import requests
import re
import time

# 关闭HTTPS证书验证警告
requests.packages.urllib3.disable_warnings()

# 调用server酱，推送到微信
def send_msg(title, info):
    url = 'https://pushbear.ftqq.com/sub?sendkey=5058-7ea8146946e5bb0e4fadfc15864b4776&text=%s&desp=%s' \
        % (title, info)
    requests.get(url)


def get_station():
    # 12306的城市名和城市代码js文件URL
    url = 'https://kyfw.12306.cn/otn/resources/js/framework/station_name.js?station_version=1.9061'
    r = requests.get(url, verify=False)
    pattern = u'([\u4e00-\u9fa5]+)\|([A-Z]+)'  # \u4e00-\u9fa5是所有汉字的Unicode编码范围
    result = re.findall(pattern, r.text)  # 按正则表达式匹配
    station = dict(result)
    return station


# 生成查询的URL
def get_query_url(text):
    # 城市名代码查询字典
    # key：城市名 value：城市代码

    try:
        date = '2018-08-18'
        from_station_name = '上海'
        to_station_name = '北京'
        from_station = text[from_station_name]  # 将城市名转换为城市代码
        to_station = text[to_station_name]
```

第10章 爬虫实践：火车票余票实时提醒

```python
    except:
        date, from_station, to_station = '--', '--', '--'

    # API URL 构造
    url = (
        'https://kyfw.12306.cn/otn/leftTicket/query?'
        'leftTicketDTO.train_date={}&'
        'leftTicketDTO.from_station={}&'
        'leftTicketDTO.to_station={}&'
        'purpose_codes=ADULT'
    ).format(date, from_station, to_station)
    print(url)

    return url


# 获取车次信息
def query_train_info(url, text):

    try:
        r = requests.get(url, verify=False)

        # 获取返回 JSON 数据中 data 字段的 result 结果
        raw_trains = r.json()['data']['result']

        for raw_train in raw_trains:
            # 循环遍历每辆列车的信息
            data_list = raw_train.split('|')

            # 车次号码
            train_no = data_list[3]
            # 出发站
            from_station_code = data_list[6]
            from_station_name = text['上海']
            # 终点站
            to_station_code = data_list[7]
            to_station_name = text['北京']
            # 出发时间
            start_time = data_list[8]
            # 到达时间
            arrive_time = data_list[9]
            # 总耗时
            time_fucked_up = data_list[10]
            # 一等座
            first_class_seat = data_list[31] or '--'
```

```python
            # 二等座
            second_class_seat = data_list[30] or '--'
            # 软卧
            soft_sleep = data_list[23] or '--'
            # 硬卧
            hard_sleep = data_list[28] or '--'
            # 硬座
            hard_seat = data_list[29] or '--'
            # 无座
            no_seat = data_list[26] or '--'

            # 打印查询结果
            info = (
                '车次:{}\n 出发站:{}\n 目的地:{}\n 出发时间:{}\n 到达时间:{}\n 消耗时间:{}\n 座位情况: \n 一等座:「{}」 \n 二等座:「{}」\n 软卧:「{}」\n 硬卧:「{}」\n 硬座:「{}」\n 无座:「{}」\n\n'.format(
                    train_no, from_station_name, to_station_name, start_time, arrive_time, time_fucked_up, first_class_seat,
                    second_class_seat, soft_sleep, hard_sleep, hard_seat, no_seat))

            print(info)
            if (second_class_seat and second_class_seat!= '无' and train_no == "G102"):
                send_msg("G102 次高铁二等座有票了", info)
                return True
            else:
                continue

    except Exception as e:
        print(e)


text = get_station()
print(text)
url = get_query_url(text)

# 循环查询,直到查询到想要的车次有票终止
while True:
    time.sleep(1) # 刷票频率
    if query_train_info(url, text):
        break
```

代码说明如下。

1) requests.packages.urllib3.disable_warnings(),这句话是为了关闭 HTTPS 证书验证警告,否则会报出以下安全警告信息:

InsecureRequestWarning: Unverified HTTPS request is being made. Adding certificate verification is strongly advised

2）网络请求用到了 Requests，它通过 urllib3 实现自动发送 HTTP/1.1 请求，能轻松地实现 Cookie、登录验证、代理设置等操作。Python 内置的 urllib 模块，用于访问网络资源。但是，它用起来比较麻烦，而且，缺少很多实用的高级功能。

【提示】 Requests 是一个功能强大的第三方库，在爬虫以及其他网络请求的环境下使用很方便，Requests 实现的功能有保持持久化连接池、支持国际域名和网址、会话与 Cookie 持久性、浏览器式 SSL 验证、自动内容解码、基本/摘要式身份验证、自动解压缩、Unicode 响应 body、HTTP(S)代理支持、多部分文件上传、流媒体下载、连接超时、分块的请求等，读者可参考本书其他章节的相关内容。

网站的请求逻辑可能会发生变化，如请求相关 URL 时需要的 Cookie 生成方式的变化。这种情况下，读者可以通过进一步研究该网页请求相关的 js 文件，找到 Cookie 的生成方法。

3）在解析 12306 铁路站点及其对应码表的返回结果时，用到了正则表达式，目的是在冗长而有规律的返回结果中找到车站对应的码表信息。表达式以及表达式详解如下：

pattern = u'([\u4e00-\u9fa5]+)\|([A-Z]+)'

- 该正则匹配的格式是，至少一个汉字+"|"+至少一个大写字母。如从 "1@bji|北京|BJP|beijing|bj|" 这段里面匹配出 "北京|BJP"。
- "\u4e00-\u9fa5" 这两个 Unicode 值正好是 Unicode 表中汉字的头和尾。
- "[]" 代表里边的值出现一个就可以，后边的 "+" 代表至少出现 1 次，合起来即至少匹配一个汉字。
- "\|" 中，右斜杠是转义字符，所以 "\|" 其实就是表示 "|"。

【提示】 正则表达式作为通用的规则，在处理字符串的时候经常用到，不仅在爬虫编写中被广泛使用，在文本处理、数据挖掘等领域也非常受欢迎。

4）如果 Response 是 JSON 格式，可以直接使用方法 response.json()。

10.1.4 运行并查看微信消息

这里的查询条件是：起始站上海–北京、日期 2018-08-18、车次 G102，目的是查看二等座是否有票，一旦发现 G102 车次有二等座，则打印出该车次的信息（见图 10-4），并立即发送微信推送消息（见图 10-6）。

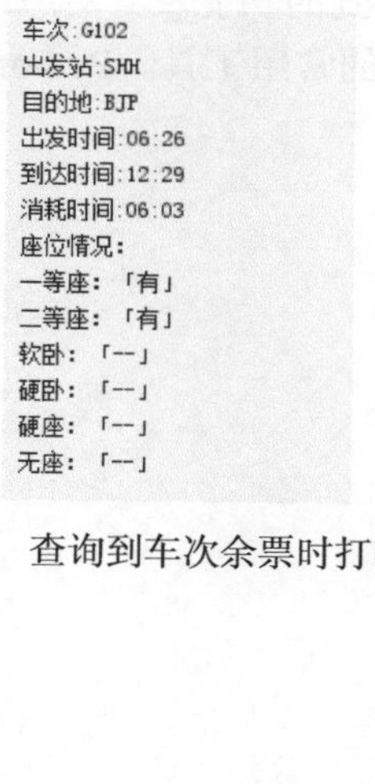

```
车次:G102
出发站:SHH
目的地:BJP
出发时间:06:26
到达时间:12:29
消耗时间:06:03
座位情况:
一等座:「有」
二等座:「有」
软卧:「--」
硬卧:「--」
硬座:「--」
无座:「--」
```

图 10-6 查询到车次余票时打印信息

抓取结束后，可以看到之前关注的公众号发来推送消息，单击标题查看详情页，如图10-7 所示，可以看到详情页数据，和图 10-6 中控制台输出的数据一样。

图 10-7　查询到车次余票之后微信收到消息

以上程序圆满地完成了查询车次余票并发送微信消息的任务，当然该爬虫没有针对目标网站防爬进行处理，这一点需要改进，最简单的方法就是更换 User-Agent 和用 IP 代理模拟大量不同 IP 的请求，这一点可以参考相关章节，这里就不再展开介绍了。

10.2　本章小结

本章使用了 Python 的 Requests 模块及其 JSON 解析方法，再与 Server 酱消息推送组合来抓取火车票，同时对爬虫程序中用到的功能及其对应的模块做了一些简单的讨论，本章出现的 Python 库大多都是爬虫编写时的常用工具，Python 学习中掌握这些常用模块的基本用法还是很有必要的。

第 11 章 爬虫实践：爬取二手房数据并绘制热力图

这一章将选取当下的热点话题——二手房房价数据——作为要爬取的数据内容，除了爬取数据，本章还将通过房价数据，结合地理坐标信息绘制城市房价关注度的热力图，以便通过可视化的呈现，方便读者对数据有更直观的认识。在这个例子中，将选取热点二线城市沈阳的房价关注度，数据来源选取二手房数据质量比较高的链家网，爬取的数据主要有二手房的小区名称、地理位置、户型、面积、价格、关注度这几个维度，地理位置转换需要用到百度的地图 API，绘制热力图需要用到可视化组件 ECharts。

11.1 数据抓取

这一节来研究一下要抓取的目标网站——链家网，主要内容包括找到数据来源的网站、抓包分析网站、选取解析方法、数据如何存储等。

11.1.1 分析网页

链家网中不同城市使用了不同的二级域名，通过链家首页，找到沈阳二手房对应的页面。该页面包括了在售、成交、小区等，按照代码需求，首先需要找到在售二手房的关注度，再通过浏览网页最终找到需要数据的入口地址：https://sy.lianjia.com/ershoufang/pg1/。

然后再查看翻页。有些网站的翻页，可以通过变换 URL 实现，有些网站则需要找到翻页的接口，通过访问接口的方式翻页，还有些可以通过图形化的方法，模拟手动单击去完成翻页并获取下一页的数据，当然用浏览器驱动自动化单击，性能和时间上会有所损失。在这个网站中是通过单击按钮翻页，页面的 URL 随着页数不同而变化，而且该网站的页数可以通过不同的 URL 地址来控制，其中 pg 后面的数字表示第几页，所以访问时设置一个列表循环访问即可。再来看看链家网站的 HTML 规律。通过 Chrome 浏览器开发者模式查看元素，可以看到，二手房的信息全部保存在<li> </li>节点里面，如图 11-1 所示，找到这些规律，以便 BeautifulSoup 库解析网页的时候使用。

图 11-1　链家网界面以及 HTML 标签特征

确定了 URL，接下来再分析如何请求和下载网页。通过上面的分析可知，此处需要得到网页响应的全部内容，以便从里面取出每条在售房源的基本信息。这个案例中选取了功能更强大的 Python 的 Requests 库，当然也可以用 urllib 库。

为了尽可能地模拟真实请求，在这个案例中发出请求的时候加了 Header，Header 中定制 User-Agent 信息，不过由于爬虫程序规模不大，被 ban（封禁）的可能性很低，因此只写了一个固定的 User-Agent，如果要大规模地使用 User-Agent，可以使用 Python 的 fake-useragent 库。在请求中添加 HTTP 头部，只要简单地传递一个 dict 给 headers 参数就可以了。需要注意的是，所有的 Header 值必须是 string、bytestring 或者 unicode。尽管传递 unicode 类型的 Header 也是允许的，但不建议这样做。

此外，Requests 在许多方面做了优化，比如字符集的解码，Requests 会自动对来自服务器的内容进行解码。大多数 unicode 字符集都能被无缝地解码，所以在大部分情况下，开发者都可以忽略字符集的问题。

【提示】　请求发出后，Requests 会基于 HTTP 头部对响应的编码做出有根据的推测。访问 r.text 之时，Requests 会使用其推测的文本编码。开发者可以找出 Requests 使用了什么编码，并且能够使用 r.encoding 属性来改变它。如果改变了编码，每当访问 r.text 时，Requests 都将会使用 r.encoding 的新值。开发者可能希望在使用特殊逻辑计算出文本的编码的情况下来修改编码，比如 HTTP 和 XML 自身可以指定编码。这样的话，就应该使用 r.content 来找到编码，然后设置 r.encoding 为相应的编码，然后就能使用正确的编码解析 r.text 了。

接下来再分析一下如何定位正文元素。使用开发者模式来查看元素（见图 11-2），将会发现可以使用 houseInfo、priceInfo、followInfo 这几个 class 的值来定位房屋基本信息、价格、关注度这几个维度的数据。简单地搜索页面 HTML，会发现这几个 class 名称没有在其他地方使用，指向很清楚，所以就可以选用一个简单的 HTML 解析工具。这里选取了 BeautifulSoup（简称 bs4），用 BeautifulSoup 的 find_all（如 soup.find_all('div', class_='priceInfo')），就可以提取到需要的数据。bs4 的 find_all 获取到的是一个 list 类型的数据，在使用的时候需要注意。

```
▼<div class="info clear">
  ▶<div class="title">…</div>
  ▼<div class="address"> == $0
    ▼<div class="houseInfo">
      <span class="houseIcon"></span>
      <a href="https://sy.lianjia.com/xiaoqu/3111058356603/" target="_blank" data-log_index="1" data-el="region">阳光尚城4.1期</a>
      " | 2室2厅 | 98.26平米 | 南 北 | 精装"
    </div>
  </div>
  ▶<div class="flood">…</div>
  ▼<div class="followInfo">
    <span class="starIcon"></span>
    "517人关注 / 共34次带看 / 4个月以前发布"
  </div>
  ▶<div class="tag">…</div>
  ▼<div class="priceInfo">
    ▼<div class="totalPrice">
      <span>81</span>
      "万"
    </div>
    ▶<div class="unitPrice" data-hid="102100610102" data-rid="3111058356603" data-price="8244">…</div>
  </div>
  ::after
</div>
▶<div class="listButtonContainer">…</div>
```

图 11-2 开发者模式下的二手房基本信息

11.1.2 地址转换成经纬度

由于爬虫获取到的只有小区名称，不能精确展示到地图上，因此需要对地址进行转换，将其变成经纬度。地址转经纬度的接口，各地图厂商均有提供，使用方法也大同小异，一般也都有免费使用次数，比如百度地图 API，接口免费使用次数是 10000 次/天，按照本章抓取数据的量级，免费的次数已经够用。

下面介绍一下百度正地理编码服务 API 的用法。正地理编码服务提供将结构化地址数据转换为对应坐标点（经纬度）的功能，参考文档为：http://lbsyun.baidu.com/index.php?title=webapi/guide/webservice-geocoding。

使用方法如下：
- 申请百度账号。
- 申请成为百度开发者。
- 获取服务密钥（ak）。
- 发送请求，使用服务。

在使用时首先需要申请百度开发者平台账号以及该应用的 ak，申请地址为 http://lbsyun.baidu.com/。需要注册百度地图 API 以获取免费的密钥，才能完全使用该 API。因为是按小区名称去调用地图 API 获取经纬度的，而在全国其他城市也会有重名的小区，所以在调用地图接口的时候需要指定城市，这样才会避免获取到的坐标值分布在全国的情况。接口示例如下：

```
http://api.map.baidu.com/geocoder/v2/?address=北京市海淀区上地十街 10 号&output=json&ak=您的 ak&callback=showLocation //GET 请求
```

请求参数主要如下。
- address，待解析的地址。最多支持 84 个字节。可以输入两种样式的值，分别如下。

1）标准的结构化地址信息，如北京市海淀区上地十街十号（推荐，地址结构越完整，解析精度越高）。

2）支持"*路与*路交叉口"的描述方式，如北一环路和阜阳路的交叉路口。

第二种方式并不总是有返回结果，只有当地址库中存在该地址描述时才会返回。
- city，地址所在的城市名。用于指定上述地址所在的城市，当多个城市都有上述地址时，该参数起到过滤作用，但不限制坐标召回城市。
- ak，用户申请注册的 key，自 v2 开始参数修改为"ak"，之前版本参数为"key"。
- output，输出格式为 JSON 或者 XML。

返回结果参数如下。
- status，返回结果状态值，成功时返回 0，关于其余状态可以查看官方文档。
- location，经纬度坐标，lat 指纬度值，lng 指经度值。

学习完该 API 的基本用法，就可以着手编写了，示例代码中会将这个功能单独写成一个方法，并在爬虫解析完数据存储之前调用，详见爬虫代码示例 11-1 中的 getlocation()方法。

11.1.3 编写代码

通过以上的分析和学习，就可以开始编写代码了。如上所述，代码中将使用 Requests、bs4、百度地图 API 等，解析具体字段的时候会使用正则表达式，数据存储可以使用 CSV 文件中，以便在绘制热力图的时候使用。爬虫代码见例 11-1。

【例 11-1】 lianjiasyfj.py，链家网沈阳房价抓取程序。

```python
from bs4 import BeautifulSoup
import requests
import csv
import re
def getlocation(name):# 调用百度 API 查询位置
    bdurl='http://api.map.baidu.com/geocoder/v2/?address='
    output='json'
    ak='你的密匙'# 输入刚才申请的密匙
    ak='VMfQrafP4qa4VFgPsbm4SwBCoigg6ESN'  # 输入刚才申请的密匙
    callback='showLocation'
```

第 11 章 爬虫实践：爬取二手房数据并绘制热力图

```python
        uri=bdurl+name+'&output=t'+output+'&ak='+ak+'&callback='+callback+'&city=沈阳'
        print (uri)
        res=requests.get(uri)
        s=BeautifulSoup(res.text)
        lng=s.find('lng')
        lat=s.find('lat')
        if lng:
            return lng.get_text()+','+lat.get_text()

url='https://sy.lianjia.com/ershoufang/pg'
header={'User-Agent':'Mozilla/5.0 (Windows NT 6.1; Win64; x64) AppleWebKit/537.36 (KHTML, like Gecko) Chrome/68.0.3440.106 Safari/537.36'} # 请求头，模拟浏览器登录
page=list(range(0,101,1))
p=[]
hi =[]
fi=[]
for i in page: # 循环访问链家的网页
    response=requests.get(url+str(i),headers=header)
    soup=BeautifulSoup(response.text)
    # 提取价格
    prices=soup.find_all('div',class_='priceInfo')
    for price in prices:
        p.append(price.span.string)

    # 提取房源信息
    hs=soup.find_all('div',class_='houseInfo')
    for h in hs:
        hi.append(h.get_text())

    # 提取关注度
    followInfo=soup.find_all('div',class_='followInfo')
    for f in followInfo:
        fi.append(f.get_text())
    print(i)

print (p)
print (hi)
print (fi)
# houses=[] # 定义列表，用于存放房子的信息
n=0
num=len(p)

file=open('syfj.csv', 'w', newline='')
headers = ['name', 'loc', 'style', 'size', 'price', 'foc']
```

249

```python
    writers = csv.DictWriter(file, headers)
    writers.writeheader()
    while n<num: # 循环将信息放入列表
        h0=hi[n].split('|')
        name=h0[0]
        loc=getlocation(name)
        style = re.findall(r'\s\d.\d.\s', hi[n]) # 通过正则表达式提取户型
        if style:
            style=style[0]
        size=re.findall(r'\s\d+\.?\d+',hi[n]) # 通过正则表达式提取房子面积
        if size:
            size=size[0]
        price=p[n]
        foc=re.findall(r'^\d+',fi[n])[0]##用到了正则表达式提取房子的关注度
        house = {
            'name': '',
            'loc': '',
            'style': '',
            'size': '',
            'price': '',
            'foc': ''
        }
        # 将房子的信息放进一个 dict 中
        house['name']=name
        house['loc']=loc
        house['style']=style
        house['size']=size
        house['price']=price
        house['foc']=foc
        try:
            writers.writerow(house)#将 dict 写入到 CSV 文件中
        except Exception as e:
            print (e)
            # continue
        n+=1
        print(n)
    file.close()
```

这个案例中使用了 Requests 模块中最基本的 requests.get()方法，构造一个基本的 HTTP GET 请求。

解析时用到的 BeautifulSoup 库是 Python 爬虫很常用的解析 HTML 的工具，其官方解释如下：

"BeautifulSoup 提供了一些简单的、Python 式的函数用来实现导航、搜索、修改分析树

第 11 章 爬虫实践：爬取二手房数据并绘制热力图

等功能。它是一个工具箱，通过解析文档为用户提供需要抓取的数据，因为它使用简单，所以不需要多少代码就可以写出一个完整的应用程序。BeautifulSoup 自动将输入文档转换为 Unicode 编码，输出文档转换为 UTF-8 编码。你不需要考虑编码方式，除非文档没有指定一个编码方式（这时 BeautifulSoup 不能自动识别编码方式，但你也仅仅需要说明一下原始编码方式就可以了）。BeautifulSoup 已成为和 lxml、html6lib 一样出色的 Python 解释器，能为用户灵活地提供不同的解析策略或强劲的速度。"

BeautifulSoup 将复杂 HTML 文档转换成一个复杂的树形结构，其中每个节点都是 Python 对象，所有对象可以归纳为 4 种：Tag、NavigableString、BeautifulSoup、Comment。

- Tag：通俗点讲就是 HTML 中的一个个标签，就像<div>、<p>。每个 Tag 有两个重要的属性——name 和 attrs，name 指标签的名字或者 Tag 本身的 name，attrs 通常指一个标签的 class。
- NavigableString：获取标签内部的文字，如 soup.p.string。
- BeautifulSoup：表示一个文档的全部内容。
- Comment：一个特殊类型的 NavigableString 对象，其输出的内容不包括注释符号。

BeautifulSoup 主要用来遍历节点及子节点的属性，通过点取属性的方式只能获得当前文档中的第一个 Tag，例如 soup.li。如果想要得到所有的<li> 标签，或是通过名字得到比一个 Tag 更多的内容的时候，就需要用到 find_all()。find_all() 方法搜索当前 Tag 的所有子节点，并判断是否符合过滤器的条件。find_all() 所接受的参数如下：

```
find_all(name, attrs, recursive, string, **kwargs)
```

find_all() 几乎是 BeautifulSoup 中最常用的搜索方法。以下是 find_all()常见的用法。

- 按 name 搜索：name 参数可以用于查找所有名字为 name 的 Tag，字符串对象会被自动忽略掉，如 soup.find_all("li")。
- 按 id 搜索：如果包含一个名字为 id 的参数，搜索时会把该参数当作指定名字 Tag 的属性来搜索，如 soup.find_all(id='link2')。
- 按 attrs 搜索：有些 Tag 属性在搜索时不能使用，比如 HTML5 中的 data-*属性，但是可以通过 find_all() 方法的 attrs 参数定义一个字典参数来搜索包含特殊属性的 Tag，如 data_soup.find_all(attrs={"data-foo": "value"})。
- 按 CSS 搜索：按照 CSS 类名搜索 Tag 的功能非常实用，但标识 CSS 类名的关键字 class 在 Python 中是保留字，使用 class 作为参数会导致语法错误。从 BeautifulSoup 的 4.1.1 版本开始，可以通过 class_参数搜索指定 CSS 类名的 tag，如 soup.find_all('li', class_="have-img")。
- string 参数：通过 string 参数可以搜索文档中的字符串内容。与 name 参数的可选值一样，string 参数接受字符串、正则表达式、列表、True。例如 soup.find_all("a", string="Elsie")。
- recursive 参数：调用 Tag 的 find_all()方法时，BeautifulSoup 会检索当前 Tag 的所有子孙节点，如果只想搜索 Tag 的直接子节点，可以使用参数 recursive=False，如

soup.find_all("title", recursive=False)。

【提示】

1. find_all()方法很常用，可以使用其简写方法，soup.find_all("a")和soup("a")等价。

2. get_text()方法也比较常用，如果只想得到 Tag 中包含的文本内容，那么可以用此方法，这个方法能获取到 Tag 中包含的所有文本内容（包括子孙 Tag 中的内容），并将结果作为 Unicode 字符串返回，用法如：tag.p.a.get_text()。

11.1.4 数据下载结果

由于链家网限制未登录用户查看的页数为 100 页，所以此处将爬虫中页数限制为 100。运行脚本，如果触发了目标网站的反爬机制，可以尝试将时间间隔设置长一点。待爬取完成之后，在项目文件夹下将看到输出文件 syfj.csv，部分文件样例如图 11-3 所示。

	name	loc	style	size	price	foc
1						
2	御泉华庭	123.469293676, 41.8217831815	4室2厅	188	235	131
3	雍熙金园	123.514657521, 41.7559905968	3室1厅	114.45	105	37
4	金地檀溪		3室2厅	123.97	168	76
5	格林生活坊一期	123.399860338, 41.7523981056	3室2厅	136.56	212	4
6	格林生活坊三期	123.403824342, 41.7530579154	3室2厅	119.94	208	12
7	沿海赛洛城	123.466932152, 41.7359842248	1室0厅	53.73	44.5	170
8	河畔花园	123.44647624, 41.7626893176	2室2厅	119.46	95	92
9	格林英郡	123.398062037, 41.7313954715	2室2厅	72.8	76	63
10	锦绣江南	123.467625065, 41.7721605513	2室1厅	74	58	108
11	越秀星汇蓝海	123.392916381, 41.7443826647	2室1厅	78.49	123	5
12	沿海赛洛城	123.466932152, 41.7359842248	1室1厅	65.29	61.5	55
13	万科鹿特丹	123.40598605, 41.735764965	2室2厅	91.99	148	14
14	第一城F组团	123.353059079, 41.8133700476	1室1厅	54.85	60	17
15	金地国际花园	123.492244161, 41.7499846845	2室1厅	97.43	115	318
16	阳光尚城4.1期	123.404506578, 41.8694649859	2室2厅	98.26	81	166
17	第一城A组团	123.353059079, 41.8133700476	3室1厅	98.59	94	97
18	格林生活坊三期	123.403824342, 41.7530579154	3室2厅	109.67	178	4
19	万科城二期	123.398145174, 41.7557053445	3室2厅	127.25	190	8
20	新世界花园朗怡居	123.427037331, 41.7630801404	4室2厅	160.26	260	20
21	SR国际新城	123.458870231, 41.738396671	2室1厅	91.08	83	23
22	锦绣江南	123.467625065, 41.7721605513	4室3厅	162.46	105	63
23	首创国际城	123.45412981, 41.7393217732	4室2厅	186.22	200	5
24	第五大道花园	123.469323482, 41.7747212688	3室2厅	134.86	140	22
25	华茂中心	123.470507089, 41.6942226532	1室1厅	42.6	42.5	11

图 11-3 链家网爬虫的输出

11.2 绘制热力图

数据可视化是大数据渲染的一个形象表达形式，本章将使用 ECharts 以房源关注度为维度绘制热力图。百度地图制作热力图的官方文档 URL 为：http://developer.baidu.com/map/jsdemo.htm#c1_15%E3%80%82。

通过介绍可以发现，热力图点的数据部分为：

```
var points = [
    {"lng": 123.469293676, "lat": 41.8217831815, "count": 131},
```

第 11 章 爬虫实践：爬取二手房数据并绘制热力图

```
    {"lng": 123.514657521, "lat": 41.7559905968, "count": 37},
    ...
]
```

所以程序中要将已存储在 CSV 文件中的数据输出为这样的格式。代码见例 11-2（将二手房的关注度作为 count 的值）。

【例 11-2】 csv2js.py，读取 CSV 文件中的经纬度并转换成热力图需要的数据格式。

```python
import csv

reader=csv.reader(open('syfj.csv'))
for row in reader:
    loc=row[1]
    sloc=loc.split(',')
    lng=''
    lat=''
    if len(sloc)==2: # 第一行是列名需要做判断
        lng=sloc[0]
        lat=sloc[1]
        count=row[5]
        out='{\"lng\":'+lng+',\"lat\":'+lat+',\"count\":'+count+'},'
        print(out)
```

例 11-2 中这几行代码将爬虫输出的 CSV 文件中的地理坐标格式化成了热力图需要的数据格式，并将其在控制台中输出，运行完成之后替换 HTML 中的 points 值。

运行之后，在编译器中会输出已格式化的经纬度信息，如图 11-4 所示。

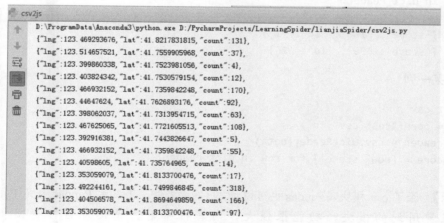

图 11-4　csv 文件读取地理坐标并格式化的输出结果

在示例 11-1 以及示例 11-2 中使用了 csv 模块来读写数据。CSV 文件格式是一种通用的电子表格和数据库导入导出格式。Python 的 csv 模块可以满足大部分 CSV 文件的相关操作。下面总结一下 CSV 文件的基本操作步骤。

1. 写入 CSV 文件

```
import csv
csvfile = open("test.csv", 'w')
csvwrite = csv.writer(csvfile)
fileHeader = ["id", "score"]
d1 = ["1", "100"]
d2 = ["2", "99"]
csvwrite.writerow(fileHeader)
csvwrite.writerow(d1)
csvwrite.writerow(d1)
csvfile.close()
```

2. 续写 CSV 文件

```
import csv
add_info = ["3", "98"]
csvFile = open("test.csv", "a")
writer = csv.writer(csvFile)
writer.writerow(add_info)
csvFile.close()
```

3. 字典读入

```
import csv
data = open("test.csv",'r')
dict_reader = csv.DictReader(data)
for i in dict_reader:
    print (i)
# >>> {'score': '100', 'id': '1'}
# >>> {'score': '99', 'id': '2'}
```

4. 读某一列

```
import csv
data = open("test.csv",'r')
dict_reader = csv.DictReader(data)
col_score = [row['score'] for row in dict_reader]
```

【提示】 除了 csv 模块，Pandas 也可以读写 CSV 文件。第三方 Pandas 也是 Python 数据处理中经常用到的模块，功能很强大，内容很丰富，请读者自行查阅相关文档（https://pandas.pydata.org/）。

格式化地理坐标之后，新建一个 HTML 文件，将百度 API 中的示例代码拷贝进去，将 var points 中的点值换成刚才输出的值。最后，由于百度地图 JavaScript API 热力图默认的

第 11 章 爬虫实践：爬取二手房数据并绘制热力图

是以北京为中心的地图，而所需的数据是沈阳的，所以这里还需要对热力图中"设置中心点坐标和地图级别"的部分进行修改。修改 BMap.Point 中的值为沈阳市中心的值，修改级别为 12：

```
var map = new BMap.Map("container");          // 创建地图实例

var point = new BMap.Point(123.48, 41.8);
map.centerAndZoom(point, 12);                 // 初始化地图，设置中心点坐标和地图级别
map.setCurrentCity("沈阳");                   //设置当前显示城市
map.enableScrollWheelZoom();                  // 允许滚轮缩放
```

完整的 HTML 代码见例 11-3，其中的 ak 为 11.1.2 节时申请的 key，坐标点数值显示 3 条。

【例 11-3】 hotdata.html，沈阳二手房关注度热力图。

```
<!DOCTYPE html>
<html>
<head>
    <meta http-equiv="Content-Type" content="text/html; charset=utf-8"/>
    <meta name="viewport" content="initial-scale=1.0, user-scalable=no"/>
    <!--<script type="text/javascript" src="http://api.map.baidu.com/api?v=2.0&ak=这里是自己的 ak 码"></script>-->
    <script type="text/javascript" src="http://api.map.baidu.com/api?v=2.0&ak=A5ea0e9c8ffa101d2326860328b6a5dd"> </script>
    <script type="text/javascript" src="http://api.map.baidu.com/library/Heatmap/ 2.0/src/Heatmap_min.js"></script>
    <title>热力图功能示例</title>
    <style type="text/css">
        ul, li {
            list-style: none;
            margin: 0;
            padding: 0;
            float: left;
        }

        html {
            height: 100%
        }

        body {
            height: 100%;
            margin: 0px;
            padding: 0px;
            font-family: "微软雅黑";
```

```html
        }

        #container {
            height: 100%;
            width: 100%;
        }

        #r-result {
            width: 100%;
        }
    </style>
</head>
<body>
<div id="container"></div>
<div id="r-result" style="display:none">
    <input type="button" onclick="openHeatmap();" value="显示热力图"/>
    <input type="button" onclick="closeHeatmap();" value="关闭热力图"/>
</div>
</body>
</html>
<body>
<div id="container"></div>
<div id="r-result" style="display:none">
    <input type="button" onclick="openHeatmap();" value="显示热力图"/>
    <input type="button" onclick="closeHeatmap();" value="关闭热力图"/>
</div>
</body>
</html>
<script type="text/javascript">
    var map = new BMap.Map("container");          // 创建地图实例

    var point = new BMap.Point(123.48, 41.8);
    map.centerAndZoom(point, 12);          // 初始化地图,设置中心点坐标和地图级别
    map.setCurrentCity("沈阳");          //设置当前显示城市
    map.enableScrollWheelZoom();          // 允许滚轮缩放


    var points = [
        {"lng": 123.469293676, "lat": 41.8217831815, "count": 131},
        {"lng": 123.514657521, "lat": 41.7559905968, "count": 37},
        {"lng": 123.399860338, "lat": 41.7523981056, "count": 4},
    ];//这里面添加经纬度
```

第 11 章 爬虫实践：爬取二手房数据并绘制热力图

```
    if (!isSupportCanvas()) {
        alert('热力图目前只支持有canvas支持的浏览器,您所使用的浏览器不能使用热力图功能~')
    }
    //详细的参数,可以查看 heatmap.js 的文档 https://github.com/pa7/heatmap.js/blob/master/README.md
    //参数说明如下:
    /* visible 热力图是否显示,默认为True
     * opacity 热力的透明度,1~100
     * radius 势力图的每个点的半径大小
     * gradient {JSON},热力图的渐变区间,gradient 如下所示
     * {
       .2:'rgb(0, 255, 255)',
       .5:'rgb(0, 110, 255)',
       .8:'rgb(100, 0, 255)'
     }
     其中 key 表示插值的位置, 0~1
     value 为颜色值
    */
heatmapOverlay = new BMapLib.HeatmapOverlay({"radius": 30, "visible": true});
map.addOverlay(heatmapOverlay);
heatmapOverlay.setDataSet({data: points, max: 100});

//closeHeatmap();


//判断浏览区是否支持canvas
function isSupportCanvas() {
    var elem = document.createElement('canvas');
    return !!(elem.getContext && elem.getContext('2d'));
}

function setGradient() {
    /*格式如下所示:
    {
    0:'rgb(102, 255, 0)',
    .5:'rgb(255, 170, 0)',
    1:'rgb(255, 0, 0)'
    }*/
    var gradient = {};
    var colors = document.querySelectorAll("input[type='color']");
    colors = [].slice.call(colors, 0);
    colors.forEach(function (ele) {
        gradient[ele.getAttribute("data-key")] = ele.value;
    });
```

```
        heatmapOverlay.setOptions({"gradient": gradient});
    }

    function openHeatmap() {
        heatmapOverlay.show();
    }

    function closeHeatmap() {
        heatmapOverlay.hide();
    }
</script>
```

最后,用浏览器打开该 HTML 文件,可以看到热力图效果如图 11-5 所示。

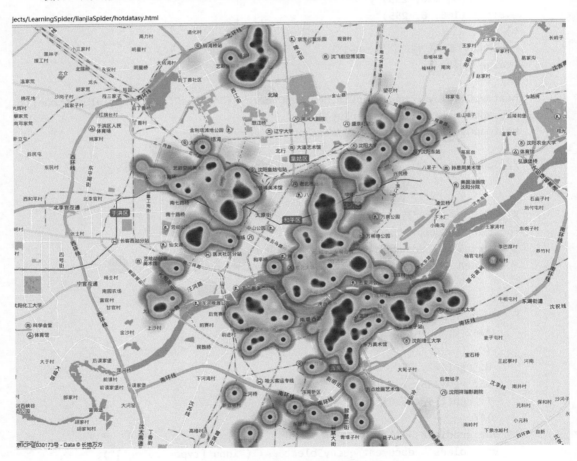

图 11-5　沈阳二手房关注度热力图

第 11 章 爬虫实践：爬取二手房数据并绘制热力图

11.3 本章小结

本章使用了 Requests 与 BeautifulSoup 的组合来抓取链家二手房信息，并以关注度为维度绘制了热力图，通过数据可视化操作，使爬取到的数据更加直观，同时对爬虫程序中用到的模块做了一些简单的介绍。本章中出现的 Python 库在爬虫程序中经常用到，掌握这些常用模块的基本用法是很有必要的。

第 12 章
爬虫实践：免费 IP 代理爬虫

这一章将提供一个抓取免费 IP 代理的案例，以解决在爬虫过程中因为 IP 导致网站被封的问题。封禁 IP 是网站反爬常用的方法，服务器检测到某个 IP 在单位时间内请求次数过多时，就有可能出现拒绝访问服务的情况，比如网站返回的状态码是 403 Forbidden。这个时候爬虫可以通过换代理的方式伪装 IP 地址，使服务器不能识别真正的请求地址。IP 的来源，如果使用规模不大，可以通过免费的代理网站获取，如果要大规模地使用高质量的 IP，一般要通过购买 IP 代理或者自己购买服务器来搭建 IP 代理池。

12.1 程序设计

代理实际上指的就是代理服务器，英文叫作"proxy server"，相当于网络信息的中转站。正常请求一个网站时，会发送请求给 Web 服务器，Web 服务器再把响应传回。如果设置了代理服务器，实际上就是在本机和服务器之间搭建了一个桥，此时本机不是直接向 Web 服务器发起请求，而是向代理服务器发出请求，请求会被发送给代理服务器，然后再由代理服务器发送给 Web 服务器，接着由代理服务器把 Web 服务器返回的响应转发给本机。这样同样可以正常访问网页，但这个过程中 Web 服务器识别出的真实 IP 就不再是本机的 IP 了，从而就成功实现了 IP 伪装，这就是代理的基本原理。

对于爬虫来说，使用代理的目的是为了隐藏自身 IP，防止自身的 IP 被封锁。由于爬虫爬取速度过快，行为特征比较明显，在爬取过程中可能遇到同一个 IP 访问过于频繁的问题，此时网站有可能会封锁这个 IP，或者让"用户"输入验证码，这将给爬取带来极大的不便。

使用代理隐藏真实的 IP，让服务器误以为是代理服务器在请求自己，这样在爬取过程中通过不断更换代理，就不会被封锁，可以达到很好的爬取效果。

12.1.1 代理分类

代理分类时，既可以根据协议区分，也可以根据其匿名程度区分。

第 12 章 爬虫实践：免费 IP 代理爬虫

1. 根据协议区分

根据代理的协议，代理可以分为如下类别。

- FTP 代理服务器：主要用于访问 FTP 服务器，一般有上传、下载以及缓存功能，端口一般为 21、2121 等。
- HTTP 代理服务器：主要用于访问网页，一般有内容过滤和缓存功能，端口一般为 80、8080、3128 等。
- SSL/TLS 代理：主要用于访问加密网站，一般有 SSL 或 TLS 加密功能（最高支持 128 位加密强度），端口一般为 443。
- RTSP 代理：主要用于访问 Real 流媒体服务器，一般有缓存功能，端口一般为 554。
- Telnet 代理：主要用于 Telnet 远程控制（黑客入侵计算机时常用于隐藏身份），端口一般为 23。
- POP3/SMTP 代理：主要用于 POP3/SMTP 方式收发邮件，一般有缓存功能，端口一般为 110 或 25。
- SOCKS 代理：只是单纯传递数据包，不关心具体协议和用法，所以速度快很多，一般有缓存功能，端口一般为 1080。SOCKS 代理协议又分为 SOCKS4 和 SOCKS5，前者只支持 TCP，而后者支持 TCP 和 UDP，还支持各种身份验证机制、服务器端域名解析等。简单来说，SOCK4 能做到的 SOCKS5 都可以做到，但 SOCKS5 能做到的 SOCK4 不一定能做到。

2. 根据匿名程度区分

根据代理的匿名程度，代理可以分为如下类别。

- 高度匿名代理：会将数据包原封不动地转发，在服务器端看来就好像真的是一个普通客户端在访问，而记录的 IP 是代理服务器的 IP。
- 普通匿名代理：会在数据包上做一些改动，服务器端上有可能发现这是个代理服务器，也有一定概率追查到客户端的真实 IP。代理服务器通常会加入的 HTTP 头有 HTTP_VIA 和 HTTP_X_FORWARDED_FOR。
- 透明代理：不但改动了数据包，还会告诉服务器客户端的真实 IP。这种代理除了能用缓存技术提高浏览速度，能用内容过滤提高安全性之外，并无其他显著作用，最常见的例子是内网中的硬件防火墙。
- 间谍代理：指组织或个人创建的用于记录用户传输的数据，然后进行研究、监控等目的的代理服务器。

12.1.2 网站分析

目前一些常见的代理网站有 xicidaili、66ip、data5u、proxydb 等，这里选取西刺代理（http://www.xicidaili.com/）为目标网站，爬取所需的代理。西刺代理网站页面如图 12-1

所示，IP 代理包含的字段有国家、IP 地址、端口、服务器地址、是否匿名、类型、速度等。

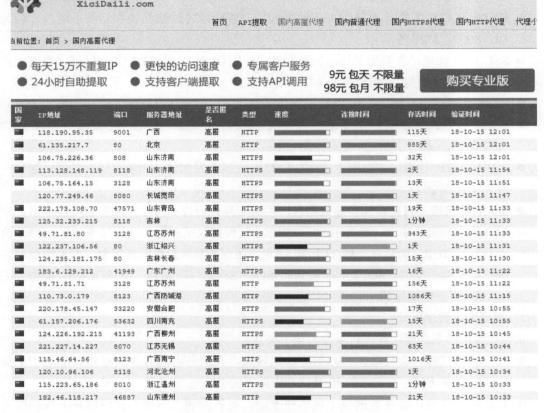

图 12-1 西刺代理的国内高匿代理页面

由于很多代理的时效性都很短，而且这些公开出来的代理有很多人在用，这种所谓的"万人骑"的代理，很有可能会失效，因此读者在使用之前还需要再验证一遍。针对众多代理提供的字段本节示例只需要抓取 IP 地址、端口、类型就可以了。通过浏览器的调试模式抓包会发现，本节所需要的内容就在该网页请求返回的 HTML 里面，如图 12-2 所示，所以此处可以直接构造 GET 请求，然后从 HTML 里面解析所需的内容。在做这一步的时候，应注意有些网站在真实浏览器中返回的数据和爬取的数据有可能不一样。有时候目标网站是为了防爬虫特意这么设计的，这一点在实际操作中需要注意，遇到这种情况要多多分析爬虫的行为是不是触发了网站反爬规则。当然在这个网站中，通过观察，并没有发现这种反爬措施，所以可以直接请求目标网站。

第 12 章 爬虫实践：免费 IP 代理爬虫

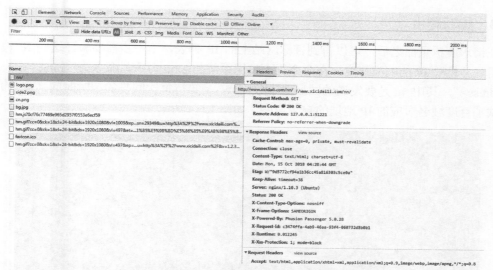

图 12-2 浏览器调试模式下的网络请求列表

【提示】 抓包是常见的网络请求分析方法，除了浏览器自带的调试工具外，常用的还有 Wireshark、Fiddler、Charles 等，这些工具功能很强大，Fiddler、Charles 这类工具还可以对 HTTPS 抓包，这些都是常用的爬虫分析工具。

接下来再分析一下如何定位正文元素。使用开发者模式来查看元素（见图 12-3），将会发现可以使用 ip_list 这个 id 的值来定位到<table>，再通过定位<table>里面的内容找到需要的 IP、端口、类型这三个字段，如图 12-3 所示。除了用 BeautifulSoup 之外，还可以用 XPath 定位。下面代码中会有演示。 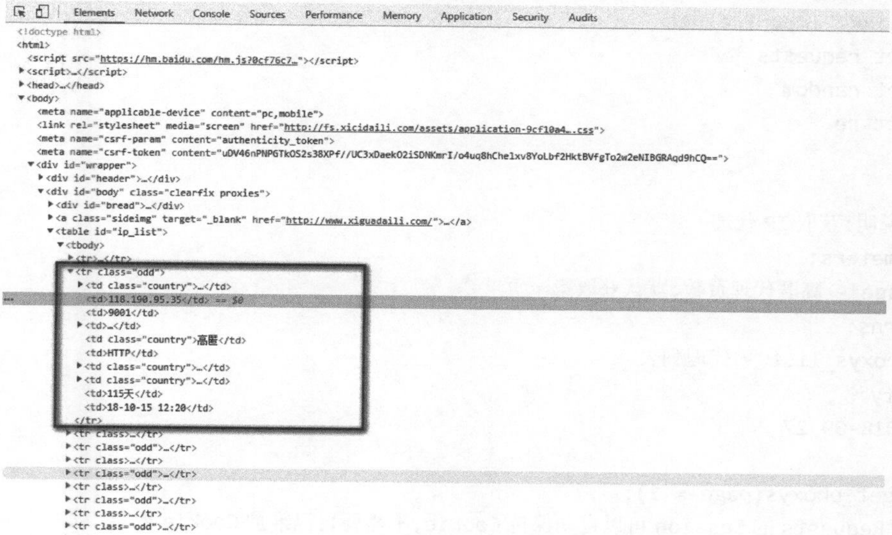

图 12-3 页面的 HTML 结构

12.1.3 编写爬虫

在请求解析页面之后，可以得到目标网站上的 IP 列表，下一步需要验证这些 IP 地址是否可用，并检验 IP 的响应速度。在命令行下使用系统的 ping 命令，命令为 "ping –n 3 –w 3 <ipaddress>"，其中-n 是要发送的回显请求数，-w 是等待每次回复的超时时间（毫秒）。这里测试了百度域名对应的 IP 地址的响应速度，如图 12-4 所示。

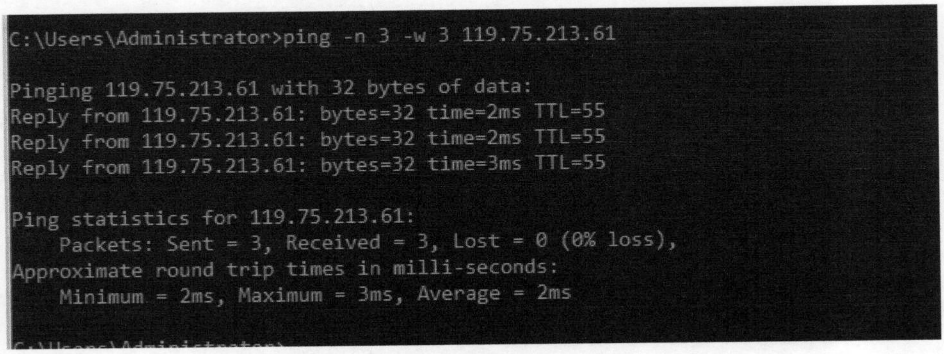

图 12-4　ping 命令检测请求响应速度

通过请求、解析、检查可用性之后，就得到可用的免费代理了。按照这个思路编写代码，最终的爬虫代码见例 12-1。

【例 12-1】 IPSpider.py，获取 IP 代理爬虫程序。

```
# -*- coding:UTF-8 -*-
from bs4 import BeautifulSoup
import subprocess as sp
from lxml import etree
import requests
import random
import re

"""
函数说明:获取 IP 代理
Parameters:
    page - 高匿代理页数,默认获取第一页
Returns:
    proxys_list - 代理列表
Modify:
    2018-09-27
"""
def get_proxys(page = 1):
    # Requests 的 Session 可以自动保持 Cookie,不需要自己维护 Cookie 内容
    S = requests.Session()
```

第12章 爬虫实践：免费IP代理爬虫

```python
        # 西刺代理高匿IP地址
        target_url = 'http://www.xicidaili.com/nn/%d' % page
        # 完善的headers
        target_headers = {'Upgrade-Insecure-Requests':'1',
            'User-Agent':'Mozilla/5.0 (Windows NT 6.1; Win64; x64) AppleWebKit/538.36 (KHTML, like Gecko) Chrome/58.0.3029.110 Safari/538.36',
            'Accept':'text/html,application/xhtml+xml,application/xml;q=0.9,image/webp,*/*;q=0.8',
            'Referer':'http://www.xicidaili.com/nn/',
            'Accept-Encoding':'gzip, deflate, sdch',
            'Accept-Language':'zh-CN,zh;q=0.8',
        }
        # GET请求
        target_response = S.get(url = target_url, headers = target_headers)
        # UTF-8编码
        target_response.encoding = 'utf-8'
        # 获取网页信息
        target_html = target_response.text
        # 获取id为ip_list的<table>
        bf1_ip_list = BeautifulSoup(target_html, 'lxml')
        bf2_ip_list = BeautifulSoup(str(bf1_ip_list.find_all(id = 'ip_list')), 'lxml')
        ip_list_info = bf2_ip_list.table.contents
        # 存储代理的列表
        proxys_list = []
        # 爬取每个代理信息
        for index in range(len(ip_list_info)):
            if index % 2 == 1 and index != 1:
                dom = etree.HTML(str(ip_list_info[index]))
                ip = dom.xpath('//td[2]')
                port = dom.xpath('//td[3]')
                protocol = dom.xpath('//td[6]')
                proxys_list.append(protocol[0].text.lower() + '#' + ip[0].text + '#' + port[0].text)
        # 返回代理列表
        return proxys_list

    """
    函数说明:检查代理IP的连通性
    Parameters:
        ip - 代理的IP地址
        lose_time - 匹配丢包数
        waste_time - 匹配平均时间
    Returns:
        average_time - 代理IP平均耗时
```

265

    Modify:
        2018-09-27
    """
    def check_ip(ip, lose_time, waste_time):
        # ping 命令，-n 表示要发送的回显请求数，-w 表示等待每次回复的超时时间(毫秒)
        cmd = "ping -n 3 -w 3 %s"
        # 执行命令
        p = sp.Popen(cmd % ip, stdin=sp.PIPE, stdout=sp.PIPE, stderr=sp.PIPE, shell=True)
        # 获得返回结果并解码
        out = p.stdout.read().decode("gbk")
        # 丢包数
        lose_time = lose_time.findall(out)
        # 当匹配丢失包信息失败时，默认为三次请求全部丢包，丢包数 lose 赋值为 3
        if len(lose_time) == 0:
            lose = 3
        else:
            lose = int(lose_time[0])
        # 如果丢包数目大于 2 个，则认为连接超时，返回平均耗时 1000ms
        if lose > 2:
            # 返回 False
            return 1000
        # 如果丢包数目小于或等于 2 个，获取平均耗时的时间
        else:
            # 平均时间
            average = waste_time.findall(out)
            # 当匹配耗时时间信息失败时，默认三次请求严重超时，返回平均耗时 1000ms
            if len(average) == 0:
                return 1000
            else:
                #
                average_time = int(average[0])
                # 返回平均耗时
                return average_time

    """
    函数说明:初始化正则表达式
    Parameters:
        无
    Returns:
        lose_time - 匹配丢包数
        waste_time - 匹配平均时间
    Modify:
        2018-09-27

第12章 爬虫实践：免费IP代理爬虫

```python
    """
def initpattern():
    # 匹配丢包数
    lose_time = re.compile(u"丢失 = (\d+)", re.IGNORECASE)
    # 匹配平均时间
    waste_time = re.compile(u"平均 = (\d+)ms", re.IGNORECASE)
    return lose_time, waste_time

if __name__ == '__main__':
    # 初始化正则表达式
    lose_time, waste_time = initpattern()
    # 获取IP代理
    proxys_list = get_proxys(1)

    # 如果平均时间超过200ms，则重新选取IP
    while True:
        # 从100个IP中随机选取一个IP作为代理进行访问
        proxy = random.choice(proxys_list)
        split_proxy = proxy.split('#')
        # 获取IP
        ip = split_proxy[1]
        # 检查IP
        average_time = check_ip(ip, lose_time, waste_time)
        if average_time > 200:
            # 去掉不能使用的IP
            proxys_list.remove(proxy)
            print("IP连接超时，重新获取中！")
        if average_time < 200:
            break

    # 去掉已经使用的IP
    proxys_list.remove(proxy)
    proxy_dict = {split_proxy[0]:split_proxy[1] + ':' + split_proxy[2]}
    print("使用代理:", proxy_dict)
```

Requests 的 Session 是爬虫中经常用到的方法，可以自动保持 Cookie，而不需要自己维护 Cookie 内容。有些网站请求的时候是先通过请求一个 URL 获取到 Cookie，然后在第二次请求的时候校验第一次请求时获取的 Cookie，如保持登录功能。Requests 的 Session 可以做到这一点，相当于浏览器在不同标签页之间打开同一个网站的内容一样，用的同一个 Cookie。

会话对象 requests.Session 能够跨请求地保持某些参数，比如 Cookie，即在同一个 Session 实例发出的所有请求都保持同一个 Cookie，而 Requests 模块每次会自动处理 Cookie，这样开发者就能很方便地处理登录时的 Cookie 问题。所以如果向同一主机发送多个请求，底层的 TCP 连接将会被重用，从而带来显著的性能提升。在 Cookie 的处理上会话

对象的一句代码可以替代多句 urllib 模块下的操作语句,即相当于 urllib 中的:

```
cj = http.cookiejar.CookieJar()
pro = urllib.request.HTTPCookieProcessor(cj)
opener = urllib.request.build_opener(pro)
urllib.request.install_opener(opener)
```

下面简单介绍一下会话对象 requests.Session 的常见用法。

1) Session 对象能够帮开发者跨请求保持某些参数,也会在同一个 Session 实例发出的所有请求之间保持 Cookie:

```
import requests
s = requests.Session() #创建一个 Session 对象
s.get('http://httpbin.org/cookies/set/sessioncookie/123456789')
r = s.get("http://httpbin.org/cookies")
print(r.text)
# 结果
# '{"cookies": {"sessioncookie": "123456789"}}'
```

2) 可用来为请求方法提供默认数据。这是通过为会话对象的属性提供数据来实现的:

```
import requests
s = requests.Session()
# 设置 Session 对象的 auth 属性,用来作为请求的默认参数
s.auth = ('user', 'pass')
# 设置 Session 的 headers 属性,通过 update()方法,将其余请求方法中的 headers 属性合并起来作为最终的请求方法的 headers
s.headers.update({'x-test': 'true'})
# x-test 和 x-test2 均被发出
s.get('http://httpbin.org/headers', headers={'x-test2': 'true'})
# 结果
{
  "headers": {
    "Accept": "*/*",
    "Accept-Encoding": "gzip, deflate",
    "Authorization": "Basic dXNlcjpwYXNz", #
    "Connection": "close",
    "Host": "httpbin.org",
    "User-Agent": "python-requests/2.18.4",
    "X-Test2": "true",  #
    "X-Text": "true" #
  }
}
```

以上代码通过 s.headers.update()方法设置了 headers 变量,然后又在请求中设置了一个

headers，且方法层的参数覆盖会话的参数，函数参数级别的数据会和 Session 级别的数据合并。如果 key 重复，函数参数级别的数据将覆盖 Session 级别的数据。如果想取消 Session 的某个参数，可以再传递一个相同 key、value 为 None 的 dict。

如果 r = s.get('http://httpbin.org/headers', headers={'x-test': None})将设置为 None 值，则 headers 中的 x-test 会自动被忽略。

不过需要注意，即使使用了会话，方法级别的参数也不会被跨请求保持。下面的例子中只会向第一个请求发送 Cookie，而非第二个：

```
import requests
s = requests.Session()

r = s.get('http://httpbin.org/cookies', cookies={'from-my': 'browser'})
print(r.text)
# '{"cookies": {"from-my": "browser"}}'

r = s.get('http://httpbin.org/cookies')
print(r.text)
# '{"cookies": {}}'
```

如果手动为会话添加 Cookie，就使用 Cookie utility 函数来操纵 Session.cookies。

3）会话还可以用作前后文管理器，这样就能确保 with 区块退出后会话能被关闭，即使发生了异常也一样：

```
with requests.Session() as s:
    s.get('http://httpbin.org/cookies/set/sessioncookie/123456789')
```

【提示】 会话对象（Session）是 Requests 的高级特性。除了这个用法，Requests 的高级用法还包括请求与响应对象、准备的请求 （Prepared Request）、SSL 证书验证、客户端证书、CA 证书、响应体内容工作流、保持活动状态（持久连接）、流式上传、块编码请求、POST 多个分块编码的文件、事件挂钩、自定义身份验证、流式请求、代理、SOCKS、合规性、编码方式、HTTP 动词、定制动词、响应头链接字段、传输适配器、阻塞和非阻塞、Header 排序等。

在解析表格的时候可以使用 XPath 定位。解析 XPath 的时候可以使用 lxml。它是一个结合了 libxml2 快速强大的特效和 Python 语言的易用性的一个第三方库，解析 HTML 时具有比 BeautifulSoup 更高的性能，比如 lxml 具有自动修正 HTML 代码的功能。

在代码示例 12-1 中，首先通过 bs4 找到 IP 列表对应的表格，这时候得到的是表格里面的 HTML：

```
bf2_ip_list = BeautifulSoup(str(bf1_ip_list.find_all(id = 'ip_list')), 'lxml')
ip_list_info = bf2_ip_list.table.contents
```

然后再用 lxml 去定位表格里面的 XPath（如下代码片段所示），最终找到需要解析的 IP 地址等字段，其中 XPath 语句 "//td[2]" 表示从该 XML 的根目录开始的第二个 <td> 节点。

```
for index in range(len(ip_list_info)):
    if index % 2 == 1 and index != 1:
        dom = etree.HTML(str(ip_list_info[index]))
        ip = dom.xpath('//td[2]')
```

Python 解析 XPath 时需要导入 lxml——from lxml import etree，etree 的全称是 ElementTree，其最基本的用法是读取 HTML 文本。利用 etree.HTML，读到文本之后，再用 dom.xpath() 获取具体的 element。

XPath 是爬虫中经常用到的定位方法，如例 12-1 中的 "ip = dom.xpath('//td[2]')"。XPath 是一门在 XML 文档中查找信息的语言，可用来在 XML 文档中对元素和属性进行遍历。它也是 W3C XSLT 标准的主要元素，并且 XQuery 和 XPointer 都构建于 XPath 表达之上。

在 XPath 中有七种类型的节点：元素、属性、文本、命名空间、处理指令、注释以及文档（根）节点。XML 文档是被作为节点树来对待的，树的根被称为文档节点或者根节点，根节点在 XPath 中可以用 "//" 来表示。XPath 使用路径表达式来选取 XML 文档中的节点或节点集。节点是沿着路径（path）或者步（steps）来选取的。

XPath 的基本语法见表 12-1，掌握了这些基本规则，大部分情况下都能写出正确的 XPath 表达式。

表 12-1　XPath 的基本语法

表达式	描述
nodename	选取此节点的所有子节点
/	从根节点选取
//	从匹配选择的当前节点选择文档中的节点，而不考虑它们的位置
.	选取当前节点
..	选取当前节点的父节点
@	选取属性

浏览器的开发模式可以快速地帮助开发者找到某元素的 XPath。如图 12-5 所示，以整个页面的 HTML 为根节点，复制出 XPath，结果是 "//*[@id="ip_list"]/tbody/tr[2]/td[2]"，即从根目录开始，找到 id 为 ip_list 的元素下的 <tbody> 元素的第二个 <tr> 标签的第二个 <td> 标签，如图 12-5 所示。

【提示】　图 12-5 所示的 XPath 是从整个网页的根目录开始得到 XPath，仅作为示例提供一个快速获取 XPath 的方法。本章例 12-1 中的 XPath——"//td[2]"——是以 <table> 对应的 HTML 内容为根节点的，注意不要混淆。

第 12 章 爬虫实践：免费 IP 代理爬虫

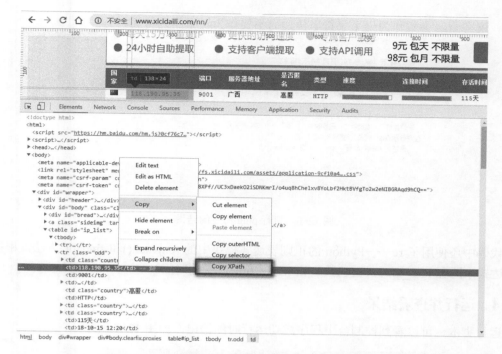

图 12-5　浏览器 Debug 模式下定位 XPath 的操作方法

XPath 是一个非常好用的解析方法，同时也是爬虫学习的基础，希望各位读者可以掌握好它的语法，为后面的深入研究做好铺垫。

在例 12-1 中，还用到了 subprocess 的 Popen 来调用系统命令。Python 调用系统命令的时候，可以考虑用 os 模块中的 os.system() 和 os.popen() 来进行操作，但是这两个命令过于简单，不能完成一些复杂的操作，如为执行的命令提供输入或者读取命令的输出，推断该命令的执行状态，管理多个命令的并行等。这时就需要用到 subprocess 中的 Popen 命令了。下面将对 Popen 给出简介。

通过例 12-1，在执行以下 Python 语句之后，得到的输出如图 12-6 所示，对输出结果用正则表达式解析，就能知道请求是否成功了。

```
cmd = "ping -n 3 -w 3 %s"
p = sp.Popen(cmd % ip, stdin=sp.PIPE, stdout=sp.PIPE, stderr=sp.PIPE, shell=True)
out = p.stdout.read().decode("gbk")
```

下面对用到的一些参数做一下简单的说明。

- args：要执行的 shell 命令，可以是字符串，也可以是命令各个参数组成的序列。当该参数的值是一个字符串时，该命令的解释过程是与平台相关的，因此通常建议将 args 参数作为一个序列传递。
- stdin，stdout，stderr：分别表示程序标准输入、输出、错误句柄。
- shell：该参数用于标识是否使用 shell 作为要执行的程序，如果 shell 值为 True，则建议将 args 参数作为一个字符串传递而不要作为一个序列传递。

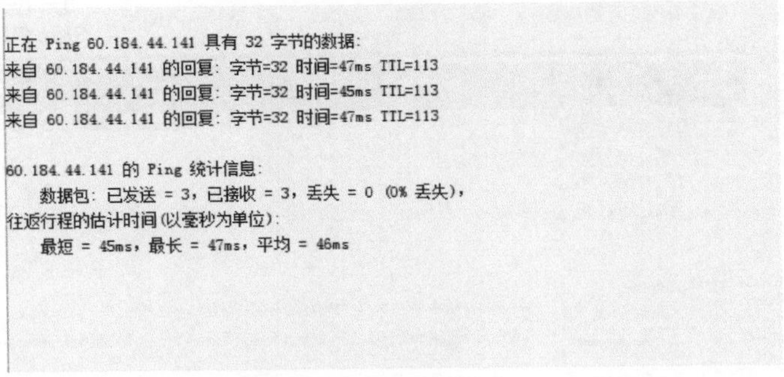

```
正在 Ping 60.184.44.141 具有 32 字节的数据:
来自 60.184.44.141 的回复: 字节=32 时间=47ms TTL=113
来自 60.184.44.141 的回复: 字节=32 时间=45ms TTL=113
来自 60.184.44.141 的回复: 字节=32 时间=47ms TTL=113

60.184.44.141 的 Ping 统计信息:
    数据包: 已发送 = 3,已接收 = 3,丢失 = 0 (0% 丢失),
往返行程的估计时间(以毫秒为单位):
    最短 = 45ms,最长 = 47ms,平均 = 46ms
```

图 12-6　执行 ping 命令的结果

代码中还使用了 re——Python 的正则表达式模块中的 re.match()和 findall()方法，根据正则表达式来匹配 lose_time（丢包数）和 waste_time（平均时间）。

12.1.4　运行并查看结果

运行脚本，可以看到控制台中程序成功运行时的输出，如图 12-7 所示。

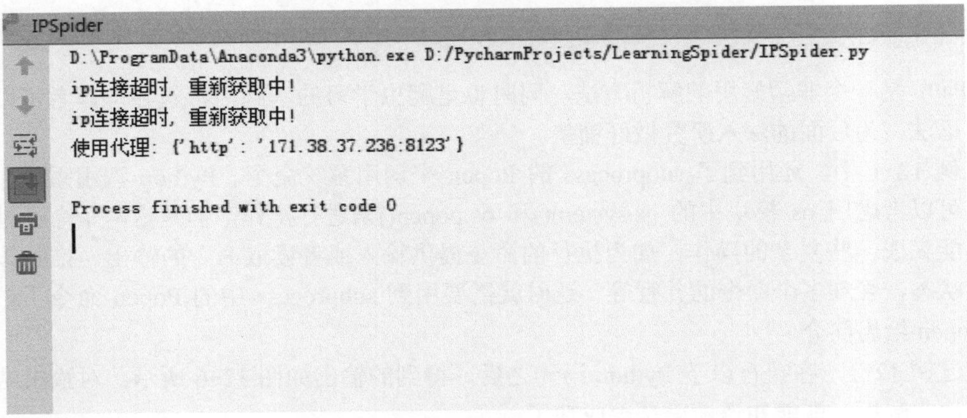

```
IPSpider
D:\ProgramData\Anaconda3\python.exe D:/PycharmProjects/LearningSpider/IPSpider.py
ip连接超时，重新获取中!
ip连接超时，重新获取中!
使用代理: {'http': '171.38.37.236:8123'}

Process finished with exit code 0
```

图 12-7　IP 代理爬虫的输出

抓取结束后就可以在爬虫程序中使用该代理地址了。需要在 Requests 模块中使用 IP 代理时，可以通过为任意请求方法提供 proxies 参数来配置单个请求：

```
import requests
with requests.Session() as s:
    s.get('http://httpbin.org/cookies/set/sessioncookie/123456789')

import requests
```

```
proxies = {
  "http": "http://10.10.1.10:3128",
  "https": "http://10.10.1.10:1080",
}

requests.get("http://example.org", proxies=proxies)
```

也可以通过环境变量 HTTP_PROXY 和 HTTPS_PROXY 来配置代理：

```
$ export HTTP_PROXY="http://10.10.1.10:3128"
$ export HTTPS_PROXY="http://10.10.1.10:1080"

$ python
>>> import requests
>>> requests.get("http://example.org")
```

若代理需要使用 HTTP Basic Auth，可以使用"http://user:password@host/"这样的语法：

```
proxies = {
    "http": "http://user:pass@10.10.1.10:3128/",
}
```

要为某个特定的连接方式或者主机设置代理，使用"scheme://hostname"这样的形式作为 key，它会针对指定的主机和连接方式进行匹配：

```
proxies = {'http://10.20.1.128': 'http://10.10.1.10:5323'}
```

【提示】 代理 URL 必须包含连接方式。

在实际使用中，开发者还可以维护一个 IP 代理池，提供持久化的 IP 代理服务，这种做法也是很多大数据公司通用的做法。

12.2 本章小结

本章通过一个抓取免费 IP 代理的小例子，介绍了常见的 IP 代理类型以及在 Requests 模块中使用代理的方法，在爬虫代码示例中使用 Requests 的高级特性来保持 Cookie，使用 lxml 来解析 XPath，以及用 subprocess.Popen()来调用系统命令。本章中出现的 Python 库大多都是爬虫编写时的常用工具，需要熟练掌握，尤其是 XPath，读者需要将其作为爬虫学习的基础。

第 13 章
爬虫实践：百度文库爬虫

这一章将选取百度文库作为爬虫实践的内容。在很多时候用户需要下载百度文库内容时，弹出来的是下载券不足，而现在复制其中的内容也只能复制一部分。其实百度文库文字类型的资源（如 txt、doc、PDF）是可以通过前端源码分析获取到的，如果能按照规则合理地提取这些文字资源，就可以实现免下载券获取资源。

13.1 程序设计

在这个百度文库爬虫案例中，可以通过 Requests 模拟请求的方式获取页面内容，也可以通过 Selenium WebDriver 模拟操作浏览器的方式抓取页面内容，但是在性能上会有一定的损失。

13.1.1 分析网页

本章以《数据结构试题与答案》的百度文库页面为目标网站，该百度文库网址为：https://wenku.baidu.com/view/fad890f04a7302768f993929.html?from=search。

打开网页，其截图如图 13-1 所示，从标题前面的图标"t"可以看出，这是一个 txt 类型的文档。

接下来打开浏览器的开发者模式（见图 13-2），在开发者模式的"Network"选项卡中对每个请求进行分析，发现了下面这条请求的 Response，它和文章正文中的内容一致。复制该 Response，如下所示：

cb([{
  "parags": [{
    "c": "数据结构综合测试题 \r\n\r\n\r\n 一、单选题 \r\n\r\n\r\n1.   以下数据结构中哪一个是线性结构?（   ）\r\n\r\n\r\n   A. 有向图   B. 栈   C. 线索二叉树   D. B 树 \r\n\r\n\r\n2.   在一个单链表 HL 中，若要向表头插入一个由指针 p 指向的结点，则执行(   ). \r\n\r\n\r\nA. HL=p; p->next=HL;   B. p->next=HL; HL=p; \r\n\r\n\r\n   C. p->next=HL; p=HL;   D. p->next=HL->next; HL->next=p; \r\n\r\n\r\n3. 在一个带有头结点的单链表 HL 中，若要向表头插入一个由指针 p 指向的结点，则执行(   )。\r\n\r\n\r\nA. HL=p; p->next=HL;   B. p->next=HL; HL=p; \r\n\r\n\r\n   C. p-

第 13 章 爬虫实践：百度文库爬虫

>next=HL; p=HL;   D. p->next=HL->next; HL->next=p;

4. 单链表的每个结点中包括一个指针 next，它指向该结点的后继结点。现要将指针 q 指向的新结点插入到指针 p 指向的单链表结点之后，下面的操作序列中哪一个是正确的？（　　）

A. q=p->next; p->next=q->next;   B. p->next=q->next; q=p->next   C. q->next=p->next; p->next=q;   D. P->next=q; q->next=p->next;

5. 在一个循环顺序存储的队列中，队首指针指向队首元素的（　　）位置。

A. 前一个   B. 后一个   C. 当前

6. 以下哪一个不是队列的基本运算？（　　）

A. 从队尾插入一个新元素   B. 从队列中删除第 i 个元素   C. 判断一个队列是否为空   D. 读取队头元素的值

7. 用链接方式存储的队列，在进行删除运算时(　　)。

A. 仅修改头指针   B. 仅修改尾指针   C. 头、尾指针都要修改   D. 头、尾指针可能都要修改

8. 对线性表，在下列哪种情况下应当采用链表表示？（　　）

A. 经常需要随机地存取元素   B. 经常需要进行插入和删除操作   C. 表中元素需要占据一片连续的存储空间   D. 表中元素的个数不变

9. 字符 A、B、C 依次进入一个栈，按出栈的先后顺序组成不同的字符串，至多可以组成(　　)个不同的字符串？

A.5   B.4   C.6   D.1

10. 下述哪一条是顺序存储方式的优点？（　　）

A. 存储密度大   B. 插入运算方便   C. 删除运算方便   D. 可方便地用于各种逻辑结构的存储表示

11. 从二叉搜索树中查找一个元素时，其时间复杂度大致为(　　)。

A. O(n)   B. O(1)   C. O(log2n)   D. O(n2)

12.
```
        "t": "txt"
    }],
    "page": 1,
    "tn": 11
}
```

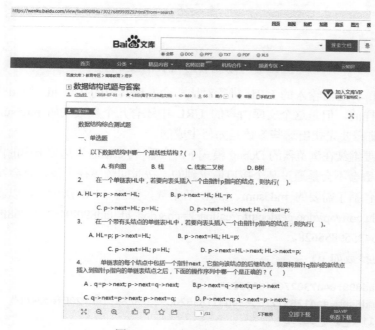

图 13-1　百度文库页面截图

可以看到，第一页的内容和页面显示的内容是一致的，因而可以判断这就是能得到百度文库正文内容的请求。复制这条请求的接口链接地址，可以看到这是一个 GET 请求，其 URL 是：https://wkretype.bdimg.com/retype/text/fad890f04a7302768f993929?md5sum=aa4126577763034ba1185620c92e78c6&sign=200fec24cb&callback=cb&pn=1&rn=11&type=txt&rsign=p_11-r_0-s_3a99b&_=1542559855630。

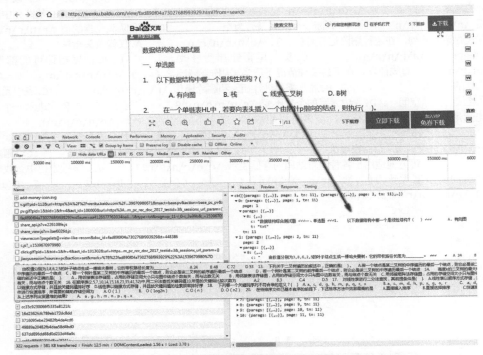

图 13-2　开发者模式下的百度文库内容

将这个 URL 和之前输入的 URL 进行对比，会发现其中的文章 id（"fad890f04a7302768f993929"）是一样的，但是这个文库内容的 URL 中还有几个参数（如 md5sum、sign、rsign 等），编写代码前需要先找出这些参数是如何生成的。

此时同样需要继续在浏览器的 Debug 模式下，查看 "Network" 选项卡中的内容，看看需获取文章详情的参数会不会是通过某个接口请求到的。按时间顺序往上找，就会发现有一个接口返回的数据里面包括了需要的 md5sum、rsign 等参数，如图 13-3 所示。可以看到，接口为：https://wenku.baidu.com/api/doc/getdocinfo?callback=cb&doc_id=fad890f04a7302768f993929&t=1542559855831&_=1542559855628。

几个关键的参数如下：

```
doc_id: "fad890f04a7302768f993929"
md5sum: "&md5sum=aa4126577763034ba1185620c92e78c6&sign=200fec24cb"
rsign: "p_11-r_0-s_3a99b"
totalPageNum: "11"
```

第13章 爬虫实践：百度文库爬虫

docType: "8"

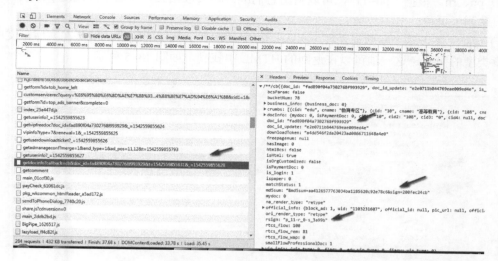

图 13-3　开发者模式下请求 docinfo 的接口 url 以及返回值

回顾一下获取百度文库正文的 URL：https://wkretype.bdimg.com/retype/text/fad890f04a7302768f993929?md5sum=aa4126577763034ba1185620c92e78c6&sign=200fec24cb&callback=cb&pn=1&rn=11&type=txt&rsign=p_11-r_0-s_3a99b&_=1542559855630，可以看到，还缺少 sign、pn、rn、type、&=，接下来将一一解决。

1) sign。通过 Postman 模拟该请求，发现有无 sign 对结果没有影响，如图 13-4 所示。

图 13-4　通过 PostMan 模拟没有参数 sign 的情况下百度文库详情页的请求

2)pn、rn。根据"pn=11",可以猜出它们应该和页数相关。前面已经通过 getdocinfo 这个接口拿到了页数。

3)type。关于这个参数前面在 getdocinfo 中只拿到了类型的编号,但是在文库正文中需要文章类型的简称,这一项可以在返回的 HTML 中找到,如图 13-5 所示。

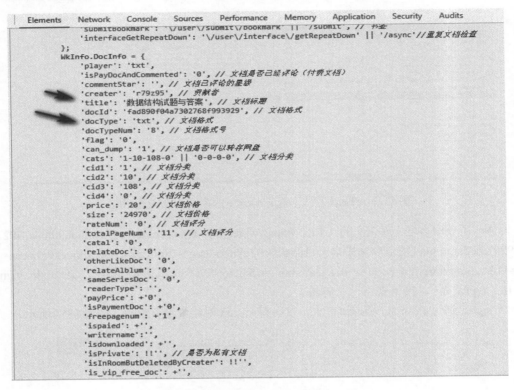

图 13-5　开发者模式下返回 HTML 中的 docinfo

4)&=。可以猜到这个是类似时间戳的参数,像这种前后关联的请求,处理时一般用 Requests 的 Session,详细用法在前面章节中也介绍过,如下:

```
session = requests.session()
session.get(url).content.decode('gbk')
```

至此,本章以《数据结构试题与答案》的百度文库 txt 资源,介绍了如何通过分析网页请求逆向推理,一步一步找到最终请求所需要的参数。其他几种类型的文档思路也类似,读者可以自己练习一下。

【提示】　在这个案例中抓包工具使用了浏览器自带的 DevTools 中的 Network。其实 Postman 也可以用来抓包,如果要对 HTTPS 进行抓包,可以选用 Fiddler 或者 Charles。关于 Charles,下一章会有较为详细的介绍。

第13章 爬虫实践：百度文库爬虫

分析过程中使用的工具 Postman 也是爬虫以及接口调试、开发网络相关的模块时经常用到的工具。Postman 为一个网络调试工具，基本功能使用比较简单，本书只做简单介绍，读者可自行网络搜索其更丰富的用法。图 13-6 所示是 Postman 的界面及其各项功能介绍。

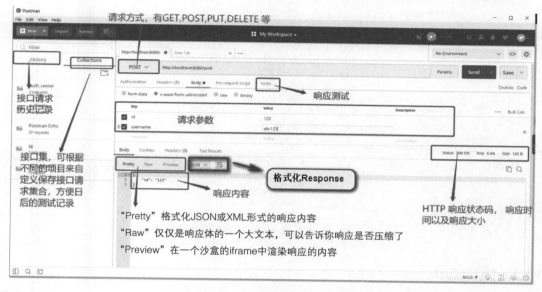

图 13-6　Postman 界面及功能简介

一般用 Postman 来模拟三种类型的请求。

1）简单的 GET 请求。如本章分析百度文库接口时的用法，GET 请求的参数在 URL 后面拼接。

2）简单的 POST 请求。其中 Body 用来设置 POST 请求的参数。除了具体的参数，还需要设置 POST 的提交方式，有以下四种。

- form-data：HTTP 请求中的 multipart/form-data 会将表单的数据处理为一条消息，以标签为单元，用分隔符分开。
- x-www-form-urlencoded：HTTP 请求中的 application/x-www-from-urlencoded 会将表单内的数据转换为键值对。
- raw：可以发送任意格式的接口数据，包括 text、JSON、XML、HTML 等。
- binary：HTTP 请求中的 Content-Type:application/octet-stream 只可以发送二进制数据，通常用于文件的上传。

3）认证接口：切换到 Authorization，然后填写需要的认证接口，比如可以选 Basic Auth（最基本的一种认证类型），或者 OAuth 1.0/2.0、Digest Auth 等认证类型，如图 13-7 所示。

【提示】　当选择 Basic Auth 时，需要填写"Username""Password"，这是针对 Basic Auth 类型认证的用户名和密码，并非一般系统登录的用户名和密码。

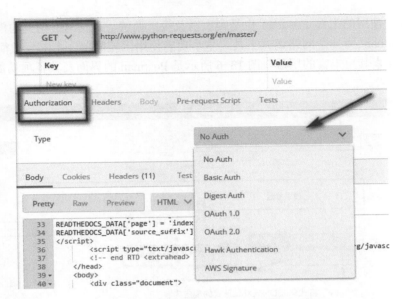

图 13-7　Postman Authorization 界面及功能简介

13.1.2　编写爬虫

通过上面的分析，整个百度文库爬取过程可以总结为请求百度文库 URL、判断文章类型、请求 getdocinfo 接口获取相关参数、请求百度文库正文接口，现在按照这个步骤来编写代码。下载百度文库的爬虫可以分成下面几个方法。

- fetch_url：请求百度文库具体文章的 URL。
- parse_type：从请求到的 HTML 中获取文章类型。
- parse_title：从请求到的 HTML 中获取文章标题。
- parse_doc：根据相关接口解析 doc 类型的文档。
- parse_txt：根据相关接口解析 txt 类型的文档。
- parse_other：对于其他类型的文档，暂时都用图片保存下来。
- save_file：保存爬取的文库。

思路梳理完毕后，就可以着手编写了。最终的爬虫代码见例 13-1。

【例 13-1】　baiduwenku.py，百度文库抓取程序。

```
import requests
import re
import json
import os

session = requests.session()
```

第13章 爬虫实践：百度文库爬虫

```python
def fetch_url(url):
    return session.get(url).content.decode('gbk')


def get_doc_id(url):
    return re.findall('view/(.*).html', url)[0]


def parse_type(content):
    return re.findall(r"docType.*?\:.*?\'(.*?)\'\,", content)[0]


def parse_title(content):
    return re.findall(r"title.*?\:.*?\'(.*?)\'\,", content)[0]


def parse_doc(content):
    result = ''
    url_list = re.findall('(https.*?0.json.*?)\\\\x22}', content)
    url_list = [addr.replace("\\\\\/", "/") for addr in url_list]
    for url in url_list[:-5]:
        content = fetch_url(url)
        y = 0
        txtlists = re.findall('"c":"(.*?)".*?"y":(.*?),', content)
        for item in txtlists:
            if not y == item[1]:
                y = item[1]
                n = '\n'
            else:
                n = ''
            result += n
            result += item[0].encode('utf-8').decode('unicode_escape', 'ignore')
    return result


def parse_txt(doc_id):
    content_url = 'https://wenku.baidu.com/api/doc/getdocinfo?callback=cb&doc_id=' + doc_id
    content = fetch_url(content_url)
    md5 = re.findall('"md5sum":"(.*?)"', content)[0]
    pn = re.findall('"totalPageNum":"(.*?)"', content)[0]
    rsign = re.findall('"rsign":"(.*?)"', content)[0]
    content_url = 'https://wkretype.bdimg.com/retype/text/' + doc_id + '?rn=' + pn + '&type=txt' + md5 + '&rsign=' + rsign
```

```python
        content = json.loads(fetch_url(content_url))
        result = ''
        for item in content:
            for i in item['parags']:
                result += i['c'].replace('\\r', '\r').replace('\\n', '\n')
        return result


    def parse_other(doc_id):
        content_url = "https://wenku.baidu.com/browse/getbcsurl?doc_id=" + doc_id + "&pn=1&rn=99999&type=ppt"
        content = fetch_url(content_url)
        url_list = re.findall('{"zoom":"(.*?)","page"', content)
        url_list = [item.replace("\\", '') for item in url_list]
        if not os.path.exists(doc_id):
            os.mkdir(doc_id)
        for index, url in enumerate(url_list):
            content = session.get(url).content
            path = os.path.join(doc_id, str(index) + '.jpg')
            with open(path, 'wb') as f:
                f.write(content)
        print("图片保存在" + doc_id + "文件夹")


    def save_file(filename, content):
        with open(filename, 'w', encoding='utf8') as f:
            f.write(content)
            print('已保存为:' + filename)


    test_xls_url = 'https://wenku.baidu.com/view/eb4a5bb7312b3169a551a481.html?from=search'
    def main():
        url = input('请输入要下载的文库URL地址')
        content = fetch_url(url)
        doc_id = get_doc_id(url)
        type = parse_type(content)
        title = parse_title(content)
        if type == 'doc':
            result = parse_doc(content)
            save_file(title + '.txt', result)
        elif type == 'txt':
            result = parse_txt(doc_id)
            save_file(title + '.txt', result)
```

第13章 爬虫实践：百度文库爬虫

```
    else:
        parse_other(doc_id)


if __name__ == "__main__":
    main()
```

这个案例重点在于如何借助浏览器 Debug 工具、抓包工具及 Postman，一步一步找到关键请求。找到请求接口之后的常规爬虫步骤用到了 Requests、正则表达式、JSON 操作，这些内容在前面章节中已经有所介绍。本章中再来简单梳理一下这些知识点。

1）上述案例中用到了 requests.session()，如：

```
session = requests.session()
session.get(url).content.decode('gbk')
```

Requests 库的 Session 对象能够帮助开发者跨请求保持某些参数，也会在同一个 Session 实例发出的所有请求之间保持 Cookie。

2）json.loads()方法在上述案例中用法如下：

```
content = json.loads(fetch_url(content_url))
```

这里需要注意，Python 中 JSON 文件处理涉及的函数 json.dumps()和 json.loads()、json.dump()和 json.load()的区别。

- json.dumps()和 json.loads()是 JSON 格式处理函数（可以理解为 JSON 是字符串）。
  - json.dumps()函数是将一个 Python 数据类型列表进行 JSON 格式的编码（可以这么理解，json.dumps()函数是将字典转化为字符串）。
  - json.loads()函数是将 JSON 格式的数据转换为字典（可以这么理解，json.loads()函数是将字符串转化为字典）。
- json.dump()和 json.load()主要用来读写 JSON 文件。

3）正则表达式，在上述案例中的用法：

```
md5 = re.findall('"md5sum":"(.*?)"', content)[0]
```

re 模块的常用函数有下面几个。

- compile()：编译正则表达式，生成一个 Pattern 对象。之后就可以利用 pattern 的一系列方法对文本进行匹配查找（当然，匹配/查找函数也支持直接将 pattern 表达式作为参数）。
- match()：用于查找字符串的头部（也可以指定起始位置）。它是一次匹配，只要找到了一个匹配的结果就返回。
- search()：用于查找字符串的任何位置，只要找到了一个匹配的结果就返回。
- findall()：以列表形式返回全部能匹配的子串，如果没有匹配，则返回一个空列表。
- finditer()：搜索整个字符串，获得所有匹配的结果。与 findall()的一大区别是，它返回一个顺序访问每一个匹配结果（Match 对象）的迭代器。
- split()：按照能够匹配的子串将字符串分割后返回一个结果列表。
- sub()：用于替换，将母串中被匹配的部分使用特定的字符串替换掉。

13.1.3 运行并查看爬取的百度文库文件

本章案例中选取了类型为 txt 的文档进行分析。运行脚本后，可以看到控制台提示要输入百度文库地址。将《数据结构试题与答案》的百度文库 URL 输入控制台，等待片刻，就可以看到文档抓取成功，如图 13-8 所示。

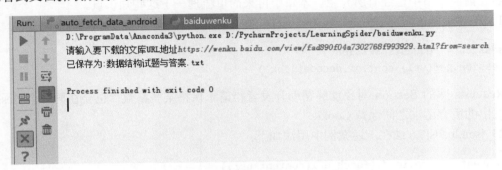

图 13-8 运行百度文库爬虫

以上程序圆满地完成了下载百度文库 txt 类型文档的任务，但是该爬虫还有很多不完善的地方。本案例的主要作用是提供一种逆向寻求请求参数的方法，读者如果感兴趣，可以进一步研究如何爬取其他类型的文档，以及如何批量抓取。

13.2 本章小结

本章使用了爬虫中最常规的 Requests 模块，演示了如何爬取百度文库的文章。本章案例的重点是演示如何用逆向思维寻找关键参数，其中，分析网站请求的工具很重要。"工欲善其事，必先利其器"，本章给大家推荐的工具是浏览器的 DevTools 和 Postman，巧妙利用这些工具，能在处理网络请求相关的问题时事半功倍，希望读者能掌握它们的基本用法。

第 14 章
爬虫实践：拼多多用户评论数据爬虫

2018 年 10 月，一篇标题为《估值 175 亿的旅游独角兽，是一座僵尸和水军构成的鬼城？》的文章在网络上成为热点。文章指出，某旅游平台存在大量点评数据造假、抄袭同行的内容，并且"发现了 7454 个抄袭账号，平均每个人从携程、艺龙、美团、Agoda、Yelp 上抄袭搬运了数千条点评，合计抄袭 572 万条餐饮点评，1221 万条酒店点评"。这篇文章的作者通过爬取该网站及其同类网站的评论数据，并对其进行对比分析，发现用户发帖的内容和其他网站相似度较高，以及用户回复的时间行为像机器人，因此得出了该网站抄袭点评的结论。抛开文章本身的目的，从中可以看到评论数据的巨大价值。

本章笔者将为大家演示抓取一个热门网站评论数据的案例，选取电商拼多多作为目标网站，爬取拼多多商品的评论。

14.1 程序设计

本章案例的目的是爬取大量的商品以及商品的评论，所以在程序设计上要考虑到该爬虫的高并发以及持久化存储。本章爬虫工具选用 Scrapy 框架，以满足爬虫的高并发请求任务；持久化存储使用 MongoDB，对直接存储 JSON 数据比较方便。

14.1.1 分析网页

在调研拼多多的时候，笔者并没有发现网站有 PC 版，但是找到了触屏版。触屏版一般是为了在适配手机浏览器而做的版本，在 PC 上运行触屏版时尽管样式不适配，但并不影响浏览数据和抓包。触屏版网址是http://yangkeduo.com/。拿到网址后，先在 PC 浏览器中用调试工具查看请求信息。通过查找线索，并不会发现该网站实际获取数据的请求，但是每次下拉刷新页面时确实有数据更新，只是此时在浏览器调试工具中没有看到新请求的产生，这是由于该请求是网页内的 AJAX 请求。此时可以通过分析网站 JavaScript 源代码的方式来找到请求地址和参数规则，这是一种方法；而第二种方法就是下面将要介绍的，用专业的抓包工具来分析网络请求。

常用的抓包工具有 Fiddler、Charles、Wireshark 等，这个案例分析网页请求的时候，用到了常用的抓包工具 Charles，通过它可以更清楚地看到网络请求的过程。

Charles 是常用的网络封包截取工具，在移动开发中用得比较多。为了调试与服务器端的网络通信协议，经常需要截取网络封包来分析。Charles 通过将自己设置成系统的网络访问代理服务器，使得所有的网络访问请求都通过它来完成，从而实现了网络封包的截取和分析。

除了在移动开发中调试端口外，Charles 也可以用于分析第三方应用的通信协议。配合 Charles 的 SSL 功能，Charles 还可以用来分析 HTTPS 协议。

Charles 主要提供两种查看封包的视图，分别名为"Structure"和"Sequence"。Structure 结构视图将网络请求按访问的域名分类，比如某个域名下有 n 个资源请求，那么所有此域名下的请求都会在这里做一个详细的分类，如图 14-2 和图 14-3 所示。

除了基本的抓包功能，Charles 还支持下列操作。
- 修改网络请求参数及网络请求的截获和动态修改。
- 支持模拟慢速网络，主要是模仿手机上的 2G/3G/4G 访问流程。
- 可以抓取手机端访问的资源（如果是配置 host 的环境，手机可以借用 host 配置进入测试环境）。
- 可以抓取部分 HTTPS 的包。

通过浏览网页就会发现，商品评论的 URL 需要 goods_id 这个参数，所以程序中首先要抓取商品 ID。商品 ID 可以在商品列表页看到，具体的抓包操作步骤如下。

1）在浏览器中输入目标网址http://yangkeduo.com/，页面如图 14-1 所示。

图 14-1　拼多多列表页面

2）向下滑动页面，同时在 Charles 中可以看到有域名为"yangkeduo.com"的请求产生。

3）将 Charles 视图模式切换至"Structure"，输入过滤条件"yangkeduo"，找到请求接

第 14 章 爬虫实践：拼多多用户评论数据爬虫

口，如图 14-2 所示。

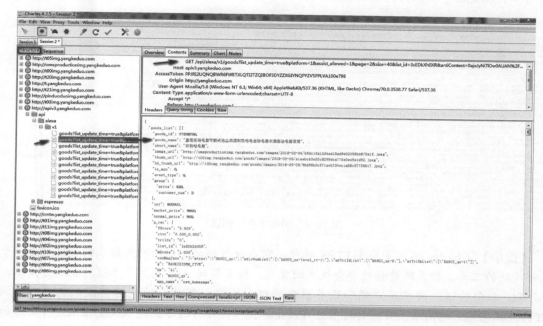

图 14-2 拼多多列表页抓包

4）浏览网页，切换至详情页评论。

5）在 Charles 中，找到评论接口的请求地址，如图 14-3 所示。

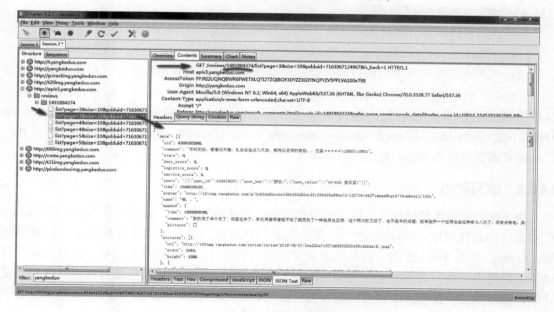

图 14-3 拼多多评论页抓包

6）在浏览器中测试找到的地址是否可用，如图 14-4 所示。

图 14-4 拼多多接口测试

【提示】 Charles 不只支持 HTTPS 抓包，它在分析移动端应用网络请求的时候也是一个不可或缺的工具。但是随着移动安全技术的发展，很多移动 App 用到了 SSL Pinning 技术，即 SSL 双向验证，即在客户端和服务器端的双向验证。移动端的壳加密技术也使移动端 HTTPS 抓包越来越困难。目前针对 SSL Pinning 技术，可行的方案是 Xpost 框架，有兴趣的读者可以进一步了解其相关知识。

通过上述分析得到的商品列表接口为：

http://apiv3.yangkeduo.com/api/alexa/v1/goods?list_update_time=true&platform=1&assist_allowed=1&page=2&size=40

商品评论详情的接口地址是：

http://apiv3.yangkeduo.com/reviews/" + str(item['goods_id']) + "/list?&size=20"

这里读者在寻找具体接口地址的时候，可能会发现找不到这个地址了，原因是源网站也在经常变化，但是获取 api 接口的思路没有变化：浏览器操作刷新评论页，观察 charles 抓包工具中新增加的请求，获取到的接口地址也有可能是 http://yangkeduo.com/proxy/api/reviews/53188214927/list?pdduid=0&page=9&size=10&enable_video=1&enable_group_review=1&label_id=0。

读者需要同时修改源码里的接口地址。

14.1.2 编写爬虫

由于爬取的数据量比较大，所以需要编写高并发稳定的爬虫，因此本章案例使用 Scrapy 框架来进行本次抓取。Scrapy 是一个为了爬取网站数据、提取结构性数据而编写的应用框架。Scrapy 使用 Twisted 异步网络库来处理网络通信，可以应用在数据挖掘、信息处理或存储历史数据等一系列的程序中。它最初是为了页面抓取（更确切地说应该是网络抓取）所设计的，也可以用于获取 API 所返回的数据（例如 Amazon Associates Web Services）或者用于通用的网络爬虫。Scrapy 用途广泛，可以用于数据挖掘、监测和自动化测试。

因为抓取到的数据是 JSON 格式，所以持久化存储选用 MongoDB。首先介绍一下环境的搭建和相关软件的安装。

首先需要安装 Scrapy，这里演示一下如何在 IDE 中安装 Scrapy。IDE 选用 PyCharm，可以自动查找和安装大多数的第三方包，不需要开发者自己去网上查找和下载。它会自动查找符合用户添加的 Python 解释器的第三方模块，如图 14-5 所示。安装完成之后，在使用 Scrapy 时，需要在 PyCharm 中设置 scrapy.cfg 文件，它所在的目录为 source root，这样才能保证程序运行时引入正确的文件。

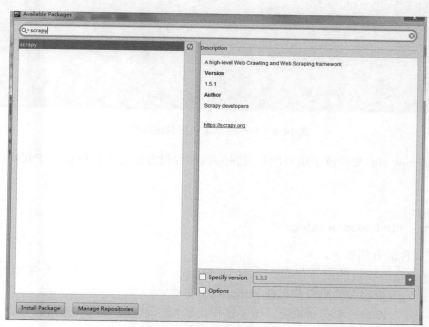

图 14-5　PyCharm 安装 Scrapy

接下来安装 MongoDB。首先需要安装依赖包 PyMongo，它在 PyCharm 中的安装方法和 Scrapy 类似，或者可以使用命令行方式：pip install pymongo。然后需要下载和安装 MongoDB，下载的官网地址如下：

https://www.mongodb.com/download-center/community

下载之后安装文件，安装成功之后，开启 MongoDB 的服务。启动服务之前，创建配置文件，并创建数据库存储路径和 log 存储路径。配置文件应位于 MongoDB 的安装目录下，手动新建 mongodb.cfg，并在文件中指定相关路径，如下所示：

dbpath=D:\mongodb\data\db
logpath=D:\mongodb\data\log\mongodb.log

接下来在命令行中执行下面命令，此时 MongoDB 服务启动完成：

mongod.exe --config "D:\Program Files (x86)\MongoDB\mongodb-win32-x86_64-2008plus-ssl-4.0.3\mongodb.cfg"

至此，基础环境安装完成，可以编写调试代码了。在编写具体代码之前，先了解一下 Scrapy 项目的目录结构，虽然可以修改，但所有 Scrapy 项目默认情况下具有相同的文件结构，类似于图 14-6。

```
scrapy.cfg
myproject/
    __init__.py
    items.py
    pipelines.py
    settings.py
    spiders/
        __init__.py
        spider1.py
        spider2.py
        ...
```

图 14-6 Scrapy 框架通用目录结构

其中，scrapy.cfg 文件位于项目的根目录。该文件包含定义项目设置的 Python 模块的名称，比如：

```
[settings]
default = Pinduoduo.settings
```

对这些文件的介绍如下。
- scrapy.cfg：项目的配置信息，主要为 Scrapy 命令行工具提供一个基础的配置信息（真正与爬虫相关的配置信息在 settings.py 文件中）。
- items.py：设置数据存储模板，用于结构化数据，如 Django 的 Model。
- pipelines：数据处理行为，如一般结构化的数据持久化。
- settings.py：配置文件，如递归的层数、并发数及延迟下载等。
- spiders：爬虫目录，如创建文件、编写爬虫规则。

Scrapy 项目的初始化、执行、暂停等是基于 Scrapy 命令行模式的，可以在项目根目录下的命令行中输入"scrapy"，结果如下：

```
D:\PycharmProjects\LearningSpider\pingduoduo\scrapy-pinduoduo\Pinduoduo>scrapy
Scrapy 1.5.1 - project: Pinduoduo

Usage:
  scrapy <command> [options] [args]

Available commands:
  bench         Run quick benchmark test
  check         Check spider contracts
  crawl         Run a spider
```

第14章 爬虫实践：拼多多用户评论数据爬虫

```
edit         Edit spider
fetch        Fetch a URL using the Scrapy downloader
genspider    Generate new spider using pre-defined templates
list         List available spiders
parse        Parse URL (using its spider) and print the results
runspider    Run a self-contained spider (without creating a project)
settings     Get settings values
shell        Interactive scraping console
startproject Create new project
version      Print Scrapy version
view         Open URL in browser, as seen by Scrapy
```

初次使用，可以使用 startproject 命令新建一个项目，命令如下：

```
scrapy startproject myproject [ project_dir ]
```

此时会在该 project_dir 目录下创建一个 Scrapy 项目。如果 project_dir 没有指定，project_dir 将会和 myproject 名称一样。接下来进入新项目的目录，就可以使用上面提示的命令管理和控制爬虫了。例如，创建一个新爬虫时使用命令"scrapy genspider baidu www.baidu.com"，这时会创建一个名为"baidu"的爬虫，其 start_urls 为"http://www.baidu.com/"。

Scrapy 工具命令的用法可以通过命令"scrapy–h"获取，对具体命令可以用"scrapy <command>–h"获取其详细用法。Scrapy 的命令分为全局命令和项目内部命令，如上述 startproject 属于全局命令，genspider 需要进入项目内运行，属于项目内命令。

全局命令包括 startproject、genspider、settings、runspider、shell、fetch、view、version。

项目内命令包括 crawl、check、list、edit、parse、bench。

上文中已经介绍了两个命令，下面介绍一下其他命令。

● crawl

语法：scrapy crawl <spider>。

作用：使用爬虫开始爬行。

用法示例：

```
$ scrapy crawl myspider
[ ... myspider starts crawling ... ]
```

● check

语法：scrapy check [-l] <spider>。

作用：用于检查代码是否为错误。

用法示例：

```
$ scrapy check -l
first_spider
  * parse
  * parse_item
second_spider
```

```
 * parse
 * parse_item

$ scrapy check
[FAILED] first_spider:parse_item
>>> 'RetailPricex' field is missing

[FAILED] first_spider:parse
>>> Returned 92 requests, expected 0..4
```

- list

语法：scrapy list。

作用：列出当前项目中的所有可用爬虫。每行输出一个爬虫。

用法示例：

```
$ scrapy list
spider1
spider2
```

- edit

语法：scrapy edit <spider>。

作用：此命令仅作为最常见情况的方便快捷方式提供，开发人员当然可以选择任何工具或 IDE 来编写和调试他的爬虫。

用法示例：

```
$ scrapy edit spider1
```

- fetch

语法：scrapy fetch <url>。

作用：使用 Scrapy 下载器在给定的 URL 网页中下载，并将内容写入标准输出。它可以作为调试爬虫的一个重要工具，通俗地说，就是获取被爬虫下载的页面的过程。例如，如果爬虫有一个 USER_AGENT 属性覆盖用户代理，它将使用那个 UA。所以这个命令可以用来"看"你的爬虫如何获取一个页面。如果在项目外部使用，将不应用于特定的每个爬虫行为，它将只使用默认的 Scrapy 下载器设置。

支持的选项：

--spider=SPIDER，绕过爬虫自动检测和强制使用特定的爬虫。

--headers，打印响应的 HTTP 头，而不是响应的正文。

--no-redirect，不遵循 HTTP 3xx 重定向（默认是遵循它们的）。

用法示例：

```
$ scrapy fetch --nolog http://www.example.com/some/page.html
[ ... html content here ... ]
```

第 14 章 爬虫实践：拼多多用户评论数据爬虫

```
$ scrapy fetch --nolog --headers http://www.example.com/
{'Accept-Ranges': ['bytes'],
 'Age': ['1263     '],
 'Connection': ['close    '],
 'Content-Length': ['596'],
 'Content-Type': ['text/html; charset=UTF-8'],
 'Date': ['Wed, 18 Aug 2010 23:59:46 GMT'],
 'Etag': ['"573c1-254-48c9c87349680"'],
 'Last-Modified': ['Fri, 30 Jul 2010 15:30:18 GMT'],
 'Server': ['Apache/2.2.3 (CentOS)']}
```

- view

语法：scrapy view <url>。

作用：在浏览器中打开给定的 URL，Scrapy 爬虫会"看到"它。有时，爬虫会看到与普通用户不同的网页，因此可以用来检查爬虫"看到了什么"并确认它是开发人员所期望的。

支持的选项：

--spider=SPIDER，绕过爬虫自动检测和强制使用特定的爬虫。

--no-redirect，不遵循 HTTP 3xx 重定向（默认是遵循它们的）。

用法示例：

```
$ scrapy view http://www.example.com/some/page.html
[ ... browser starts ... ]
```

- shell

语法：scrapy shell [url]。

作用：启动给定 URL（如果给定）的 Scrapy shell，如果没有给出 URL，则为空。还支持 UNIX 样式的本地文件路径，相对于 "./" 或 "../" 前缀或绝对文件路径。相关详细信息请参阅 Scrapy shell。

支持的选项：

--spider=SPIDER，绕过爬虫自动检测和强制使用特定的爬虫。

-c code，评估 shell 中的代码，打印结果并退出。

--no-redirect：不遵循 HTTP 3xx 重定向（默认是遵循它们的）；这只影响可以在命令行上作为参数传递的 URL；在 Shell 中，fetch(url)默认情况下仍然会遵循 HTTP 重定向。

用法示例：

```
$ scrapy shell http://www.example.com/some/page.html
[ ... scrapy shell starts ... ]

$ scrapy shell --nolog http://www.example.com/ -c '(response.status, response.url)'
(200, 'http://www.example.com/')
```

```
# shell follows HTTP redirects by default
$ scrapy shell --nolog http://httpbin.org/redirect-to?url=http%3A%2F%2Fexample.com%2F -c '(response.status, response.url)'
(200, 'http://example.com/')

# you can disable this with --no-redirect
# (only for the URL passed as command line argument)
$ scrapy shell --no-redirect --nolog http://httpbin.org/redirect-to?url=http%3A%2F%2Fexample.com%2F -c '(response.status, response.url)'
(302, 'http://httpbin.org/redirect-to?url=http%3A%2F%2Fexample.com%2F')
```

- parse

语法：scrapy parse <url> [options]。

作用：获取给定的 URL 并使用处理它的爬虫解析该 URL，使用通过—callback 选项传递的方法或者 parse（如果没有给出）。

支持的选项：

—spider=SPIDER，绕过爬虫自动检测和强制使用特定的爬虫。

—a NAME=VALUE，设置爬虫参数（可以重复）。

—callback 或者-c，将 spider 方法用作回调来解析响应。

—pipelines，通过管道处理项目。

—rules 或者-r，使用 CrawlSpider 规则来发现用于解析响应的回调（即 spider 方法）。

—noitems，不显示已抓取的项目。

—nolinks，不显示提取的链接。

—nocolour，避免使用 Pygments 来着色输出。

—depth 或-d，请求应递归跟踪的深度级别（默认值为 1）。

—verbose 或-v，显示每个深度级别的信息。

用法示例：

```
$ scrapy parse http://www.example.com/ -c parse_item
[ ... scrapy log lines crawling example.com spider ... ]

>>> STATUS DEPTH LEVEL 1 <<<
# Scraped Items ------------------------------------------------------------
[{'name': u'Example item',
 'category': u'Furniture',
 'length': u'12 cm'}]

# Requests ------------------------------------------------------------
[]
```

- settings

第 14 章 爬虫实践：拼多多用户评论数据爬虫

语法：scrapy settings [options]。

作用：获取 Scrapy 设置的值。如果在项目中使用，它将显示项目设置值，否则将显示该设置的默认 Scrapy 值。

用法示例：

```
$ scrapy settings --get BOT_NAME
scrapybot
$ scrapy settings --get DOWNLOAD_DELAY
0
```

- runspider

语法：scrapy runspider <spider_file.py>。

作用：运行一个自包含在 Python 文件中的爬虫，而不必创建一个项目。

用法示例：

```
$ scrapy runspider myspider.py
[...爬虫开始爬行...]
```

- version

语法：scrapy version [-v]。

作用：打印 Scrapy 版本。如果使用-v 它也打印 Python、Twisted 和平台信息，这是有用的错误报告。

- bench

语法：scrapy bench。

作用：运行快速基准测试。

- 自定义项目命令

还可以使用 COMMANDS_MODULE 设置添加自定义项目命令。有关如何实现命令的示例，请参阅 https://github.com/scrapy/scrapy/tree/master/scrapy/commands 中的 Scrapy 命令。

前面已介绍了 Scrapy 命令的基本用法，现在开始编写爬虫代码。Scrapy 代码的核心爬虫代码见例 14-1。

【例 14-1】 pinduoduo.py，Scrapy 爬虫主程序。

```python
# -*- coding: utf-8 -*-
import json

import scrapy
from Pinduoduo.items import PinduoduoItem


class PinduoduoSpider(scrapy.Spider):
```

```python
    name = 'pinduoduo'
    allowed_domains = ['yangkeduo.com']
    page = 1
    start_urls = [
        'http://apiv3.yangkeduo.com/v5/goods?page='+str(page)+'&size=400&column=1&platform=1&assist_allowed=1&list_id=single_ jXnr6K&pdduid=0']

    def parse(self, response):
        goods_list_json = json.loads(response.body)
        goods_list = goods_list_json['goods_list']
        # 判断是否是最后一页
        if not goods_list:
            return
        for each in goods_list:
            item = PinduoduoItem()
            item['goods_name'] = each['goods_name']
            item['price'] = float(each['group']['price']) / 100   # 拼多多的价格默认是乘以100的
            item['sales'] = each['cnt']
            item['normal_price'] = float(each['normal_price']) / 100
            item['goods_id'] = each['goods_id']
            yield scrapy.Request(url="http://apiv3.yangkeduo.com/reviews/" + str(item['goods_id']) + "/list?&size=20",callback=self.get_comments, meta={"item": item})
        self.page += 1
        yield scrapy.Request(url='http://apiv3.yangkeduo.com/v5/goods?page=' + str(
            self.page) + '&size=400&column=1&platform=1&assist_allowed=1&list_id=single_jXnr6K&pdduid=0',callback=self.parse)

    def get_comments(self, response):
        """默认每个商品只爬取20条商品评论"""
        item = response.meta["item"]
        comment_list_json = json.loads(response.body)
        comment_list = comment_list_json['data']
        comments = []
        for comment in comment_list:
            if comment["comment"] == "":
                continue
            comments.append(comment["comment"])
        item["comments"] = comments
        yield item
```

在项目内根目录下执行"scrapy crawl pinduoduo"，日志中首先输出 Scrapy 初始化的一些配置，然后输出了要爬取的数据，表示已爬取成功，输出效果如图 14-7 所示。

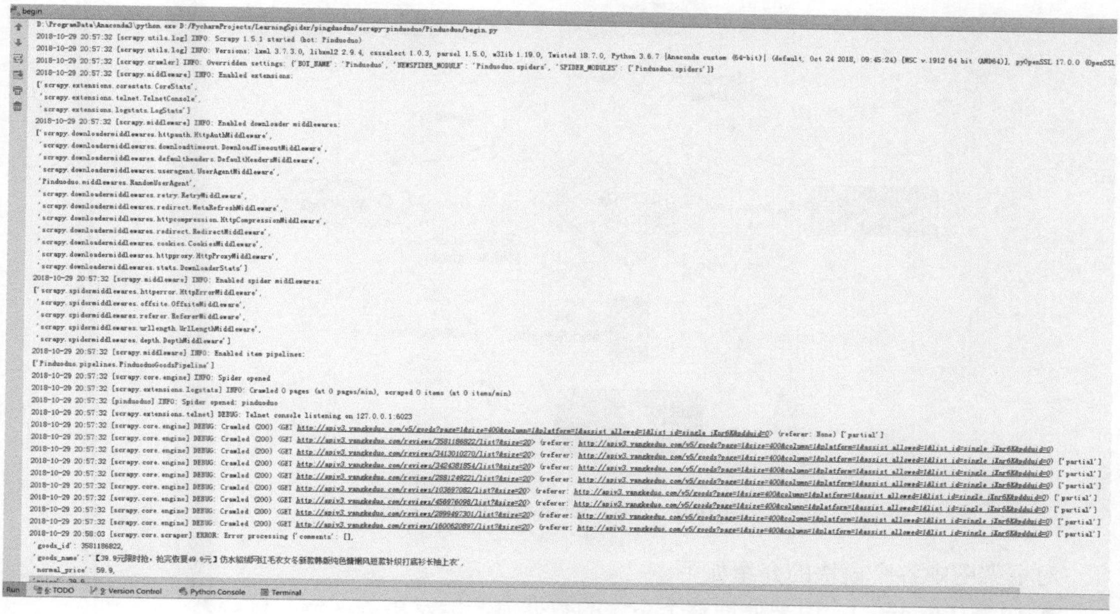

第 14 章 爬虫实践：拼多多用户评论数据爬虫

图 14-7 运行 Scrapy 爬虫的效果图

这个具体的爬虫代码是继承了 Scrapy 爬虫框架的父类 scrapy.Spider，是整个 Scrapy 框架的核心所在，其生命周期如下所列。

1）从 start_urls 开始，框架会将 URL 放入队列，该队列可以叫作"scheduler"。

2）该队列的 URL 异步执行请求 Request 操作，这一步在代码中没有体现出来，其实 Request 是在父类中定义的通用方法。

3）得到服务器的返回内容 Response 之后，如果返回状态码是 200，进入解析任务 parse；如果返回码不是 200，则该 URL 重新返回队列，即步骤 1，做下一次请求的尝试。

4）成功进入解析任务的请求，如果是 item pipline 中定义的数据，则通过 item pipline 中定义的数据格式进行标准化存储，如果还有进一步需要请求的 URL，则通过第 5 步所说的方法，将 URL 扔回队列作为新的任务，执行下一个轮回。

5）如果进入 parse 的任务，还有更深一层的请求，则通过"yield scrapy.Request()"发起更深层级的请求，通过 scrapy.Request() 的 callback 参数指定更深层次请求之后的解析函数，如上例中的"callback=self.get_comments"。

对于 scrapy.Request()，后面会做更详细的介绍，上述步骤尽可能简单地描述了一下爬虫框架的运行流程，掌握这个流程，将对分析爬虫、调试代码有非常大的帮助，这个步骤也是帮助理解 Scrapy 框架的重要知识点。

图 14-8 所示为 Scrapy 框架的结构图，也清晰地反映了上述生命周期。

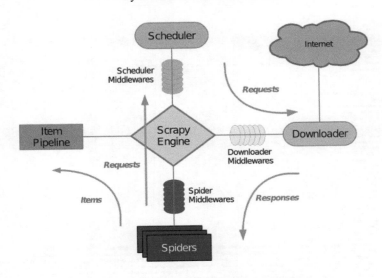

图 14-8　运行 Scrapy 爬虫的效果图

对框架图中各个模块的介绍如下。
- 引擎（Engine）：用来处理整个系统的数据流，触发事务（框架核心）。
- 调度器（Scheduler）：用来接受引擎发过来的请求，压入队列中，并在引擎再次请求的时候返回。可以将其想象成一个 URL（抓取网页的网址或者说是链接）的优先队列，由它来决定下一个要抓取的网址是什么，同时去除重复的网址。
- 下载器（Downloader）：用于下载网页内容，并将网页内容返回给爬虫（Scrapy 下载器是建立在 Twisted 这个高效的异步模型上的）。
- 爬虫（Spiders）：爬虫是主要功能模块，用于从特定的网页中提取自己需要的信息，即所谓的实体(Item)。用户也可以从中提取链接，让 Scrapy 继续抓取下一个页面。
- 项目管道（Pipeline）：负责处理爬虫从网页中抽取的实体，主要的功能是持久化实体、验证实体的有效性、清除不需要的信息。当页面被爬虫解析后，将被发送到项目管道，并经过几个特定的程序处理数据。
- 下载器中间件（Downloader Middlewares）：位于 Scrapy 引擎和下载器之间的框架，主要是处理 Scrapy 引擎与下载器之间的请求及响应。
- 爬虫中间件（Spider Middlewares）：介于 Scrapy 引擎和爬虫之间的框架，主要工作是处理爬虫的响应输入和请求输出。
- 调度中间件（Scheduler Middlewares）：介于 Scrapy 引擎和调度之间的中间件，从 Scrapy 引擎发送到调度的请求和响应。

整个框架化繁为简后，其实还是爬虫的三个基本步骤：请求、解析、存储，请求用到了 scrapy.Request()；解析用到了 Python 的 JSON 包，相关用法在之前的章节中已经讲过，这里不再介绍；存储通过 Pipeline（项目管道）存到 MongoDB 中。

介绍完流程，下面来说一下代码中的难点，请看这行代码：

第 14 章 爬虫实践：拼多多用户评论数据爬虫

```
yield scrapy.Request(url='http://apiv3.yangkeduo.com/v5/goods?page=' + str(
    self.page) + '&size=400&column=1&platform=1&assist_allowed=1&list_id=
single_jXnr6K&pdduid=0',callback=self.parse)
```

这行代码有两个知识点，即 Python 关键字 yield 和请求方法 scrapy.Request()，它们在 Scrapy 爬虫中经常组合出现，下面分别详细介绍。

Python 关键字 yield 可以简单地理解成 return，但是不同之处在于它返回的是生成器。有效利用生成器这个工具可以有效地节约系统资源，避免不必要的内存占用。先看一段代码：

```
def fun():
    for i in range(20):
        x=yield i
        print('good',x)


if __name__ == '__main__':
    a=fun()
    a.__next__()
    x=a.send(5)
    print(x)
```

这段代码很短，但是诠释了 yield 关键字的核心用法，即逐个生成。在这里获取了两个生成器产生的值，即 0 和 1，分别由__next__函数和 send()函数获得。这两个函数的区别后面章节会详细阐述。

关于__next__函数，这里先说明一下，这个函数可用于持续获取符合 fun()函数规则的数，直到 19 结束。这段代码如下所示：

```
def fun():
    for i in range(20):
        x=yield i


if __name__ == '__main__':
    for x in fun():
        print(x)
```

这段代码的效果和下面这段代码是完全相同的：
```
if __name__ == '__main__':
    for i in range(20):
        x=yield i
```

for…in 调用生成器可以说是生成器的基础用法，不过只用 for…in 意义是不大的。生成器中最重要的函数是 sent()和__next__这两个函数，下面就针对这两个函数进行详细的阐述。

__next__函数很好理解，就是从上一个终止点开始，到下一个 yield 结束，返回值就是 yield 表达式的值。例如初始的那段代码：

```
def fun():
    for i in range(20):
        x=yield i
        print('good',x)
```

第一次调用__next__函数的时候，程序从 fun 的起点开始，然后在 yield 处结束，需要注意的是，赋值语句不会被调用，此处"yield i"的含义和 return 差不多。

但是第二次调用__next__函数的时候，就会直接从上一个 yield 的结束处开始，也就是先执行赋值语句，然后输出字符串，进入下一个循环，直到下一个 yield 或者生成器结束。

再次查看初始的那段代码，可以发现第二次调用的时候没有选择使用__next__函数，而是使用了一个 sent()函数。这里就需要注意，sent()函数的用法和__next__函数不太一样。sent()函数只能从 yield 之后开始，到下一个 yield 结束，这也就意味着第一次调用它必须使用__next__函数。

sent()函数最重要的作用在于它可以给 yield 对应的赋值语句赋值，比如上面那一段代码中的：

```
x=yield i
```

如果调用__next__函数，那么 x=None。但是如果调用 sent(5)，那么 x=5。除了上述两个特征以外，sent 和 next 并没有什么区别，sent()函数也会返回 yield 表达式对应的值。

需要特别注意的是，尽管是生成器，但是__next__函数的调用次数可能是有限的。比如下面这段代码：

```
def fun():
    for i in range(20):
        x=yield i
        print('good',x)

if __name__ == '__main__':
    a=fun()
    for i in range(30):
        x=a.__next__()
        print(x)
```

生成器里的函数只循环了 20 次，但是__next__函数却被调用了 30 次，这时候就会触发 StopIteration 异常。

相信通过上述介绍，读者对 yield 有了更进一步的理解，读者需要多写代码、多做试验并进行观察，才能更好地掌握 yield 的用法。

下面再介绍另一个技术难点 scrapy.Request()。一个 Request 对象表示一个 HTTP 请求，它通常是在爬虫生成，并由下载执行，从而生成 Response。其函数原型如下：

```
class scrapy.http.Request(url[, callback, method='GET', headers, body, cookies,
```

```
meta, encoding='utf-8', priority=0, dont_filter=False, errback])
```

下面介绍一下 Request 对象所需要的参数。
- url（string）：此请求的网址。
- callback（callable）：将使用此请求的响应（一旦下载）作为其第一个参数调用的函数。如果请求没有指定回调，将使用 spider 的 parse()方法。请注意，如果在处理期间引发异常，则会调用 errback。
- method（string）：此请求的 HTTP 方法。默认为 GET。
- meta（dict）：属性的初始值 Request.meta。如果给定，在此参数中传递的 dict 将被浅复制。
- body（str 或 unicode）：请求体。如果 unicode 传递了 a，那么它被编码为 str 使用传递的编码（默认为 UTF-8）。如果 body 没有给出，则存储一个空字符串。不管这个参数的类型是什么，存储的最终值将是一个 str（不会是 unicode 或 None）。
- headers（dict）：这个请求的头。dict 值可以是字符串（对于单值标头）或列表（对于多值标头）。如果 None 作为值传递，则不会发送 HTTP 头。
- cookie（dict 或 list）：请求 Cookie，可以以两种形式发送。
    - 使用 dict：

```
request_with_cookies = Request(url="http://www.example.com",
                               cookies={'currency': 'USD', 'country': 'UY'})
```

    - 使用 list：

```
request_with_cookies = Request(url="http://www.example.com",
                               cookies=[{'name': 'currency',
                                         'value': 'USD',
                                         'domain': 'example.com',
                                         'path': '/currency'}])
```

后一种形式允许定制 Cookie 的 domain 和 path 属性，这只有在保存 Cookie 用于以后的请求时才有用。当某些网站返回 Cookie（在响应中）时，这些 Cookie 会存储在该域的 Cookie 中，并在将来的请求中再次发送。这是任何常规网络浏览器的典型行为。但是，如果由于某种原因而想要避免与现有 Cookie 合并，就可以通过将 dont_merge_cookies 关键字设置为 True 来指示 Scrapy 如此操作 Request.meta。

不合并 Cookie 的请求示例：

```
request_with_cookies = Request(url="http://www.example.com",
                               cookies={'currency': 'USD', 'country': 'UY'},
                               meta={'dont_merge_cookies': True})
```

其中的可用参数说明如下。
- encoding（string）：此请求的编码（默认为"utf-8"）。此编码将用于对 URL 进行百分比编码,并将正文转换为 str(如果给定 Unicode)。
- priority(int):此请求的优先级(默认为 0)。调度器使用优先级来定义用于处理请求的顺序。具有较高优先级的请求将较早执行。允许设置负值以指示相对低的优先级。
- dont_filter(boolean):表示此请求不应由调度程序过滤,默认为 False。多次执行相同的请求时用于忽略重复过滤器。小心使用这个参数,否则会进入爬行循环。
- errback(callable):处理请求引发任何异常时将调用的函数。这包括失败的 404 HTTP 错误等页面。它接收一个 Twisted Failure 实例作为第一个参数。
- url:包含此请求的网址。请记住,此属性包含转义的网址,因此它可能与构造函数中传递的网址不同。此属性为只读,更改时需使用 replace()。
- method:表示请求中的 HTTP 方法的字符串,必须大写,例如"GET""POST""PUT"等。
- headers:包含请求头的类似字典的对象。
- body:包含请求正文的字符串。此属性为只读,更改时需使用 replace()。
- meta:包含此请求的任意元数据的字典。此字典对于新请求为空,通常由不同的 Scrapy 组件(扩展程序、中间件等)填充,因此,其中包含的数据取决于启用的扩展。
- copy():返回一个新的请求,它是这个请求的副本。
- replace([url, method, headers, body, cookies, meta, encoding, dont_filter, callback, errback]):返回具有相同成员的 Request 对象,但通过指定的任何关键字参数赋予新值的成员除外。该属性 Request.meta 是默认复制的。

此外,还可以使用 FormRequest 通过 HTTP POST 发送数据。如果想在爬虫中模拟 HTML 表单 POST 并发送几个键值字段,那么可以返回一个 FormRequest 对象(从爬虫中),就像这样:

```
return [FormRequest(url="http://www.example.com/post/action",
                    formdata={'name': 'John Doe', 'age': '27'},
                    callback=self.after_post)]
```

【提示】 掌握 Scrapy 爬虫框架的基本结构、执行步骤,对理解爬虫框架的设计思想非常有帮助。作为开源项目,Scrapy 爬虫项目也是一个学习 Python 及爬虫系统的很好的项目,值得读者深入学习。

如上文所述,Scrapy 爬虫项目,除了上面介绍的爬虫主文件,下面的例 14-2~例 14-5 都是爬虫项目不可或缺的代码。

【例 14-2】 pipelines.py,Scrapy 爬虫 pipelines。

```
# -*- coding: utf-8 -*-

# Define your item pipelines here
```

第 14 章 爬虫实践：拼多多用户评论数据爬虫

```python
#
# Don't forget to add your pipeline to the ITEM_PIPELINES setting
# See: https://doc.scrapy.org/en/latest/topics/item-pipeline.html
import json
from Pinduoduo.items import PinduoduoItem

from pymongo import MongoClient

class PinduoduoGoodsPipeline(object):
    """将商品详情保存到MongoDB"""

    def open_spider(self, spider):
        self.db = MongoClient(host="127.0.0.1", port=27017)
        self.client = self.db.Pinduoduo.pinduoduo

    def process_item(self, item, spider):
        if isinstance(item, PinduoduoItem):
            self.client.insert(dict(item))
        return item
```

例 14-2 这段代码，称作 Item Pipeline（项目管道）。在项目被爬虫抓取后，它被发送到项目管道，程序通过顺序执行的几个组件来处理它。每个项目管道组件是一个实现简单方法的 Python 类。它们接收一个项目并对其执行操作，还决定该项目是否应该继续通过"流水线"或被丢弃并且不再被处理。

项目管道的典型用途有以下几个。
- 清理 HTML 数据。
- 验证抓取的数据（检查项目是否包含特定字段）。
- 检查重复（并删除）。
- 将抓取的项目存储在数据库中。

每个项目管道组件是一个 Python 类，必须实现 process_item(self, item, spider)方法。

对每个项目管道组件调用此方法时，它必须返回一个带数据的 dict，返回一个 Item（或任何后代类）对象，返回一个 Twisted Deferred 或者返回 Drop Item 异常。丢弃的项目不再由其他管道组件处理。

process_item()方法的参数如下。
- item（Itemobject 或 dict）：剪切的项目。
- Spider（Spider 对象）：抓取物品的蜘蛛。

另外，它们还可以实现以下方法。

1) open_spider(self, spider)。当爬虫打开时调用此方法。
open_spider()的参数如下。
spider（Spider 对象）：打开的爬虫。

2）close_spider(self, spider)。当爬虫关闭时调用此方法。
close_spider()的参数如下。
spider（Spider 对象）：被关闭的爬虫。
3）from_crawler(cls, crawler)。如果存在，则调用此类方法。该类方法必须返回管道的新实例。Crawler 对象提供对所有 Scrapy 核心组件（如设置和信号）的访问；它是管道访问这些组件并将其功能挂钩到 Scrapy 中的一种方式。
from_crawler()参数如下。
crawler（Crawler 对象）：使用此管道的 Crawler 对象。

【例 14-3】 items.py，Scrapy 爬虫项目。

```
# -*- coding: utf-8 -*-

# Define here the models for your scraped items
#
# See documentation in:
# https://doc.scrapy.org/en/latest/topics/items.html

import scrapy

class PinduoduoItem(scrapy.Item):
    # define the fields for your item here like:
    goods_id = scrapy.Field()
    goods_name = scrapy.Field()
    price = scrapy.Field()  # 拼团价格返回的价格字段多乘了 100
    sales = scrapy.Field()  # 已拼单数量
    normal_price = scrapy.Field()  # 单独购买价格
    comments = scrapy.Field()
```

例 14-3 中声明了 Item。Item 主要目标是从非结构化数据来源（通常是网页）中提取结构化数据。Scrapy 爬虫可以将提取的数据作为 Python 语句返回。Python 数据结构虽然方便并被人们所熟悉，但是 Python dicts 操作性略差，很容易在字段名称中输入错误或返回不一致的数据，特别是在与许多爬虫的大项目，因此需要定义公共输出数据格式。Scrapy 提供 Item 类，具有更好的操作性。Item 对象提供了一个类似字典的 API，具有用于声明其可用字段的方便的语法。

各种 Scrapy 组件使用项目提供的额外信息：导出器查看声明的字段以计算要导出的列；序列化可以使用项目字段元数据 trackref 定制，跟踪项目实例以帮助查找内存泄漏等。

在例 14-1 中 Item 被使用了两次，在 parse()方法中使用方法如下：

```
item = PinduoduoItem()
item['goods_name'] = each['goods_name']
item['price'] = float(each['group']['price']) / 100  # 拼多多的价格默认多乘了 100
item['sales'] = each['cnt']
```

第14章 爬虫实践：拼多多用户评论数据爬虫

```python
item['normal_price'] = float(each['normal_price']) / 100
item['goods_id'] = each['goods_id']
```

在 get_commonts()方法中使用方法如下：

```python
item = response.meta["item"]
item["comments"] = comments
yield item
```

【提示】 熟悉 Django 的读者会注意到 Scrapy Items 被声明为类似于 Django Models 的类型，只是 Scrapy Items 比较简单，因为没有不同字段类型的概念。

【例 14-4】 settings.py，Scrapy 爬虫设置。

```python
# -*- coding: utf-8 -*-

# Scrapy settings for Pinduoduo project
#
# For simplicity, this file contains only settings considered important or
# commonly used. You can find more settings consulting the documentation:
#
#     https://doc.scrapy.org/en/latest/topics/settings.html
#     https://doc.scrapy.org/en/latest/topics/downloader-middleware.html
#     https://doc.scrapy.org/en/latest/topics/spider-middleware.html

BOT_NAME = 'Pinduoduo'

SPIDER_MODULES = ['Pinduoduo.spiders']
NEWSPIDER_MODULE = 'Pinduoduo.spiders'

# Obey robots.txt rules
ROBOTSTXT_OBEY = False

# Enable or disable downloader middlewares
# See https://doc.scrapy.org/en/latest/topics/downloader-middleware.html
DOWNLOADER_MIDDLEWARES = {
    'Pinduoduo.middlewares.RandomUserAgent': 543,
}

# Configure item pipelines
# See https://doc.scrapy.org/en/latest/topics/item-pipeline.html
ITEM_PIPELINES = {
    'Pinduoduo.pipelines.PinduoduoGoodsPipeline': 300,
}
```

见例 14-4，"Scrapy Setting"模块允许用户自定义所有 Scrapy 组件的行为，包括核心组件、扩展组件、管道和爬虫本身。"Scrapy Setting"模块的基础结构提供了键值映射的全局命名空间，代码可以从中提取配置值。可以通过不同的机制来填充设置，这些设置也是选择当前活动 Scrapy 项目的机制。

上述代码中"将是否遵守 robots.txt 中的规则"设置为 False，因为不想受 Robots 协议的限制（ROBOTSTXT_OBEY = False）。

另外，DOWNLOADER_MIDDLEWARES 是包含项目中启用的下载器中间件及其顺序的字典。后面的数字 543，表示优先级，比如：

```
DOWNLOADER_MIDDLEWARES = {
    'Pinduoduo.middlewares.RandomUserAgent': 543,
}
```

大部分服务器的防爬措施，在请求速度过快时，会首先检查 User_Agent，而 Scrapy 默认的浏览器 User-Agent 是 Scrapy 1.1，所以例 14-5 的代码中自定义了随机获取 User-Agent 的中间件。

【例 14-5】 middlewares.py，Scrapy 爬虫中间件。

```
# -*- coding: utf-8 -*-

# Define here the models for your spider middleware
#
# See documentation in:
# https://doc.scrapy.org/en/latest/topics/spider-middleware.html

import random

from scrapy import signals
from easye import user_agents

class RandomUserAgent(object):
    # Not all methods need to be defined. If a method is not defined,
    # scrapy acts as if the downloader middleware does not modify the
    # passed objects.
    def __init__(self):
        self.user_agents = user_agents

    @classmethod
    def from_crawler(cls, crawler):
        # This method is used by Scrapy to create your spiders.
        s = cls()
        crawler.signals.connect(s.spider_opened, signal=signals.spider_opened)
        return s
```

```
def process_request(self, request, spider):
    request.headers['User-Agent'] = random.choice(self.user_agents)

def process_response(self, request, response, spider):
    # Called with the response returned from the downloader.

    # Must either;
    # - return a Response object
    # - return a Request object
    # - or raise IgnoreRequest
    return response

def process_exception(self, request, exception, spider):
    # Called when a download handler or a process_request()
    # (from other downloader middleware) raises an exception.

    # Must either:
    # - return None: continue processing this exception
    # - return a Response object: stops process_exception() chain
    # - return a Request object: stops process_exception() chain
    pass

def spider_opened(self, spider):
    spider.logger.info('Spider opened: %s' % spider.name)
```

代码中，"from easye import user_agents"这句话，引用的是一个 User Agent 的集合。理想情况下 User Agent 数据越多越好，这样一方面可以区分移动端 User Agent 和 PC 端 UserAgent，另一方面也可以更方便地迷惑服务器，隐藏爬虫身份。本书配套代码中只有一部分 User Agent，建议读者可以自己尝试扩充 User Agent 的数据。

14.1.3 运行并查看数据库

启动 Scrapy 时，可以在终端控制台中直接运行爬虫命令：scrapy crawl pinduoduo。其中 "pingduoduo" 为该爬虫的名字。更为方便地，可以用例 14-6 所示的代码引入 Scrapy 的 cmdline 包。

【例 14-6】 middlewares.py，Scrapy 爬虫中间件。

```
from scrapy import cmdline

cmdline.execute("scrapy crawl pinduoduo".split())
```

运行脚本，可以看到控制台中程序成功运行时的输出，如图 14-7 所示。运行一段时间后,显示爬虫已经完成,接下来就要在数据库中查看爬取到的数据了。如图 14-9 和 14-10 所示,这里使用 MongoDB 可视化工具 NoSQL Manager for MongoDB,通过两种不同视图类型展示数据。

图 14-9 用 NoSQL Manager 查看数据(树视图)

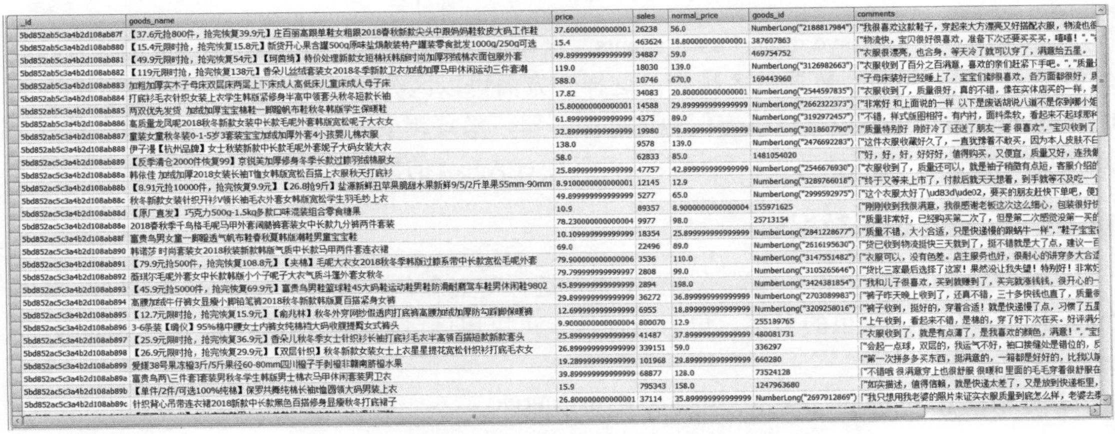

图 14-10 NoSQL Manager 查看数据(表格视图)

在这个案例中,数据库用的是 MongoDB,这是一种 NoSQL 数据库,即非关系型的数据库。NoSQL 有时也作为 Not Only SQL 的缩写,是对不同于传统的关系型数据库的数据库管理系统的统称。NoSQL 用于超大规模数据的存储(例如谷歌或 Facebook 每天为它们的用户收集万亿比特的数据)。这些类型的数据存储不需要固定的模式,无须多余操作就可以横向

第 14 章 爬虫实践：拼多多用户评论数据爬虫

扩展。

MongoDB 使用 BSON 对象来存储，与 JSON 格式类型的键值对（key/value）类似。MongoDB 数据库和关系型数据库的存储模型对应关系见表 14-1。

表 14-1 两类数据库的存储模型对应关系

关系型数据库	MongoDB
Database	Database
Table	Collection
Row	Document
Column	Key/value or Document

NoSQL 数据库的理论基础是 CAP 理论，CAP 分别代表 Consistency（一致性）、Availability（可用性）、Partition Tolerance（分区容错）。分布式数据系统只能满足其中两个特性。

- C：系统在执行某项操作后仍然处于一致的状态。在分布式系统中，更新操作执行成功之后，所有的用户都能读取到最新的值，这样的系统被认为具有强一致性。
- A：用户执行的操作在一定时间内必须返回结果。如果超时，那么操作回滚，就像操作没有发生一样。
- P：分布式系统是由多个分区节点组成的，每个分区节点都是一个独立的 Server，P 属性表明系统能够处理分区节点的动态加入和离开。

在构建分布式系统时，必须考虑 CAP 特性。传统的关系型数据库注重的是 CA 特性，数据一般存储在一台服务器上，而处理海量数据的分布式存储和处理系统更注重 AP。其中，AP 的优先级要高于 C，但 NoSQL 并没有完全放弃一致性，而是保留了数据的最终一致性（Eventual Consistency）。最终一致性是指更新操作完成之后，用户最终会读取到数据更新之后的值，但是会存在一定的时间窗口，其间用户仍会读取到更新之前的旧数据，在一定的时间延迟之后，数据才会达到一致性。

为了更好地操作抓取到的数据，首先应对 MongoDB 的常见操作有基本的了解。

1）启动 MongoDB 服务。在操作 MongoDB 数据库之前，先要启动 MongoDB 实例，因之前已讲解过如何启动，这里就不再重复。服务启动之后，默认监听的 TCP 端口是 27017。

MongoDB 启动时会同时启动一个 HTTP 服务器，监听 27017 端口。如果 MongoDB 实例安装在本地，那么在浏览器中输入 http://localhost:27017/时效果如图 14-11 所示。

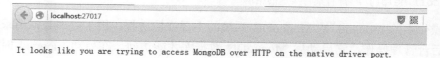

图 14-11 MongoDB 默认启动的 http 服务

mongod 是整个 MongoDB 最核心的进程，负责数据库的创建、删除等管理操作，运行在服务器端,监听客户端的请求,并提供数据服务。

2)连接到 MongoDB 实例。不要关闭 MongoDB 实例,新打开一个命令行工具,输入"mongo",该命令将启动 mongo Shell,Shell 将自动连接本地(localhost)的 MongoDB 实例,默认的端口是 27017。

mongo 进程将构造一个 Javascript Shell,用于跟 mongod 进程进行交互。它根据 mongod 提供的接口对 MongoDB 数据库进行管理,相当于 SSMS(SQL Server Management Studio),是一个管理 MongoDB 的工具。

3)查看当前连接的数据库。使用命令查看正在连接的数据库名,代码如下:

```
db
db.getName()
```

4)查看 MongoDB 实例中的 db 和 collection:

```
show dbs

show collections
db.getCollectionNames()
```

5)切换 db:

```
use foo
```

6)在 foo 数据库中创建 users 集合,向集合中插入一条记录:

```
use foo
db.users.insert({"name":"name 1",age:21})
db.users.find()
```

7)关闭 MongoDB 实例。在 mongo Shell 中执行以下命令,关闭 MongoDB 实例:

```
use admin
db.shutdownServer()
```

8)帮助命令:

```
help
db.help()    # 查看数据库级别的帮助
db.mycoll.help()  # 查看集合级别的帮助
```

以上操作中的 mongod 是 MongoDB 系统的主要守护进程,用于处理数据请求、数据访问和执行后台管理操作,它启动后 MongoDB 数据库才能访问。在启动 mongod 时,常用的参数如下。

- --dbpath <db_path>:存储 MongoDB 数据文件的目录。
- --directoryperdb:指定每个数据库单独存储在一个目录中(directory),该目录位于 dbpath 指定的目录下,每一个子目录都对应一个数据库名。

- --logpath <log_path>：指定 mongod 记录日志的文件。
- --fork：以后台 daemon（守护进程）方式运行服务。
- --journal：开始日志功能，通过保存操作日志来降低单机故障的恢复时间。
- --config（或-f）<config_file_path>：配置文件，用于指定 runtime options。
- --bind_ip <ip address>：指定对外服务的绑定 IP 地址。
- --port <port>：对外服务窗口。
- --auth：启用验证，验证用户权限。
- --syncdelay<value>：系统刷新 disk 的时间，单位是秒（s），默认是 60s。
- --replSet <setname>：以副本集方式启动 mongod，副本集的标识是 setname。

MongoDB 除了使用本书之前讲过的将参数写入配置文档的方法启动外，还能以命令行方式或以后台守护进程的方式启动，总结如下。

1）以命令行方式启动时，默认的 dbpath 是 C:\data\db：

```
mongod --dbpath=C:\data\db
```

2）以配置文档的方式启动。将 mongod 的命令参数写入配置文档，以参数-f 启动：

```
mongod -f C:\data\db\mongodb_config.config
```

3）以 daemon 方式启动。当启动 MongoDB 的进程关闭后，MongoDB 随之关闭，只需要使用--fork 参数，就能使 MongoDB 以后台守护进程方式启动：

```
mongod -fork
```

【提示】 MongoDB 启动之后，可以通过下列命令查看 mongod 的启动参数：

```
db.serverCmdLineOpts()
```

mongo shell 是一个交互式的 JavaScript shell，提供了一个强大的 JavaScript 环境，为数据库管理员和开发者管理数据提供接口。通过 mongo shell 和 MongoDB 进行交互，可以查询、修改和管理 MongoDB 数据库，维护 MongoDB 的副本集和分片集群，它是一个非常强大的工具。

在启动 mongo shell 时，常用的参数如下。

- --nodb: 阻止 mongo 在启动时连接到数据库实例。
- --port <port>：指定 mongo 连接到 mongod 监听的 TCP 端口，默认的端口值是 27017。
- --host <hostname>：指定 mongod 运行的服务器，如果没有指定该参数，那么 mongo 尝试连接运行在本地（localhost）的 mongod 实例。
- <db address>：指定 mongo 连接的数据库。
- --username/-u <username> 和 --password/-p <password>：指定访问 MongoDB 数据库的账号和密码，只有当认证通过后，用户才能访问数据库。
- --authenticationDatabase <dbname>：指定创建用户的数据库，在哪个数据库中创建用户，该数据库就是用户的 Authentication Database。

至此，本章较完整地介绍了 MongonDB 的启动流程、常用基本配置、基本操作等。实际使用中，对于一些简单的操作，可以用 MongonDB 的可视化工具查看数据。本章案例用到了可视化工具 NoSQL Manager for MongoDB，其下载网址是 https://www.mongodbmanager.com/download，如图 14-12 所示。

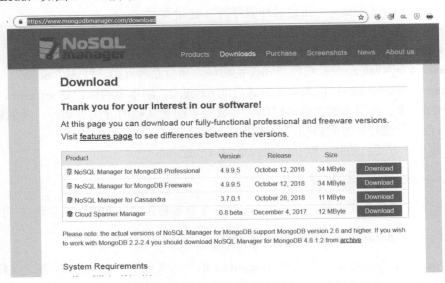

图 14-12　NoSQL Manager 下载页

本章程序圆满地完成了抓取拼多多评论的任务，使用了主流的爬虫框架 Scrapy，功能已经比较完善。但是 Scrapy 的缺点是只能单机使用，没有直接支持分布式爬虫系统，和 Scrapy 同源的 Scrapy-Redis 项目也是开源项目，可以满足分布式应用需求，能够应对一般的分布式爬虫系统。

14.2　本章小结

本章使用 Scrapy 对拼多多的商品列表页和评论详情页进行了抓取，持久化存储使用了非关系型数据库 MongoDB，在分析网站的时候用到了抓包工具 Charles。

Scrapy 是目前主流的爬虫框架，可以满足大部分企业级爬虫需求，值得读者深入学习。作为开源系统，Scrapy 的设计思想也是很多自主研发爬虫系统的标杆，源代码的阅读价值也非常大。

MongoDB 是一个基于分布式文件存储的数据库，它支持的数据结构非常松散，是类 JSON 的 BSON 格式，和本案例抓取到的 JSON 数据天然匹配，常被用于存储比较复杂的数据类型。

Charles 是编写爬虫和分析网络请求时经常用到的工具，开发人员掌握其用法还是很有必要的。

第 15 章
爬虫实践：Selenium+PyQuery+MongoDB 爬取网易跟帖

这一章选取网页跟帖作为爬虫实践的内容。网易新闻高速发展的背后，除了以特色内容激励计划为代表的内容"严选"策略，还有一个存在了 15 年的杀手锏——网易跟帖。从 2003 年至今，网易跟帖在不知不觉中已经度过了 15 个年头，经历了互联网信息的爆发，也经历了 PC 向移动互联网的转型。而在同类产品近乎销声匿迹的时候，网易跟帖已然成为一种互联网文化，甚至可以说是最成功的评论类产品。

本章具体的爬虫代码中，爬虫工具选用 Selemiun，HTML 解析工具用 PyQuery，持久化存储用 MongoDB。这几个工具都是爬虫的利器，有兴趣的读者可以在本章内容的基础上实现自己的个人爬虫，为之增添更多的功能。

15.1 程序设计

通过前几章的案例，本书已经总结出了爬虫的基本流程，如图 15-1 所示。关于请求网页环节，前面章节已经讲解了通过传参数请求的方法——使用 Requests 库，而这一章将重点介绍另外一种常用的方法，即通过 Selenium 模拟浏览器的方式请求网页。Selenium 也是网页、Web Runtime 的重要自动化测试工具。笔者曾参与英特尔开源浏览器项目 Crosswalk，是 Crosswalk 浏览器 WebDriver 的主要作者之一，对 WebDirver 的原理有较为深入的研究，下面章节将对 WebDriver 的运行原理进行更深层次的讲解。

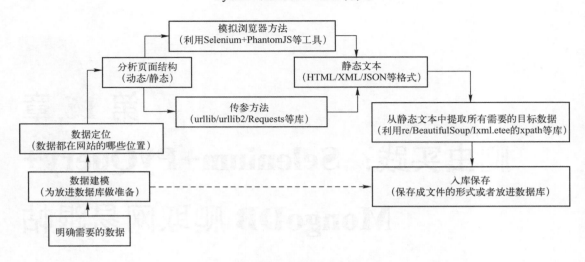

图 15-1　通用爬虫流程

15.1.1　Selenium 介绍

在介绍 Selenium 之前，先了解几个概念：W3C、WebDriver、Selenium、无头浏览器、PhantomJS、GhostDriver 和 Splash。

1. WebDriver

W3C（万维网联盟）创建于 1994 年，是 Web 技术领域最具权威和影响力的国际中立性技术标准机构，现在几乎所有的 HTML 相关的标准都来自 W3C。

WebDriver 是由 W3C 协会制定的用以描述浏览器行为的一组标准接口，Selenium 实现其中部分的接口，大部分的浏览器都是以该标准来其衡量优劣和完善与否。

W3C 对 WebDriver 定义可参阅 https://www.w3.org/TR/webdriver/。

【提示】　Selenium 的初衷是做基于浏览器的自动化测试，所以其大部分的功能都是基于浏览器的访问和接口操作，操作的都是有界面的浏览器，而 PhantomJS 只是其中的无界面浏览器的一个实现而已。对于不同的 WebDriver 接口的使用遵循 W3C 标准的定义。

2. 无头浏览器

在自动化测试以及爬虫领域，无头浏览器的应用场景非常广泛。

通常大家打开网页的工具就是浏览器，通过在其界面上输入网址就可以访问相应的站点内容，这个就是通常所说的基于界面的浏览器。除了这种浏览器之外，还有一种无头浏览器，它主要用于爬虫，用以捕捉 Web 上的各类数据。这里的"无头"主要是指没有界面，完全是后台操作，而对于网站来说，它以为访问自己的就是一个真实的浏览器。

此类框架中以 PhantomJS 为代表，也有很多其他的无头浏览器，大家可以自行了解一下。

3. PhantomJS

PhantomJS 是以 JavaScript 实现的一个无头浏览器，能兼容大多数的浏览器标准，本质

第15章 爬虫实践：Selenium+PyQuery+MongoDB 爬取网易跟帖

上是一个 JavaScript 的执行引擎和解析器。通常都是以它为底层服务，然后开发第三方其他语言的适配模块，从而打通访问 PhantomJS 的通道，比如 Selenium 和 GhostDriver。

PhantomJS 的官方站点为 http://phantomjs.org，支持多个平台的使用和部署。

4. Selenium

它是 Web 的自动化测试框架，实现了 WebDriver 的接口，提供了在不同平台上操作各类浏览器的接口，比如对目前主流的 IE、Firefox、Chrome、Opera、Crosswalk 等浏览器的访问。其开发初衷是要满足自动化的需求，但由于其特性，它也可以用于页面的浏览访问，比如基于无头浏览器的数据抓取和捕获。

Selenium 也提供了多种语言的接口，常见的有 Java、Python、JavaScript、Ruby 等，如图 15-2 所示。它的官方网站为 https://github.com/SeleniumHQ/selenium。

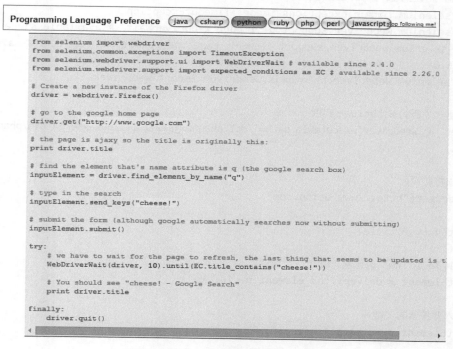

图 15-2　Selenium 对多种语言的支持

5. GhostDriver

GhostDriver 就是一个简要的 WebDriver 的实现，基于 Javascript 语言来实现，方便基于 PhantomJS 作为后端来通信。

它的官方地址为 https://github.com/detro/ghostdriver。

6. Splash

Splash 能够提供 JavaScript 渲染服务，它是一个实现了 HTTP API 的轻量级浏览器。Splash 是用 Python 实现的，同时使用 Twisted 和 QT。Twisted（QT）用来让服务具有异步处理能力，以发挥 WebKit 的并发能力。

目前很多的网页通过 JavaScript 进行交互，简单的爬取网页模式已经无法胜任 JavaScript 页面的生成和 AJAX 网页的爬取，同时通过分析连接请求的方式来落实局部数据连接请求，相对比较复杂，尤其是对带有特定时间戳算法的页面，分析难度更大，效率不高。而调用浏览器模拟页面动作来爬取网页的模式又需要使用浏览器，因而无法实现异步和大规模爬取需求。鉴于上述情况 Splash 也就有了用武之地。它通过一个页面渲染服务器返回渲染后的页面，以便于爬取和规模应用。

下面通过一段代码来看看如何基于 Selenium 和 PhantomJS 来实现自动化访问页面，见例 15-1。

【例 15-1】 Selenium+ Phantomjs 的用法。

```
# from selenium import webdriver
from selenium.common.exceptions import TimeoutException
from selenium.webdriver.support.ui import WebDriverWait # available since 2.4.0
from selenium.webdriver.support import expected_conditions as EC  # available since 2.26.0
from selenium.webdriver.phantomjs.webdriver import WebDriver

# 创建一个新的 WebDriver 实例
driver = WebDriver(executable_path='/opt/phantomjs-2.1.1-linux-x86_64/bin/phantomjs', port=5001)

# 请求待爬页面
driver.get("http://www.baidu.com")

print(driver.title)

# 找到 id 是 "kw" 的元素，就是搜索框
inputElement = driver.find_element_by_id("kw")

# 输入要搜索的关键词
inputElement.send_keys("cheese!")

# 提交搜索
inputElement.submit()

try:
    # 需要等待页面刷新完成
    WebDriverWait(driver, 10).until(EC.title_contains("cheese!"))

    print(driver.title)
    print(driver.get_cookies())

finally:
```

第15章 爬虫实践：Selenium+PyQuery+MongoDB 爬取网易跟帖

```
driver.quit()
```

这里基于 PhantomJS 实现无头浏览器，WebDriver 中的 executable_path 是放置 PhantomJS 的路径。在页面打开之后，输出 title，动态输入"cheese！"关键词，然后按下回车，最后打印 Cookie 信息。

下面列出了 Selenium 支持的浏览器，包括界面浏览器、无界面浏览器、移动端浏览器。

1）Selelnium 支持的真浏览器驱动有如下几项。
- FireFox Driver。
- Safari Driver。
- IE Driver。
- Chrome Driver。
- Opera Driver。
- Xwalk Driver（Crosswalk WebDriver）。

2）Selelnium 支持的伪浏览器驱动有如下几项。
- PhantomJS。
- HTMLUnit。

3）Selelnium 支持的移动端浏览器驱动有如下几项。
- Windows Phone Driver。
- Selendroid。
- IOS Driver。
- Appium（支持 iPhone、iPad、Android 和 FirefoxOS）。

Selenium 用浏览器原生的 API，封装成一套更加面向对象的 SeleniumWebDriverAPI，直接操作浏览器页面里的元素，甚至操作浏览器本身（截屏、调整窗口大小、启动、关闭、安装插件、配置证书等）。由于使用的是浏览器原生的 API，其操作速度大大提高，而且调用的稳定性基于浏览器本身，显然更加科学。然而这样带来的一些副作用就是，不同的浏览器厂商对 Web 元素的操作和呈现多少会有一些差异，这就直接导致了 SeleniumWebDriver 要根据不同的浏览器厂商来提供不同的实现。例如 Firefox 有专门的 Firefox Driver，Chrome 有专门的 Chrome Driver 等。

下面介绍一下 WebDriver 的内部实现机理，方便读者理解 Selenium、WebDriver 以及浏览器本身之间的关系。高级开发人员如果有定制 WebDriver 的需求，也可以将其作为参考。

WebDriver 即浏览器驱动。顾名思义，不同浏览器需要有自己的驱动，以实现统一的规范（W3C WebDriver 协议）。简单说来，W3C 给出了通用接口文档，规定了每个接口的名称、参数及返回值，然后各家浏览器厂商需要根据标准去实现接口。Selenium 针对各家浏览器厂商实现的接口进行了适配，以实现对各种语言的支持，如 JAVA、Python、Ruby 等。不同浏览器实现 WebDriver 的方式如图 15-3 所示。

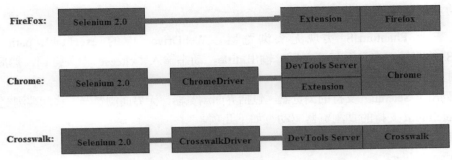

图 15-3 不同浏览器实现 WebDriver 的方式

FireFox 是通过浏览器内置插件的方式实现的；Chrome 的大部分接口都是将 DevTools Server 作为连接 WebDriver 和 Chome 的桥梁，少部分接口和 Firefox 类似，通过插件实现。

Crosswalk 作为轻量级的类 Chrome 浏览器，所有接口都是通过 DevTools Server 实现的。

下面以 Crosswalk 浏览器（类似于 Chrome）为例，介绍一下 WebDriver 的内部实现原理。Xwalk Driver 的项目源码见https://github.com/crosswalk-project/crosswalk-web-driver，具体实现如图 15-4 所示。这幅图也很利于读者理解 Selenium、WebDriver、浏览器本身之间的关系。从图中可以看到 Selenium 实际上充当了一个 WebDriver Client 的角色，每执行一条命令时（如 driver.get()），实际上是向 WebDriver 发出了 HTTP 请求，WebDirver 收到请求之后，将命令按 DevTools 协议的规定，发送给浏览器的 DevTools Server，浏览器内部收到命令后，通过 DevTools Agent 和前端页面进行交互。简单来说，就是 Selenium 和浏览器的 WebDriver 交互时，WebDriver 作为 Server，Selenium 作为 Client。

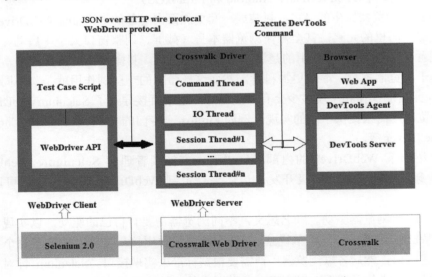

图 15-4 Crosswalk 浏览器实现 WebDriver 的方法

Selenium、WebDriver、浏览器之间的关系总结如下。
● Selenium 的输入需要遵循 W3C 定义的 API 格式。API 定义参考链接：http://www.w3.

第 15 章 爬虫实践：Selenium+PyQuery+MongoDB 爬取网易跟帖

org/TR/webdriver/。
- Selenium 的输出和 CrosswalkDriver 的输入遵循 Google 的协议：https://code.google.com/p/selenium/wiki/ JsonWireProtocol。
- CrosswalkDriver 的输出和 DevTools（浏览器实际接收数据的模块）的输入遵循 Chrome DevTools 的协议，该协议以 JSON 传输数据，协议内容参考链接：https://developer.chrome.com/devtools/docs/protocol/tot/index。

下面内容为 WebDriver 接口的具体实现，有兴趣的读者可以阅读相关源码（https://github.com/crosswalk-project/crosswalk-web-driver）。

图 15-5 列出了代码结构，图 15-6 所示为核心代码的逻辑结构。

图 15-5　Crosswalk WebDriver 的代码结构

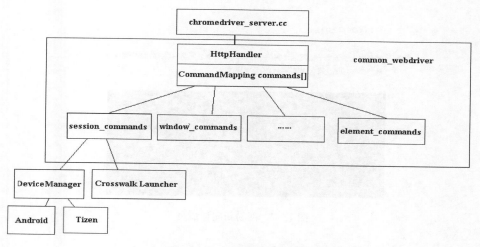

图 15-6　Crosswalk WebDriver 的逻辑结构

从 WebDriver 到浏览器的 DevTools，执行的是 DevTools Command，所有 WebDriver 协议的 API 实现总结起来有下面四种类型。
- Session commands。
- Element commands。
- Window commands。
- Alert commands。

至此，本节以 Crosswalk 浏览器的 WebDriver 为例，全方位地介绍了 W3C WebDriver 协议、Selenium、WebDriver、DevTools 协议。如果爬虫和自动化测试相关的资深开发人员想扩展现有的 Selenium WebDriver，可以通过修改源码实现。

15.1.2 分析网页

本章要爬取的目标内容是网易新闻的跟帖。首先找到网易新闻详情 URL（http://sports.163.com/19/0323/14/EAV6M5KC0005877U.html），截图如图 15-7 所示。单击评论数，页面跳转到跟帖详情。页面内容以及调试模式下的元素对应关系如图 15-8 所示。跟帖详情页的地址为http://comment.tie.163.com/ EAV6M5KC0005877U.html。

接下来再分析一下如何定位正文元素。使用开发者模式查看元素后就会发现可以使用"tie-new"这个 class 的值来定位到评论模块。

图 15-7 网易新闻详情页

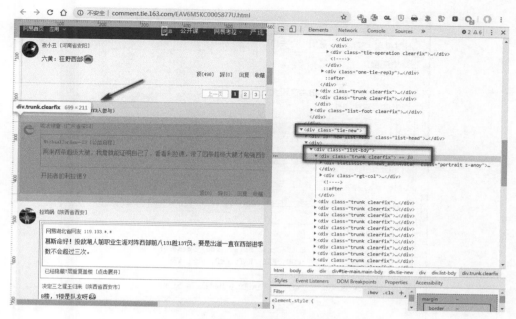

图 15-8　评论页截图

编写代码之前，首先需要配置环境，安装该爬虫中用到的工具。对于发出请求的 Selenium WebDriver，该爬虫选用 Chrome Driver，解析使用 PyQuery，持久化存储使用 MongoDB。

代码中使用 Selenium 配合 Chrome 来进行本次抓取。除了用 pip 安装 Selenium 之外，首先需要安装 Chrome Driver，其下载地址为https://sites.google.com/a/chromium.org/chromedriver/downloads。

进入下载页面后（见图 15-9），根据自己系统的版本进行下载即可。

Index of /2.25/

Name	Last modified	Size	ETag
Parent Directory		-	
chromedriver_linux32.zip	2016-10-22 07:32:45	3.04MB	175ac6d5a9d7579b612809434020fd3c
chromedriver_linux64.zip	2016-10-22 02:16:44	3.00MB	16673c4a4262d0f4c01836b5b3b2b110
chromedriver_mac64.zip	2016-10-22 06:23:51	4.35MB	384031f9bb782edce149c0bea89921b6
chromedriver_win32.zip	2016-10-22 05:25:54	3.36MB	2727729883ac960c2edd63558f08f601
notes.txt	2016-10-25 22:38:18	0.01MB	3ff9054860925ff9e891d3644cf40051

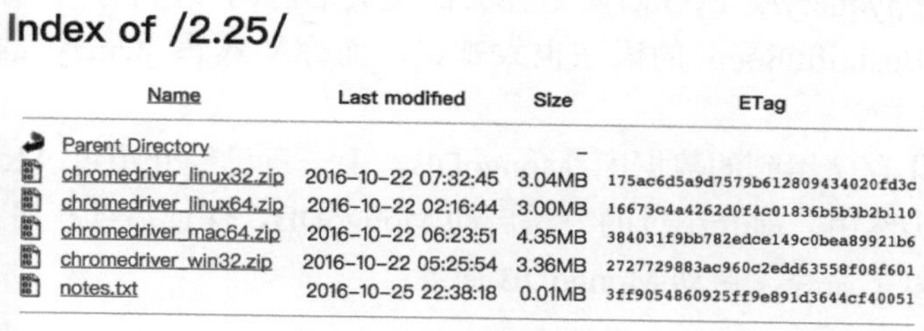

图 15-9　ChromeDriver 的下载页

之后，使用 selenium.webdriver.Chrome(path_of_chromedriver)语句可创建 Chrome 浏览器对象，其中的 path_of_chromedriver 就是下载的 Chrome Driver 的路径。另外，还需要提前设置环境变量，Windows 下的设置如图 15-10 所示。

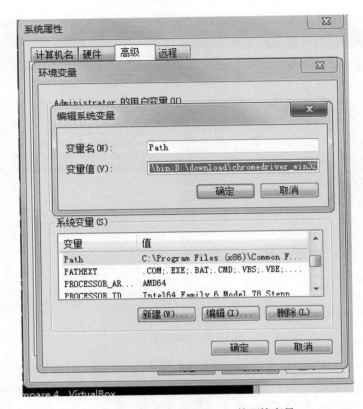

图 15-10 设置 ChromeDriver 的环境变量

之后，安装解析 HTML 的工具 PyQuery。笔者在 PyCharm 中没有找到该工具的安装包，直接在命令行中运行 pip install pyquery 安装即可。PyQuery 的官方网站为 https://pythonhosted.org/pyquery/。PyQuery 是强大而又灵活的网页解析库，如果觉得正则表达式写起来太麻烦，BeautifulSoup 的语法也太难记，而你又熟悉 jQuery 的语法，那么，PyQuery 就是绝佳的选择。

最后，安装持久化存储用到的数据库 MongoDB。上一章已经介绍过 MongoDB 的安装以及启动方法，这里仍然用之前介绍过的方法启动 MongoDB，保证后续程序正常运行。

在命令行中执行以下命令，启动 MongoDB 服务：

```
mongodb.exe --config "D:\Program Files (x86)\MongoDB\mongodb-win32-x86_64-2008plus-ssl-4.0.3\mongodb.cfg"
```

15.1.3 编写爬虫

在脚本中，首先使用评论页面 URL 进行初始化，然后实现下面几个方法。

● search：等待页面加载完成并得到到页面的 HTML 源码。

● parse_one_page：解析一页。

第 15 章　爬虫实践：Selenium+PyQuery+MongoDB 爬取网易跟帖

- save_to_mongo：将抓取到的数据保存到 MongoDB 中。
- next_page：循环抓取。

思路梳理完毕后，就可以着手编写了。最终爬虫代码见例 15-2。

【例 15-2】　wangyinews.py，网易新闻评论抓取程序。

...
网易新闻的评论实际上没有它所标注的页数这么多
...

```python
from selenium import webdriver
from selenium.common.exceptions import TimeoutException
from selenium.webdriver.common.by import By
from selenium.webdriver.support.ui import WebDriverWait
from selenium.webdriver.support import expected_conditions as EC
import time
from pyquery import PyQuery as pq
import pymongo

# 配置数据库信息
Mongo_URL = 'localhost'
Mongo_DB = 'wangyiNews'
MONGO_COLLECTION = 'comments_lbj'
client = pymongo.MongoClient(Mongo_URL)
db = client[Mongo_DB]

# 创建浏览器对象、等待时间对象
driver = webdriver.Chrome()
wait = WebDriverWait(driver, 10)

# 网易新闻评论 URL
url = 'http://comment.tie.163.com/EAV6M5KC0005877U.html'


def search():
    print('正在检索')
    try:
        # 等待页面全部加载完毕
        wait.until(
            EC.presence_of_element_located(
                (By.CSS_SELECTOR,'.wrapper.main-bg.clearfix #tie-main.tie-foot.post-tips'))
        )
        html = driver.page_source   # 返回页面源码
        return html
    except TimeoutException:   # 超时异常
        return search()
```

```python
    def parse_one_page(html):
        doc = pq(html)
        items = doc('.tie-new .list-bdy .trunk.clearfix').items()
        for item in items:
            comments = {
                'name': item.find('.rgt-col .tie-author.clearfix .author-info .from').text(),
                'ip': item.find('.rgt-col .tie-author.clearfix .author-info .ip').text(),
                'date':item.find('.rgt-col.tie-author.clearfix.post-time').text()[2:].replace('\n', ''),
                'comment': item.find('.rgt-col .tie-bdy .tie-cnt').text(),
                'support': item.find('.rgt-col .tie-operation.clearfix .rgt .support').text().replace('\n', '').replace('顶',''),
                'digg':item.find('.rgt-col .tie-operation.clearfix .rgt .digg').text().replace('\n', '').replace('踩', '')
            }
            print(comments)
            save_to_mongo(comments)
        next_page()
        time.sleep(5)


    def next_page():
        # 翻页操作
        try:
            '#tie-main > div.tie-new > div.list-foot.clearfix > div > ul > li:nth-child(6) > span'
            '//*[@id="tie-main"]/div[3]/div[3]/div/ul/li[6]/span'
            if wait.until(EC.presence_of_element_located((By.CSS_SELECTOR,
                                        '.wrapper.main-bg.clearfix #tie-main .tie-new .list-foot.clearfix .page-bar .m-page .next.z-enable'))):
                next_page = wait.until(EC.presence_of_element_located((By.CSS_SELECTOR,
    '.wrapper.main-bg. clearfix #tie-main .tie-new .list-foot.clearfix .page-bar .m-page .next.z-enable')))
                next_page.click()
        except TimeoutException:
            return None


    def save_to_mongo(comments):
        try:
            if db[MONGO_COLLECTION].insert(comments):
                print('存储到 MongoDB 成功')
```

第 15 章 爬虫实践：Selenium+PyQuery+MongoDB 爬取网易跟帖

```python
        except Exception:
            print('存储到 MongoDB 失败')


def main():
    driver.get(url)
    time.sleep(5)
    try:
        for i in range(68):    # 观察实际的评论页数
            print(i)
            html = search()
            parse_one_page(html)
            driver.execute_script("window.scrollTo(0,document.body.scrollHeight)")
# 网易新闻最后一页必须将页面下拉至底端才能输出
    finally:
        time.sleep(5)
        driver.close()


if __name__ == '__main__':
    main()
```

在判断页面是否加载完成时，上述代码用到了 Selenium 的两个高级用法，WebDriverWait 和 EC，具体如下：

```
wait.until(EC.presence_of_element_located((By.CSS_SELECTOR,'.wrapper .main-bg.clearfix #tie-main .tie-foot .post-tips')))
```

EC 与 WebDriverWait 配合使用，动态等待页面上元素出现或者消失，从而大大提高脚本的稳定性。EC 提供了 16 种判断页面元素的方法。

1）title_is：判断当前页面的 title 是否完全等于预期字符串，返回布尔值。

2）title_contains：判断当前页面的 title 是否包含预期字符串，返回布尔值。

3）presence_of_element_located：判断某个元素是否被加到 DOM 树下，但不代表该元素一定可见。

4）visibility_of_element_located：判断某个元素是否可见。可见代表元素非隐藏，并且元素的宽和高都不为 0。

5）visibility_of：跟上面的方法是一样的，只是上面的方法需要传入参数 locator，而这个方法直接传入定位到的 element 即可。

6）presence_of_all_elements_located：判断是否至少一个元素存在于 DOM 树中。举个例子，如果页面上有 n 个元素的 class 都是 "coumn-md-3"，只要有一个元素存在 name，这个方法就返回 True。

7）text_to_be_present_in_element：判断某个元素中的 text 文本是否包含预期字符串。

8) text_to_be_present_in_element_value: 判断某个元素中的 value 属性值是否包含了预期字符串。

9) frame_to_be_available_and_switch_to_it: 判断该 frame 是否可以切换进去。如果可以，则返回 True 并且切换进去，否则返回 False。

10) invisibility_of_element_located: 判断某个元素是否不存在于 DOM 树或不可见。

11) element_to_be_clickable: 判断某个元素是否可见并且是 enable(有效)的，这样的元素就是 clickable（可点击的）。

12) staleness_of: 某个元素从 DOM 树下移除时返回 True 或 False。

13) element_to_be_selected: 判断某个元素是否被选中，一般用于 select 下拉列表控件。

14) element_selection_state_to_be: 判断某个元素的选中状态是否符合预期。

15) element_located_selection_state_to_be: 跟上面的方法一样，只是上面的方法传入定位到的 element，这个方法传入 locator。

16) alert_is_present: 判断页面上是会否存在 alert。

driver.page_source 是获取到请求之后网页的 HTML 源码。获取到源码之后，可以用类似于 BeautifulSoup 的工具 PyQuery 解析网页，当然也可以用 WebDriver 自带的定位 HTML 的方法（如 driver.find_elements_by_tag_name）。下面先介绍一下 PyQuery 的用法。

PyQuery 相当于 jQuery 的 Python 实现，可以用于解析 HTML 网页等。它的语法与 jQuery 几乎完全相同，使用过 jQuery 的人会很熟悉，也很好上手。使用 PyQuery 之前先要初始化 PyQuery 对象。在上述网易新闻评论的案例中，通过 WebDriver 获取的网页 HTML 源码，事实上有三种方式可以为 PyQuery 传入初始参数，分别是传入字符串、传入 URL 和传入文件名。下面详细介绍一下 PyQuery 的常见用法。

1）字符串初始化：

```
html = '''
<div>
    <ul>
        <li class="item-0">first item</li>
        <li class="item-1"><a href="link2.html">second item</a></li>
        <li class="item-0 active"><a href="link3.html"><span class="bold">third item</span></a></li>
        <li class="item-1 active"><a href="link4.html">fourth item</a></li>
        <li class="item-0"><a href="link5.html">fifth item</a></li>
    </ul>
</div>
'''

from pyquery import PyQuery as pq
doc = pq(html)
print(doc)
print(type(doc))
```

第 15 章 爬虫实践：Selenium+PyQuery+MongoDB 爬取网易跟帖

```
print(doc('li'))
```

运行结果如下：

```
<div>
    <ul>
        <li class="item-0">first item</li>
        <li class="item-1"><a href="link2.html">second item</a></li>
        <li class="item-0 active"><a href="link3.html"><span class="bold">third item</span></a></li>
        <li class="item-1 active"><a href="link4.html">fourth item</a></li>
        <li class="item-0"><a href="link5.html">fifth item</a></li>
    </ul></div>
<class 'pyquery.pyquery.PyQuery'>
<li class="item-0">first item</li>
        <li class="item-1"><a href="link2.html">second item</a></li>
        <li class="item-0 active"><a href="link3.html"><span class="bold">third item</span></a></li>
        <li class="item-1 active"><a href="link4.html">fourth item</a></li>
        <li class="item-0"><a href="link5.html">fifth item</a></li>
```

由于 PyQuery 写起来比较麻烦，所以导入的时候都会为其添加别名：

```
from pyquery import PyQuery as pq
```

上述代码中的 doc 其实就是一个 PyQuery 对象，通过 doc 可以进行元素的选择。其实这里的 doc 就是一个 CSS 选择器，所有 CSS 选择器的规则都可以用，直接通过 doc(标签名)就可以获取所有的该标签的内容。如果想要获取 class 则使用 "doc('.class_name')"，如果是 id 则使用 "doc('#id_name')"。

2）URL 初始化：

```
from pyquery import PyQuery as pq

doc = pq(url="http://www.baidu.com",encoding='utf-8')
print(doc('head'))
```

3）文件初始化：

```
from pyquery import PyQuery as pq
doc = pq(filename='index.html')
print(doc)
print(doc('head'))
```

4）基于 CSS 选择器查找：

```
from pyquery import PyQuery as pq
```

```
html = '''<div>
    <ul id = 'haha'>
        <li class="item-0">first item</li>
        <li class="item-1"><a href="link2.html">second item</a></li>
        <li class="item-0 active"><a href="link3.html"><span class="bold">third item</span></a></li>
        <li class="item-1 active"><a href="link4.html">fourth item</a></li>
        <li class="item-0"><a href="link5.html">fifth item</a></li>
    </ul></div>'''

doc = pq(html)
# id 等于 "haha" 下的 class 等于 "item-0" 下的<a>标签下的<span>标签（注意层级关系以空格隔开）
print(doc('#haha .item-0 a span'))
```

运行结果：

```
<span class="bold">third item</span>
```

常见的 CSS 选择器方法见表 15-1。

表 15-1　常用 CSS 选择器方法

选择器形式	示例	功能
.class	.color	选择 class="color" 的所有元素
#id	#info	选择 id="info" 的所有元素
*	*	选择所有元素
element	p	选择所有的<p>元素
element,element	div, p	选择所有<div>元素和所有<p>元素
element,element	div, p	选择<div>标签内部的所有<p>元素
[attribute]	[target]	选择带有 targe 属性的所有元素
[arrtibute=value]	[target=_blank]	选择 target="_blank" 的所有元素

5）可以通过已经找到的标签，查找这个标签的子标签或者父标签，而不用从头开始查找：

```
from pyquery import PyQuery as pq

html = '''<div class='content'>
    <ul id = 'haha'>
        <li class="item-0">first item</li>
        <li class="item-1"><a href="link2.html">second item</a></li>
        <li class="item-0 active"><a href="link3.html"><span class="bold">third item</span></a></li>
```

```
            <li class="item-1 active"><a href="link4.html">fourth item</a></li>
            <li class="item-0"><a href="link5.html">fifth item</a></li>
    </ul></div>'''

doc = pq(html)
item = doc('div ul')
print(item)
# 通过已经找到的标签查找这个标签的子标签和父标签
print(item.parent())
print(item.children())
```

运行结果：

```
<span class="bold">third item</span>
    <ul id="haha">
        <li class="item-0">first item</li>
        <li class="item-1"><a href="link2.html">second item</a></li>
        <li class="item-0 active"><a href="link3.html"><span class="bold">third item</span></a></li>
        <li class="item-1 active"><a href="link4.html">fourth item</a></li>
        <li class="item-0"><a href="link5.html">fifth item</a></li>
    </ul>
<div class="&#x2018;content&#x2019;">
    <ul id="haha">
        <li class="item-0">first item</li>
        <li class="item-1"><a href="link2.html">second item</a></li>
        <li class="item-0 active"><a href="link3.html"><span class="bold">third item</span></a></li>
        <li class="item-1 active"><a href="link4.html">fourth item</a></li>
        <li class="item-0"><a href="link5.html">fifth item</a></li>
    </ul></div>
<li class="item-0">first item</li>
        <li class="item-1"><a href="link2.html">second item</a></li>
        <li class="item-0 active"><a href="link3.html"><span class="bold">third item</span></a></li>
        <li class="item-1 active"><a href="link4.html">fourth item</a></li>
        <li class="item-0"><a href="link5.html">fifth item</a></li>
```

根据运行结果可以发现返回结果类型为 PyQuery，并且 find()方法和 children()方法都可以用来获取里层标签。

6）获取属性值：

```
from pyquery import PyQuery as pq

html = '''<div class= 'content' >
```

```
    <ul id = 'haha'>
        <li class="item-0">first item</li>
        <li class="item-1"><a href="link2.html">second item</a></li>
        <li class="item-0 active"><a href="link3.html"><span class="bold">third item</span></a></li>
        <li class="item-1 active"><a href="link4.html">fourth item</a></li>
        <li class="item-0"><a href="link5.html">fifth item</a></li>
    </ul></div>'''

doc = pq(html)
# 注意 class= "item-0 active" 是一个 class 属性，但是在 PyQuery 里面要是属性值字符串中间
有空格隔开的话，就变成了 item-0 下的 active 标签下的<a>标签，所以这里的空格必须改成点
item = doc(".item-0.active a")
print(type(item))
print(item)
# 获取属性值的两种方法
print(item.attr.href)
print(item.attr('href'))
```

运行结果：

```
<class 'pyquery.pyquery.PyQuery'>
<a href="link3.html"><span class="bold">third item</span></a>
link3.html
link3.html
```

7）获取标签的内容：

```
from pyquery import PyQuery as pq

html = '''<div class= 'content' >
    <ul id = 'haha'>
        <li class="item-0">first item</li>
        <li class="item-1"><a href="link2.html">second item</a></li>
        <li class="item-0 active"><a href="link3.html"><span class="bold">third item</span></a></li>
        <li class="item-1 active"><a href="link4.html">fourth item</a></li>
        <li class="item-0"><a href="link5.html">fifth item</a></li>
    </ul></div>'''

doc = pq(html)
a = doc("a").text()
print(a)
```

运行结果：

second item third item fourth item fifth item

8）DOM 操作 addClass 和 removeClass。熟悉前端操作的话，通过这两个操作可以添加和删除属性。在爬取网站过程中总会有些不想要的标签，下面就是一段删除标签的代码：

```python
from pyquery import PyQuery as pq

html = '''<div class='content'>
    <ul id = 'haha'>
        <li class="item-0">first item</li>
        <li class="item-1"><a href="link2.html">second item</a></li>
        <li class="item-0 active"><a href="link3.html"><span class="bold">third item</span></a></li>
        <li class="item-1 active"><a href="link4.html">fourth item</a></li>
        <li class="item-0"><a href="link5.html">fifth item</a></li>
    </ul></div>'''

doc = pq(html)
data = doc('.content')
print(data.text())
# 删除所有<a>标签
data.find('a').remove()
# 再次打印
print(data.text())
```

运行结果如下：

```
first item second item third item fourth item fifth item
first item
```

【提示】 PyQuery 本身还有网页请求功能，支持 AJAX 操作，带有 GET 和 POST 方法，而且会把请求到的网页代码转为 PyQuery 对象。不过这个功能并不常用，一般开发者不会用 PyQuery 来做网络请求，仅仅是用来解析。

到此为止，PyQuery 的常用用法就介绍完了。如果想查看更多的内容，可以参考 PyQuery 的官方文档：http://pyquery.readthedocs.io。相信有了它的帮助，解析网页不再是难事。

15.1.4 运行并查看 MongoDB 文件

运行例 15-2 中的脚本之后，会发现浏览器被 Selenium 控制进行着自动化操作，如图 15-11 所示。

脚本执行完毕后，在控制台中可以看到抓取的内容和抓取完毕的提示，如图 15-12 所示。

图 15-11　正在用 Selenium 抓取数据的浏览器

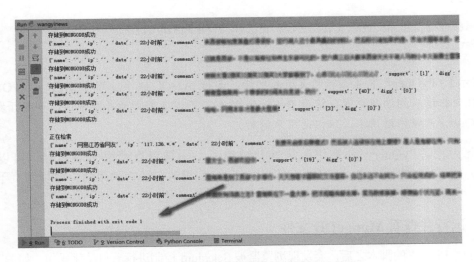

图 15-12　Selenium 抓取结束后的控制台输出

在输出的控制台日志中看到"Process finished with exit code 0",并且自动化运行的浏览器也退出之后,说明数据抓取完毕。此时打开 MongoDB 可视化工具 NoSQL Manager for

第 15 章 爬虫实践：Selenium+PyQuery+MongoDB 爬取网易跟帖

MongoDB，查看抓取到的数据。如图 15-13 所示，在左边树状结构中打开"wangyiNews"→"Collections"→"comments_lbj"，然后在右边打开"Data"选项卡，并用"table"视图查看数据。抓取的部分数据示例可以在项目代码中查看，项目地址为https://github.com/iKevinHan/LearningSpider。

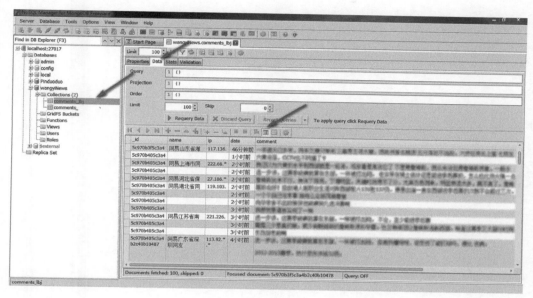

图 15-13　查看抓取的 MongoDB 数据

至此，本章程序就已完成爬取网易新闻评论的任务，但是案例中所选工具 Selenium 并不是最好的选择，而且运行时网页加载耗时久，并且 Chrome 也占用了大量的硬件资源。注意这里只是演示 Selenium 的用法，解析用到的 PyQuery，而没有使用 Selenium 自身的解析方法，如果感兴趣读者可以自行查阅相关知识。

15.2　本章小结

本章介绍了 Selenium、WebDriver、无头浏览器的关系，并且简单介绍了 Crosswalk Driver（类似于 Chrome Driver）的实现原理。本章爬虫使用了 Selenium 与 Chrome Driver 的组合来抓取网易跟帖，还使用了 PyQuery 模块来展示如何解析 HTML，持久化存储使用了上一章用过的 MongoDB。

至此，从第 10 章到第 15 章，笔者通过 6 个案例，将爬虫中常用的功能模块都进行了讲解，这些模块有 Requests、Scrapy、Selenium、BeautifulSoup、PyQuery、MongoDB、Redis、正则表达式。其中还包括 IP 的爬取和用法、消息通知方法、抓包工具的用法等。读者可以获取相关代码（https://github.com/iKevinHan/LearningSpider），亲自运行、调试和修改，这样才能快速掌握相关功能模块的用法。